METODOS NUMERICOS
EN FORMA DE EJERCICIOS RESUELTOS

PUBLICACIONES
DE LA UNIVERSIDAD PONTIFICIA COMILLAS
MADRID

Colección Ingeniería, 9

PEDIDOS:

UPCO Departamento de Publicaciones
Universidad Pontificia Comillas
28049 Madrid. Teléf. 734 39 50

Distribuciones Edisofer
San Vicente Ferrer, 71
28015 Madrid. Teléf. (91) 521 09 24 • Fax (91) 532 28 63

Melisa
Isaac Peral, s/n. - Parcela 10 - P. I. Inducan
28840 Mejorada del Campo (Madrid)
Teléf. (91) 668 16 23 • Fax (91) 668 14 57

METODOS NUMERICOS

EN FORMA
DE EJERCICIOS RESUELTOS

Félix García Merayo
Doctor en Informática.
Ldo. en C. Matemáticas
y en Informática

Antonio Nevot Luna
Ldo. en C. Matemáticas

UNIVERSIDAD PONTIFICIA COMILLAS
MADRID

1997

Con las debidas licencias

ISBN: 84-89708-07-X
Depósito legal: M. 9605-1997

Printed in Spain *Impreso en España*

ORTEGA Ediciones Gráficas, S.L. - Avda. Valdelaparra, 35 - Tel. 661 78 58 - 28108 ALCOBENDAS (Madrid)

A todos aquellos alumnos
que han creído en nuestra forma
de enseñar; y a los que aún son
incrédulos, también.

INDICE DE MATERIAS

PROLOGO 9

1. IDEAS FUNDAMENTALES DE ANALISIS MATEMATICO 11
Introducción teórica 11

2. ERRORES EN LA ALGORITMICA 53
Introducción teórica 53
Ejercicios resueltos 57
Ejercicios propuestos 86

3. RESOLUCION DE ECUACIONES 91
Introducción teórica 91
Ejercicios resueltos 103
Ejercicios propuestos 156

4. SISTEMAS DE ECUACIONES 163
Introducción teórica 163
Ejercicios resueltos 178
Ejercicios propuestos 233

5. INTERPOLACION Y APROXIMACION 243
Introducción teórica 243
Ejercicios resueltos 255
Ejercicios propuestos 305

6. CALCULO NUMERICO DE DERIVADAS 313
Introducción teórica 313
Ejercicios resueltos 320
Ejercicios propuestos 329

7. INTEGRACION NUMERICA 331
Introducción teórica 331
Ejercicios resueltos 339
Ejercicios própuestos 362

8. ECUACIONES DIFERENCIALES 367
Introducción teórica 367
Ejercicios resueltos 372
Ejercicios propuestos 398

BIBLIOGRAFIA 403

PROLOGO

Podríamos decir que el presente texto constituye una nueva edición de nuestra anterior obra titulada *Análisis Numérico.* Una vez agotada dicha edición y después de la buena acogida que tuvo entre los estudiantes de la materia, hemos resuelto acometer la presente obra, con el ánimo y la ayuda de la editorial UPCO; con la colaboración de nuestros alumnos que nos hicieron llegar sus valiosas recomendaciones, tenidas en cuenta e introducidas en el desarrollo de algunos de los ejercicios; con nuestro mejor celo para corregir todos aquellos errores tipográficos que, en una obra como ésta, llena de símbolos, números y operadores, es muy frecuente que abunden y ello a pesar del cuidado que siempre, como autores, pusimos a la hora de producir el primer texto.

Y ahora, y aunque hayan pasado algunos años, nos gustaría reproducir algunos párrafos de la introducción del primer texto, porque pensamos que las ideas allí expuestas, como nivel, forma de desarrollo, etc., siguen vigentes y aún pueden utilizarse como guía y descripción para el manejo de este nuevo libro.

En cuanto al nivel requerido para poder asimilar este tratado, diremos que sigue siendo el propio de un primer ciclo de Universidad. En cualquier caso, al estudiante o lector en general, le será suficiente con «repasar» la presentación que encontrará en cada capítulo, donde hemos tratado de recoger, lo más completamente posible, el aspecto teórico en el que se basan las prácticas que contiene. Además, los capítulos correspondientes a ejercicios y problemas, vienen precedidos por un compendio de Análisis Matemático con el que facilitar al lector su puesta a punto para abordar con sencillez los contenidos posteriores.

En cada capítulo de ejercicios, éstos se han resuelto paso a paso en cuanto a su explicación, en muchos casos exhaustiva, y no conformándonos con la mera formulación matemática. Además de los ejercicios resueltos, también se han incluido otros cuya resolución proponemos al estudiante. En cualquier caso, ambos grupos están redactados en orden creciente de dificultad y siguiendo una secuencia lógica para la gradual comprensión y aprendizaje.

La mayor parte de la materia recogida en esta obra es la recopilación de muchos años de enseñanza, por nuestra parte, en diversas instituciones docentes. Hemos pretendido, por consiguiente, coleccionar lo que estaba separado y desordenado, de modo que la obra se presente como un tratado con una cierta homogeneidad.

Sería muy provechoso para el estudiante actual de los métodos numéricos, el hacer uso de herramientas modernas, desarrolladas sobre la base de lenguajes simbólicos de programación, que capacitan para resolver problemas algebraicos con un ordenador personal al alcance, prácticamente, de cualquier estudiante.

Por último, agradecer la acogida del anterior texto a todos los que lo han utilizado; augurar el mismo éxito, desde el punto de vista formativo, a este nuevo; agradecer a Luis Altamuro, buen alumno nuestro y mejor profesor de nuevas generaciones, por su ayuda y colaboración.

Madrid, marzo 1997

FÉLIX GARCÍA MERAYO
ANTONIO NEVOT LUNA

1
IDEAS FUNDAMENTALES DE ANALISIS MATEMATICO

1.1. *Conjunto* es una colección finita o infinita de objetos. Cada objeto recibe el nombre de *elemento*. Así, el conjunto A formado por los elementos u, v, w, ..., se indica por

$$A = \{u, v, w, \ldots\}$$

y se dice entonces que *u pertenece* a A, *v pertenece* a A, etc. Ello se indica escribiendo $u \in A$, $v \in A$, etc. Cuando un elemento *x no pertenece* a A, se escribe $x \notin A$.

Si A y B son dos conjuntos tales que para todo *x* de A también *x* pertenece a B, entonces $A \subset B$, es decir, A es un *subconjunto* de B o A está contenido en B.

1.2. El conjunto formado por todos los números *x* tales que $a \leqslant x \leqslant b$ se indica por $[a, b]$ y ese conjunto recibe el nombre de *intervalo cerrado*.

El conjunto de los números *x* tales que $a < x < b$, se indica por (a, b) y tal conjunto se denomina *intervalo abierto*.

Además, se escribe:

a) $[a, b)$, cuando el intervalo es cerrado a la izquierda y abierto a la derecha, es decir, $a \leqslant x \leqslant b$.

b) $(a, b]$, cuando el intervalo es abierto a la izquierda y cerrado a la derecha, es decir, $a < x \leqslant b$.

Recibe el nombre de *amplitud de un intervalo* de *extremos a* y *b*, al módulo $|a-b|$.

1.3. Si se indican por x todos los valores de [a, b], x recibe el nombre de *variable* y se podrá escribir $a \leqslant x \leqslant b$, significando que x podrá reemplazarse por cualquier valor de $[a, b]$. Entonces los valores de $[a, b]$ pueden designarse por $x_0, x_1, x_2, \ldots$

1.4. Dados dos conjuntos X e Y, si existe una relación entre ellos tal que a cada elemento de X le corresponde un elemento de Y, entonces tal relación recibe el nombre de *función* o *aplicación* de X en Y.

Para indicar una función se escribe con frecuencia

$$y=f(x) \qquad x\in X, \quad y\in Y$$

diciendo que «y es función de x». f recibe el nombre de *característica.*

El conjunto X recibe el nombre de *dominio* de f; el conjunto de todos los valores y tales que $y\in Y$ con $y=f(x)$ para $x\in X$, se denomina *rango* de f, escribiendo rango (f). Entonces, será: rango $(f)\subset Y$

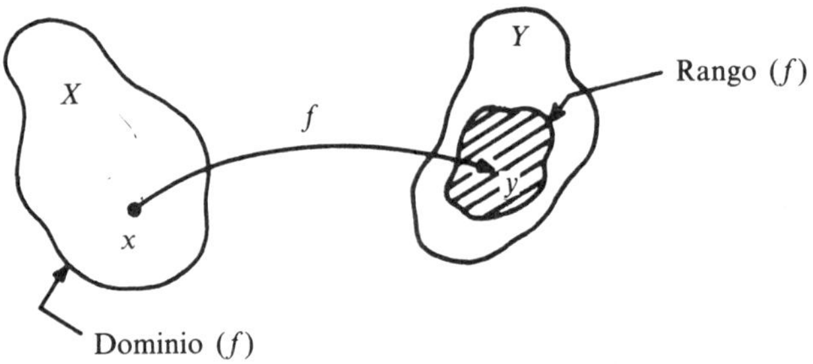

Una función se dice que *está definida* cuando $x\in X$ y *no* lo *está* cuando $x\notin X$.

La expresión

$$y=\sqrt{x-4}$$

representa una función y de la *variable independiente* x. Esta función no está definida para los valores $x<4$.

1.5. Si f es una función de valores de X tal que rango $(f) \subset \mathrm{Y}$, entonces puede definirse la *función inversa* de f como

$$x = f^{-1}(y)$$

Esta función de característica f^{-1} transforma $y \in$ rango (f) en un único valor $x \in \mathrm{X}$ tal que $y = f(x)$. Es rango $(f^{-1}) = \mathrm{X}$.

Por ejemplo, dada $y = f(x) = x + 2$ para $0 \leqslant x \leqslant 1$, su función inversa es $x = f^{-1}(y) = y - 2$ para $2 \leqslant y \leqslant 3$.

1.6. Una función f se dice que es una *función par* cuando se verifica que

$$f(x) = f(-x)$$

La función $y = 3x^4 - 2x^2 + 5$ es una función par.

Una función f se dice que es una *función impar* cuando es

$$f(-x) = -f(x)$$

La función $y = \text{sen } x$ es impar.

1.7. Una función f se dice que está *acotada superiormente* en un intervalo I finito o infinito, cuando existe un número M tal que

$$f(x) \leqslant M \qquad \forall x \in I$$

El número M recibe el nombre de *cota superior* de f en I.

Se dice que f está *acotada inferiormente* en I, si existe un valor m tal que

$$f(x) \geqslant \mathrm{m} \qquad \forall x \in I$$

El valor m es la *cota inferior* de f en I.

Cuando f posee ambas cotas, superior e inferior, se dice simplemente que está *acotada*.

1.8. Sean x_0 un valor perteneciente a I y la función $y=f(x)$ definida para todo $x \in \mathrm{I}$, con la posible excepción del punto x_0. Se dice que $y=f(x)$ tiende hacia un *límite* l cuando x tiende hacia x_0, o que tiene el límite l en x_0, si es posible encontrar un número $\alpha>0$ tal que $|x-x_0|<\alpha$ con el que entonces se cumple que $|y-l|<\varepsilon$, siendo $\varepsilon>0$ un número dado tan pequeño como se quiera.

De forma abreviada, se escribe

$$\lim_{x \to x_0} f(x)=l$$

En la figura se indica la interpretación gráfica del concepto de *límite de una función.* En ella se fijan dos intervalos de anchura igual a ε a uno y otro lado del valor $y=l$, así como otros dos de anchura α a ambos lados del punto $x=x_0$. Entonces, los valores $f(x)$ de la función correspondientes a valores de x pertenecientes a $(x_0-\alpha,\ x_0+\alpha)$ estarán en el intervalo $(l-\varepsilon,\ l+\varepsilon)$. Se exceptúa el valor $y=f(x_0)$ que podría no estar definido en x_0 o tener un valor cualquiera

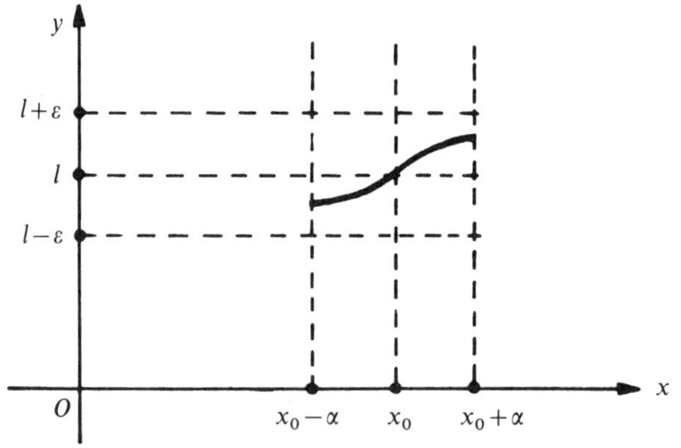

Se dice que

$$\lim_{x \to \infty} f(x)=l$$

cuando para todo $\varepsilon>0$ existe un número M tal que se cumple

$$|y-l|<\varepsilon \qquad \forall x>M$$

1.9. Se dice que una función f es *continua* en un punto $x \in [a, b]$ cuando se cumplen las dos condiciones siguientes: f está definida y tiene límite en x_0 y ese límite vale precisamente $f(x_0)$. Por consiguiente, f es *continua en un punto* x_0 del intervalo $[a, b]$ si, para todo $\varepsilon>0$, existe un $\alpha>0$ tal que si

$$x\in[a, b] \quad \text{y} \quad |x-x_0|<\alpha$$

entonces,

$$|f(x)-f(x_0)|<\varepsilon$$

Se dice que una función f es *continua en un intervalo* $[a, b]$ si es continua para cada punto x_0 de dicho intervalo.

El concepto puede también aplicarse a intervalos abiertos o infinitos.

El gráfico de una función continua en un intervalo está constituido por una *línea ininterrumpida*, dentro de ese intervalo.

1.10. Una función f definida en $[a, b]=\mathrm{I}$, se dice que es *uniformemente continua* en I si, para todo $\varepsilon>0$, existe un $\alpha>0$ tal que si

$$x\in[a, b] \quad \text{y} \quad |x-x_0|<\alpha$$

entonces,

$$|f(x)-f(x_0)|<\varepsilon$$

para cada $x_0\in\mathrm{I}$.

El punto a reseñar en la continuidad uniforme es que dado ε, el valor de δ correspondiente es independiente del punto x_0, es decir, es válido el mismo δ para cada punto x_0 de I.

Si una función f es continua en un intervalo $[a, b]$ es también uniformemente continua sobre tal intervalo cerrado $[a, b]$.

1.11. La continuidad de una función puede también expresarse del modo que sigue. Sea $y=f(x)$ una función continua sobre el segmento a, b. Sean $x_0\in[a, b]$ y h tal que $x_0+h\in[a, b]$; h se denomina *incremento de la variable* independiente x, mientras que

$$f(x_0+h)-f(x_0)=k$$

recibe el nombre de *incremento de la función f*.

Puesto que f es continua, cuando $h \to 0$, $f(x_0+h) \to f(x_0)$, tendiendo entonces k a 0.

La interpretación gráfica se indica en la figura.

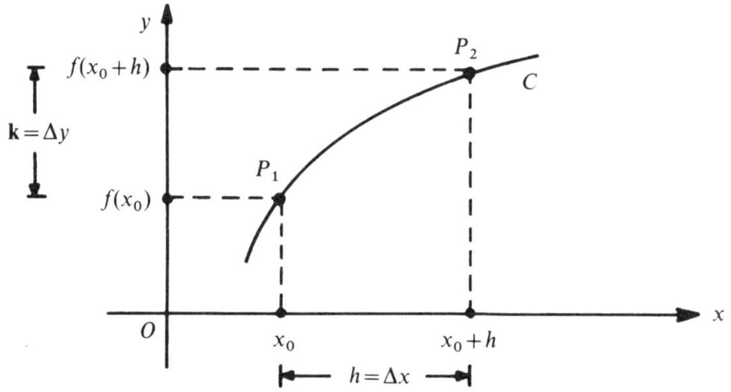

Sea C el gráfico de $y=f(x)$ y P_1, P_2 dos de sus puntos, de abscisas respectivas x_0 y x_0+h. A medida que h tiende a cero, P_2 tenderá a acercarse a P_1 describiendo un arco de la curva C.

La expresión «P_2 tiende a P_1» carecería de sentido si $y=f(x)$ no fuera continua sobre el segmento $[x_0, x_0+h]$.

1.12. Sea $y=f(x)$ una función *definida* y *continua* sobre $[a, b]$ y sean x_0 y x_0+h dos puntos pertenecientes al intervalo $[a, b]$. Designando por h y k los incrementos respectivos de la variable independiente x y de la función $f(x)$, se sabe que $k \to 0$ cuando $h \to 0$. Entonces, si el cociente k/h tiende hacia un límite finito a medida que h tiende a cero, ese límite se denomina *derivada* de $y=f(x)$ en el punto $x=x_0$ y este concepto se indica por

$$y'_0 \quad \text{o bien} \quad f'(x_0)$$

Los incrementos h y k suelen también designarse por Δx y Δy, respectivamente.

Puede darse la siguiente definición: se denomina *derivada de una función* $y=f(x)$ para un *valor* x_0 de la variable independiente y tal que la función esté definida y sea continua en dicho valor, al límite, cuando exista, de la razón de los incrementos de la función y de la variable, cuando este último tiende a cero, es decir,

$$f'(x_0) = \lim_{h \to 0} \frac{k}{h} = \lim_{\Delta x \to 0} \frac{\Delta y}{\Delta x}$$

A continuación se indica la interpretación gráfica de este concepto. Sea C la gráfica de $y = f(x_0)$, P_1 y P_2 dos puntos de C, de abscisas respectivas x_0 y $x_0 + h$. La ecuación de la recta secante P_1P_2 será:

$$y = f(x_0) + \frac{f(x_0+h) - f(x_0)}{(x_0+h) - x_0}(x - x_0) = f(x_0) + \frac{k}{h}(x - x_0) = f(x_0) + \frac{\Delta y}{\Delta x}(x - x_0)$$

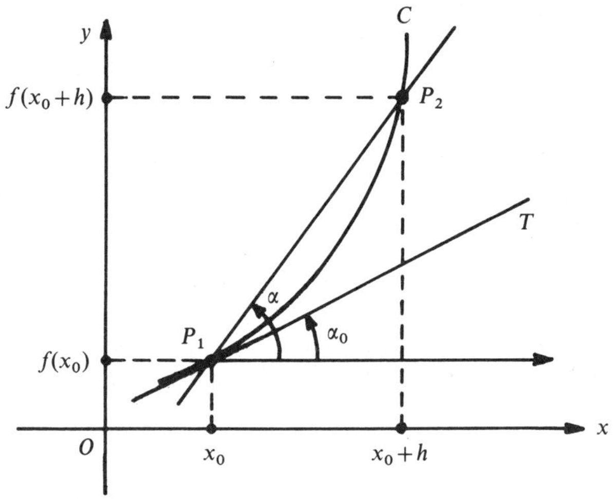

Si k/h tiende hacia a cuando h tiende a cero, la ecuación P_1P_2 se convierte en

$$y = f(x_0) + a(x - x_0)$$

Geométricamente se dice que si la secante P_1P_2 tiende hacia la posición límite P_1T cuando P_2 tiende a P_1 sobre C, P_1T es, por definición, la *recta tangente* en P_1 a la curva C.

La derivada es, pues, igual al coeficiente angular de la tangente a C en el punto P_1. Si se designa por α_0 el ángulo de la tangente P_1T con el eje de las abscisas, se tendrá que $\operatorname{tg} \alpha_0 = a$.

1.13. Si k/h tiende hacia un límite cuando h tiende a cero siguiendo valores positivos, se dice que $y=f(x)$ es *derivable a la derecha* de x_0. Por ejemplo, la función

$$y= +\sqrt{x-2}$$

está definida para $x \geqslant 2$ y es continua para $x>2$. Por consiguiente, existe la derivada a la derecha del punto $x_0=2$. En el punto P de la gráfica de la curva C existirá una *semitangente* definida por $x=2$ e $y>0$.

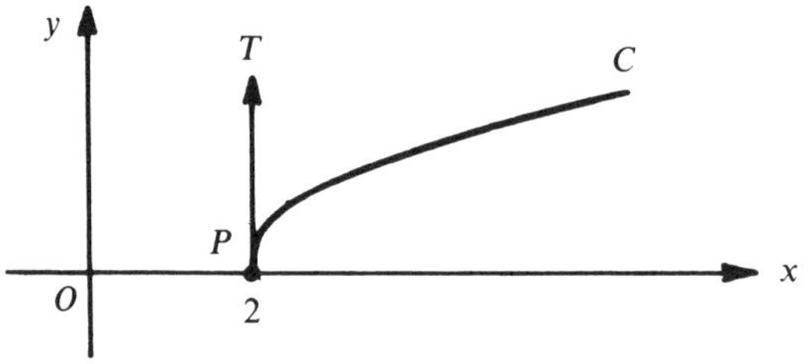

1.14. Si k/h tiende hacia un límite cuando h tiende a cero siguiendo valores negativos, se dice que $y=f(x)$ es *derivable a la izquierda* de x_0. Por ejemplo, la función

$$y=\sqrt{\text{sen}^2 x}=|\text{sen } x|$$

está definida y es continua para cualquier valor de x. Si se admite que $(\text{sen } h)/h \to 1$ cuando $h \to 0$, los límites a la izquierda y a la derecha de $|\text{sen } h|/h$ son, respectivamente -1 y $+1$.

Entonces, en el punto O(0, 0) existirán *dos semitangentes* a la curva C, definidas por $\text{OT}_1: y=-x$ para $x<0$ y $\text{OT}_2: y=x$ para $x>0$.

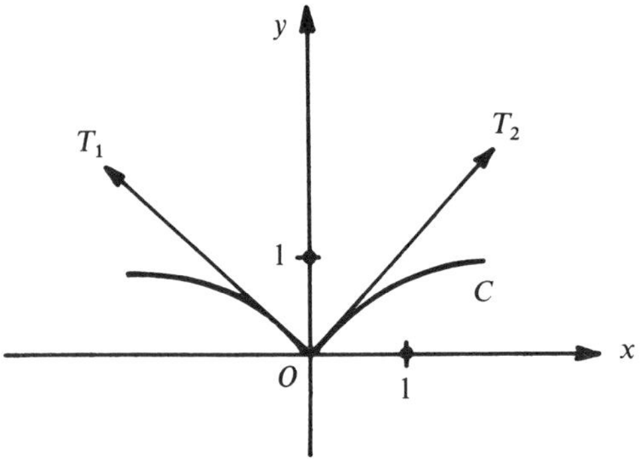

1.15. Sean $y=f(x)$ una función derivable en el intervalo (a, b); $f'(x_0)$ su derivada para $x=x_0 \in (a, b)$ y h el incremento de la variable independiente en x_0. Entonces, se denomina *diferencial* de la función al número

$$dy=f'(x_0)\cdot h$$

En general, si x es un número cualquiera perteneciente al intervalo (a, b), recibe el nombre de diferencial de la función, la cantidad

$$dy=f'(x)\cdot h$$

Como puede verse por esta expresión, dy es una función de dos variables independientes: la h y la x.

En el caso particular en el que es $f(x)=x$, será: $f'(x)=1$. Y entonces, la diferencial de la variable independiente será igual al incremento de la misma:

$$dx=h$$

Teniendo en cuenta este último resultado, la expresión de la diferencial de una función quedará así:

$$dy=f'(x)\cdot dx$$

notación en la que no debe olvidarse que dx es independiente de x.

La interpretación geométrica de la diferencial se muestra en la figura adjunta.

Sea C la gráfica de $y=f(x)$, P_0 el punto de abscisa x_0, P_1 el punto de abscisa x_0+dx y P_0T la tangente en P_0 a C.

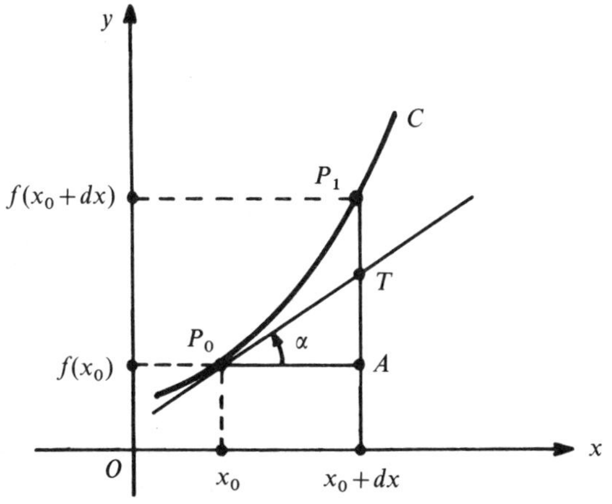

De la figura se deduce que

$$dy = f'(x) \cdot dx = \operatorname{tg} \alpha \cdot dx = \frac{\overline{TA}}{dx} \cdot dx = \overline{TA}$$

1.16. Al introducir el concepto de derivada de una función ha podido observarse que $k = f(x_0 + h) - f(x_0)$ es una función dependiente de x_0; lo mismo ocurre con el límite de k/h cuando h tiende a cero, es decir, la derivada también es función de x_0. Esto último es equivalente a decir que las derivadas para diferentes valores x_0, x_1, ..., de x pueden considerarse como valores numéricos de una función de la variable independiente x, denominada *función derivada* de $y = f(x)$ y que se indica por $y' = f'(x)$.

Así, por ejemplo, dada la función $y = 3x^2 + x$, su función derivada es

$$y' = f'(x) = 6x + 1$$

y su derivada es $x_0 = 3$ vale

$$y'_3 = f'(3) = 19$$

1.17. Si f es una función de x y ésta, a su vez, es una función de t, $x = g(t)$, entonces se dice que f es una *función compuesta* de t por intermedio de la variable x o simplemente que f es una *función de función*. Si $y = f(x) = f[g(t)]$, su derivada vale:

$$\frac{dy}{dt} = \frac{dy}{dx} \cdot \frac{dx}{dt}$$

Así, por ejemplo, si es $y = \operatorname{sen}(3x^2 - 1)$, su derivada es

$$y' = \cos(3x^2 - 1) \cdot 6x$$

1.18. Si existe la derivada de $y' = f'(x)$, ésta recibe el nombre de *derivada segunda*, indicándose por $y'' = f''(x)$. La derivada $y' = f'(x)$ recibe, entonces, el nombre de *derivada primera*.

Si esa operación de derivación sucesiva puede realizarse hasta alcanzar un cierto orden n, se obtendrán las derivadas terceras, cuartas, etc., hasta la n-ésima.

Esas derivadas se indican por $y'''=f'''(x)$, $y^{(4}=f^{(4}(x)$, ..., $y^{(n}=f^{(n}(x)$, respectivamente.

1.19. Una función f se dice que es *creciente* en un cierto intervalo I en el que está definida y es continua, si para x_0, $x_1 \in \mathrm{I}$ se verifica que

$$\frac{f(x_1)-f(x_0)}{x_1-x_0}>0$$

Para las funciones crecientes en I se verifica que $y'=f'(x)>0$.

Una función f es *decreciente* en I, cuando en las mismas condiciones anteriores es

$$\frac{f(x_1)-f(x_0)}{x_1-x_0}<0$$

Para las funciones decrecientes en I se verifica que $y'=f'(x)<0$.

Una función f es *constante* en I, si para cualquier x_0, $x_1 \in \mathrm{I}$ es

$$f(x_1)=f(x_0)$$

La derivada de una función constante en I es nula: $y'=f'(x)=0$.

1.20. Dada una función f se dice que $f(x_0)$ es un *máximo local* o *relativo* si dado un número $\alpha>0$, se cumple que

$$f(x_0)>f(x)$$

para todo x tal que $x\neq x_0$ y $|x-x_0|<\alpha$.

Con frecuencia, se dice simplemente que $f(x)$ posee un máximo en $x=x_0$, lo que significa que $f(x_0)$ es el valor más grande que toma $y=f(x)$ en las proximidades de x_0.

De igual forma se dice que $f(x)$ tiene un *mínimo* en $x=x_0$ si $f(x_0)$ es el valor más pequeño de $f(x)$ en las proximidades de x_0.

Cuando $f(x_0)$ es el valor más grande de $f(x)$ para todo x perteneciente a un intervalo $[a, b]$, se dice que $f(x_0)$ es el *máximo absoluto* en $[a, b]$. De igual forma puede hablarse del *mínimo absoluto* en $[a, b]$.

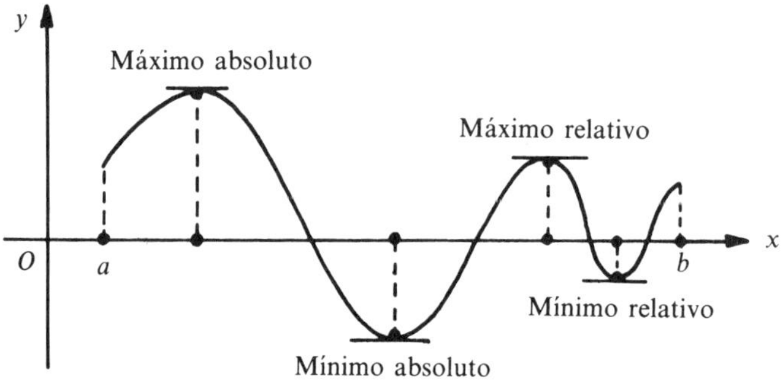

1.21. Si la función f'' es continua en el punto x_0 e $y'_0 = f'(x_0) = 0$, entonces $f(x_0)$ es un máximo relativo cuando $y''_0 = f''(x_0) < 0$.

De igual forma, si f'' es continua en x_0 e $y'_0 = f'(x_0) = 0$, $f(x_0)$ será un mínimo relativo cuando $y''_0 = f''(x_0) > 0$.

Por ello, para hallar los máximos o mínimos de $y = f(x)$, se procederá así:

a) Encontrar la función derivada $y' = f'(x)$ y buscar los valores x_0 de la variable x que anulan tal derivada.

b) Sustituir los valores encontrados de x_0 en $y'' = f''(x)$. Si es $y''_0 > 0$, se trata de un mínimo; si es $y''_0 < 0$, será un máximo.

1.22. *Teorema de Rolle:* Si una función $y = f(x)$, definida y continua sobre $[a, b]$, toma el mismo valor en $x = a$ y en $x = b$ y posee una derivada en (a, b), entonces existe, al menos, un múmero $c \in (a, b)$ tal que es $f'(c) = 0$.

En la figura se muestra la representación gráfica del Teorema de Rolle.

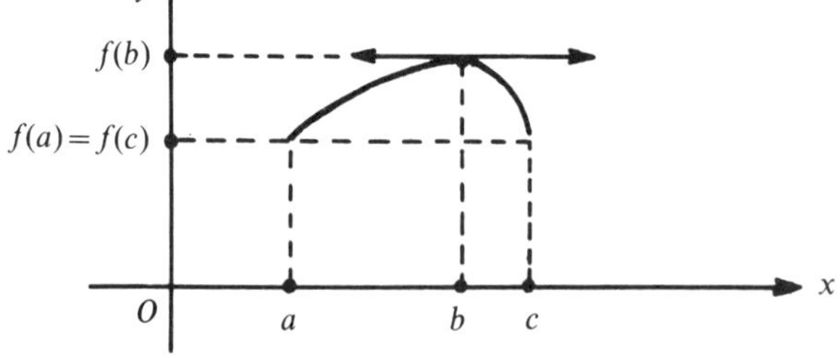

En las dos figuras que siguen, el Teorema de Rolle no se cumple: en el primer caso porque aunque ambas tangentes se confunden tienen por pendientes respectivas $+\infty$ y $-\infty$; en el segundo, las dos semitangentes no tienen pendiente nula.

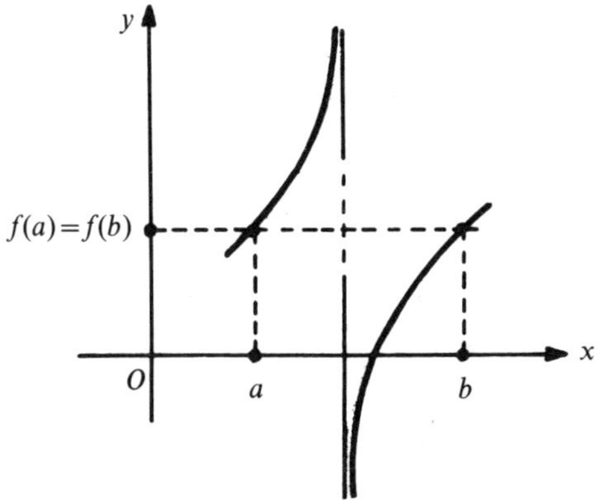

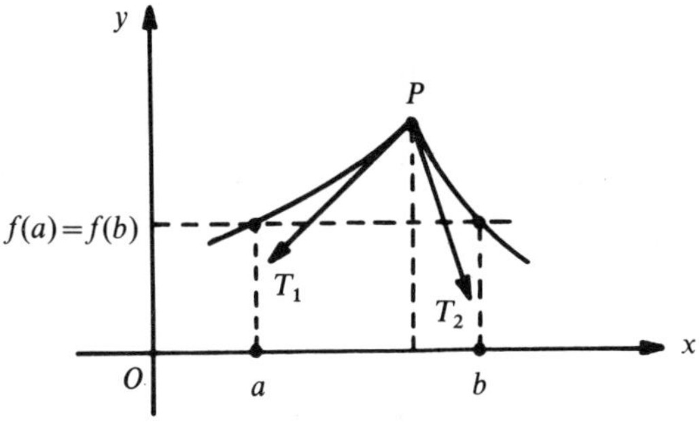

1.23. *Teorema de los incrementos finitos:* Si una función $y=f(x)$ está definida y es continua sobre $[a, b]$, admitiendo una derivada en (a, b), existe un punto $c \in (a, b)$ tal que

$$\frac{f(b)-f(a)}{b-a}=f'(c) \quad \text{o bien} \quad \Delta f=\Delta x \cdot f'(c)$$

La figura que sigue muestra la interpretación gráfica de este teorema. La curva C satisface las condiciones del enunciado y admite en $x=c \in (a, b)$ una tangente paralela a la recta AB, puntos de abscisas respectivas a y b.

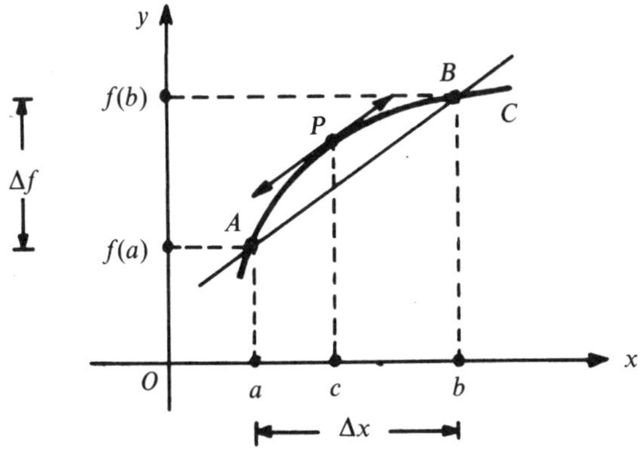

Este teorema también se conoce con el nombre de *teorema de Lagrange* o *teorema del valor medio.*

1.24. Sea f una función continua en $[a, b]$. Dividiendo ese intervalo en n partes iguales de longitud $h=(b-a)/n$, se obtendrán los puntos

$$x_i = x_0 + ih \qquad \text{con} \qquad i=0, 1, 2, \ldots n$$

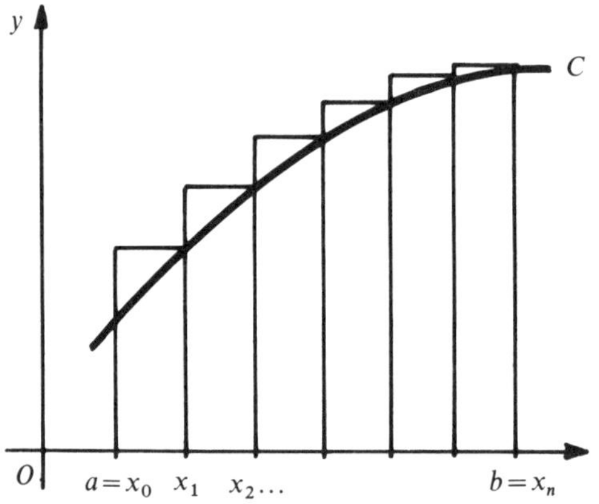

Con esos puntos como base, pueden construirse los rectángulos indicados en la figura.

El área de cada uno de estos rectángulos vale $(x_i - x_{i-1})f(x_i)$. Entonces,

$$S_n = \sum_{i=1}^{n} hf(x_i)$$

representa el área de todos los rectángulos. Y si la sucesión $S_1, S_2, \ldots, S_\infty$ es convergente, entonces se escribe

$$\lim_{n\to\infty} S_n = \int_a^b f(x)dx$$

Este límite recibe el nombre de *integral definida*, diciéndose que f es integrable en $[a, b]$ y su significación geométrica es el área bajo la curva C representativa de $y=f(x)$, las dos ordenadas $x=a$ y $x=b$ y el eje Ox.

1.25. Se denomina *función primitiva* de $y=f(x)$ en el intervalo $[a, b]$ una función $F(x)$ tal que $F'(x)=f(x)$.

La función $F(x)=x^3+4x$ es una primitiva de $f(x)=3x^2+4$.

Las funciones primitivas también reciben el nombre de *integrales*.

1.26. Las funciones primitivas $F(x)$ satisfacen las condiciones siguientes:

a) Si una función $y=f(x)$ admite una primitiva $F(x)$, admite infinitas de la forma $F(x)+C$, siendo C una constante cualquiera.

b) Si $F(x)$ y $G(x)$ son primitivas, respectivamente, de $f(x)$ y $g(x)$, entonces, $F(x)+G(x)$ es una primitiva de $f(x)+g(x)$.

c) Si k es una constante y $F(x)$ es una primitiva de $f(x)$, entonces $kF(x)$ será una primitiva de $kf(x)$.

d) Si k es una constante y $F(x)$ es una primitiva de $f(x)$, entonces $F(kx)/k$ es una primitiva de $f(kx)$.

1.27. Sea la función continua $y=f(x)$ de signo constante en el intervalo $[a, b]$; sea C su curva representativa y A y B dos puntos de C de abscisas respectivas a y x, tales que $a, x \in [c, d]$. Entonces, el arco AB de C, el eje Ox y las paralelas AA′ y BB′ al eje Oy forman un *contorno simple cerrado* que limita un cierto área.

Si es $x>a$, el área es positiva o negativa según que esté situada por encima o por debajo del eje Ox. El valor absoluto del área total será el obtenido haciendo la suma de los valores absolutos de las áreas parciales.

El área limitada por el contorno A′ABB′ es una función de x cuya derivada es $f(x)$.

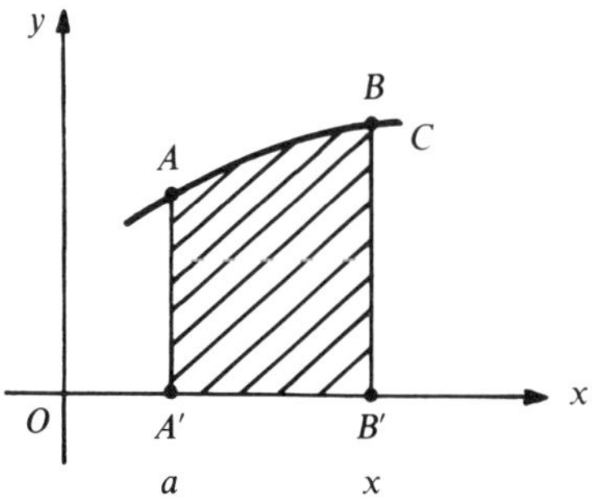

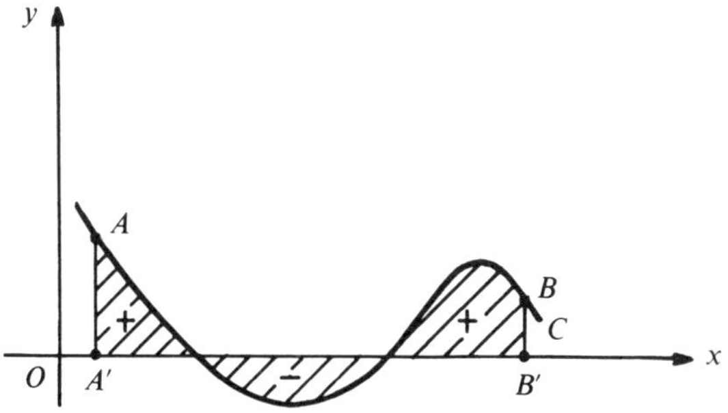

En general, el *área limitada* por la curva representativa de una función continua $y=f(x)$, el eje de las abscisas, una paralela al eje de las ordenadas de abscisa a constante y otra paralela de abscisa cualquiera x, es una primitiva o integral de $f(x)$.

1.28. Se denomina *integral indefinida* la expresión $\int f(x)dx$ que representa el conjunto de primitivas de $f(x)$, es decir:

$$\int f(x)dx=F(x)+C$$

Se denomina *integral definida* la expresión $\int_a^x f(x)dx$ que representa aquellas primitivas de $f(x)$ que se anulan para $x=a$:

$$\int_a^x f(x)dx=F(x)-F(a)$$

El valor de esta última integral para $x=b$ será:

$$\int_a^b f(x)dx=F(b)-F(a)$$

1.29. Se denomina *valor medio* de una función $y=f(x)$ en un intervalo (a, b) al número μ tal que

$$\mu=\frac{1}{b-a}\int_a^b f(x)dx \quad \text{o bien} \quad \int_a^b f(x)dx=\mu(b-a)$$

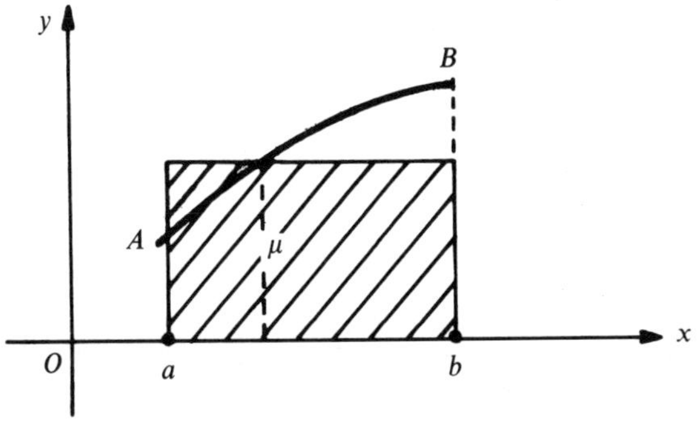

En la figura adjunta se indica la interpretación geométrica del valor medio. El área bajo la curva AB vale $\int_a^b f(x)dx$, valor equivalente al área de un rectángulo de base $b-a$ y de altura un cierto μ.

1.30. *Teorema del valor medio para integrales.* Si $f(x)$ es una función continua y $g(x)$ es una función integrable sobre $[a, b]$ siendo $g(x)\geqslant 0$ para todo x tal que $a\leqslant x\leqslant b$, entonces existe un número $c\in(a, b)$ tal que se verifica que

$$\int_a^b f(x)g(x)dx=f(c)\int_a^b g(x)dx$$

1.31. Si una función $y=f(x)$ y sus n primeras derivadas están definidas y son continuas sobre el intervalo $[a, b]$, si dicha función admite en (a, b) una derivada de orden $n+1$, entonces existe un valor $c\in(a, b)$ tal que

$$f(b)=f(a)+(b-a)f'(a)+\frac{(b-a)^2}{2!}f''(a)+\frac{(b-a)^3}{3!}f'''(a)+\cdots$$
$$+\frac{(b-a)^n}{n!}f^{(n}(a)+\frac{(b-a)^{n+1}}{(n+1)!}f^{(n+1}(c)$$

La fórmula anterior se denomina *fórmula de Taylor*. Cuando es $n=0$, resulta la fórmula de los incrementos finitos o de Lagrange.

Por ejemplo, dada la función $f(x)=x^4+4x^2+5x-1$ que satisface todas las condiciones de Taylor para todo x, escribiendo

$$f'(x)=4x^3+8x+5$$
$$f''(x)=12x^2+8$$
$$f'''(x)=24x$$

la fórmula anterior daría:

$$b^4+4b^2+5b-1=(a^4+4a^2+5a-1)+(b-a)\,(4a^3+8a+5)+$$
$$+\frac{(b-a)^2}{2!}\,(12a^2+8)+\frac{(b-a)^3}{3!}\,24c \qquad c\in(a,\,b)$$

1.32. Si los puntos x_0 y x_0+h pertenecen al intervalo $[a,\,b]$, las hipótesis del teorema de Taylor también se cumplirán en el intervalo $[x_0,\,x_0+h]$ y por lo tanto la fórmula anterior podrá escribirse de la manera siguiente:

$$f(x_0+h)=f(x_0)+hf'(x_0)+\frac{h^2}{2!}f''(x_0)+\frac{h^3}{3!}f'''(x_0)+\cdots+\frac{h^n}{n!}f^{(n}(x_0)+$$
$$+\frac{h^{n+1}}{(n+1)!}f^{(n+1}(x_0+\theta h)$$

con $0<\theta<1$. El último término de ambas fórmulas, es decir, el término de orden $n+1$, se denomina *resto.*

Tomando el mismo ejemplo anterior $f(x)=x^4+4x^2+5x-1$, ahora se tendría:

$$f(x_0+h)=(x_0^4+4x_0^2+5x_0-1)+h(4x_0^3+8x_0+5)+\frac{h^2}{2!}\,(12x_0^2+8)+\frac{h^3}{3!}\,(24x_0+24\theta h)$$

con $0<\theta<1$.

1.33. En el caso particular en el que el intervalo $[a,\,b]$ contenga el valor 0, es posible escribir la fórmula de Taylor en el intervalo $[0,\,x]\subset[a,\,b]$, con lo que se obtendrá la *fórmula de Mac-Laurin*:

$$f(x)=f(0)+xf'(0)+\frac{x^2}{2!}f''(0)+\frac{x^3}{3!}\,f'''(0)+\cdots+\frac{x^n}{n!}f^{(n}(0)+\frac{x^{n+1}}{(n+1)!}\,f^{(n+1}(\theta x)$$

con $0<\theta<1$.

Para la función $f(x)=x^4+4x^2+5x-1$, la fórmula de Mac-Laurin daría:

$$x^4+4x^2+5x-1=-1+5x+8\,\frac{x^2}{2!}+\frac{x^3}{3!}\,(24\theta x) \qquad \text{con} \qquad 0<\theta<1$$

1.34. Se dice que z es una *función de las variables* independientes $x, y, u, ..., t$, si, elegidos en unos determinados conjuntos unos ciertos valores $x_0, y_0, u_0, ..., t_0$, a estas cantidades se les hace corresponder un valor determinado de z. Se escribe entonces

$$z = f(x, y, u, ..., t)$$

La función f *está definida* cuando las variables independientes pertenecen a los conjuntos citados; *no está definida* en caso contrario.

Se designa por $z_0 = f(x_0, y_0, u_0, ..., t_0)$ el *valor numérico* que toma f en el punto $x_0, y_0, u_0, ..., t_0$.

Así, por ejemplo, la función

$$z = \frac{3x^2 - 7y}{u - 4}$$

está definida para todo x, todo y y $u \neq 4$. El valor numérico que toma en el punto $x_0 = 2$, $y_0 = 0$, $u_0 = 8$, es

$$z_0 = f(2, 0, 8) = \frac{12}{4} = 3$$

1.35. La representación de una función de sólo dos variables independientes

$$z = f(x, y)$$

se hace con el apoyo de un triedro trirrectángulo Oxyz de coordenadas. Sobre cada uno de los ejes se toman los vectores **i**, **j**, **k** de módulos unitarios. Asociando a los tres vectores tres números x_0, y_0, z_0, respectivamente, se consigue la representación

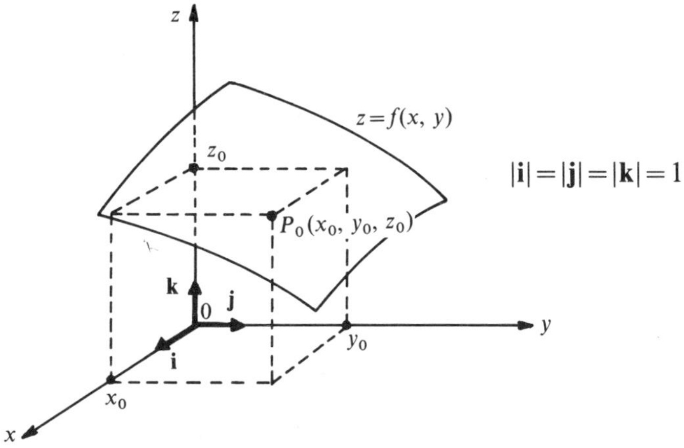

de cualquier punto P_0, de manera que x_0, y_0, z_0 serán las proyecciones sobre cada eje coordenado del vector $\mathbf{OP}_0$. Por ello, esos valores reciben el nombre de *coordenadas* de P_0.

Recíprocamente, dadas x_0, y_0, z_0 se puede obtener un punto P_0 del espacio y sólo uno.

El conjunto de puntos P_0 constituye la función o *superficie* $z=f(x, y)$.

1.36. Dado un punto $P_0(x_0, y_0, z_0)$, las proyecciones del vector $\mathbf{OP}_0$ sobre cada uno de los tres coordenados son, respectivamente: $x_0\mathbf{i}$, $y_0\mathbf{j}$, $z_0\mathbf{k}$. Entonces, se denominan *cosenos directores* de $\mathbf{OP}_0$ a los tres valores siguientes:

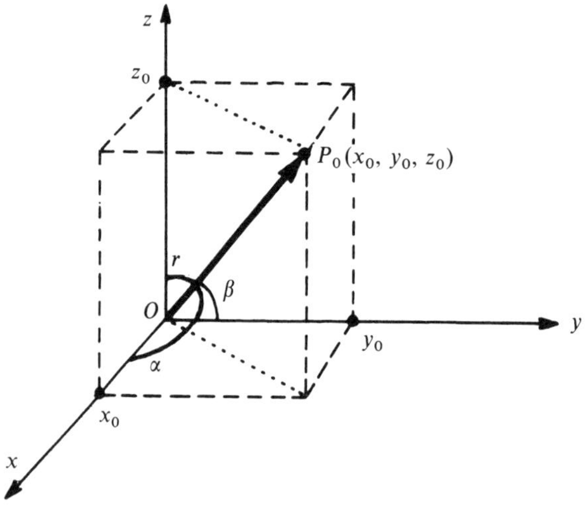

$$\cos\alpha = \frac{x_0}{|\mathbf{OP}_0|} = \frac{x_0}{\sqrt{x_0^2+y_0^2+z_0^2}}$$

$$\cos\beta = \frac{y_0}{|\mathbf{OP}_0|} = \frac{y_0}{\sqrt{x_0^2+y_0^2+z_0^2}}$$

$$\cos\gamma = \frac{z_0}{|\mathbf{OP}_0|} = \frac{z_0}{\sqrt{x_0^2+y_0^2+z_0^2}}$$

Los valores α, β, γ representan los ángulos que forma $\mathbf{OP}_0$ con cada eje coordenado del sistema $Oxyz$.

1.37. Cuando se trata de una función de dos variables $z=f(x, y)$ el campo de variabilidad de x e y es de dos dimensiones y pertenecerá al plano xOy. Con frecuencia ese campo está constituido por todos los puntos interiores a un rectángulo, a una circunferencia o, en general, a una figura cerrada de xOy. Se dice entonces que un punto cualquiera P varía dentro de un *recinto* R. Si a ese recinto se le añaden los *puntos frontera* de la curva C que forma el *contorno*, se obtiene un *dominio* D.

Recinto y dominio equivalen, respectivamente, a intervalo abierto e intervalo

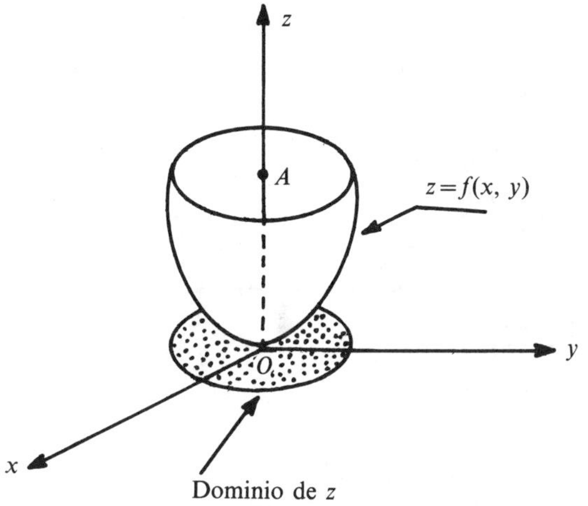

OA = Rango de z

cerrado para el caso de funciones de una sola variable independiente.

Por ejemplo, en el caso de la figura la función es

$$z = f(x, y) = x^2 + y^2$$

cuyo dominio D en el plano xOy es el formado por todos los puntos que cumplen la condición $x^2 + y^2 \leqslant 1$, es decir, pertenecientes a un círculo de radio 1 y centro O. El rango de z está formado por los puntos $O \leqslant z \leqslant 1$.

1.38. Una función $z = f(x, y)$ definida en un cierto dominio D del plano xy se dice que es continua en $(x_0, y_0) \in D$, si dado un $\varepsilon > 0$ existe un $\alpha > 0$ tal que si

$$(x, y) \in D \quad y \quad |x - x_0| < \alpha \quad y \quad |y - y_0| < \alpha$$

entonces

$$|f(x, y) - f(x_0, y_0)| < \varepsilon$$

1.39. Cuando la variable y toma un valor determinado y_0, z se convierte en una función que únicamente depende de x:

$$z=f(x, y_0)$$

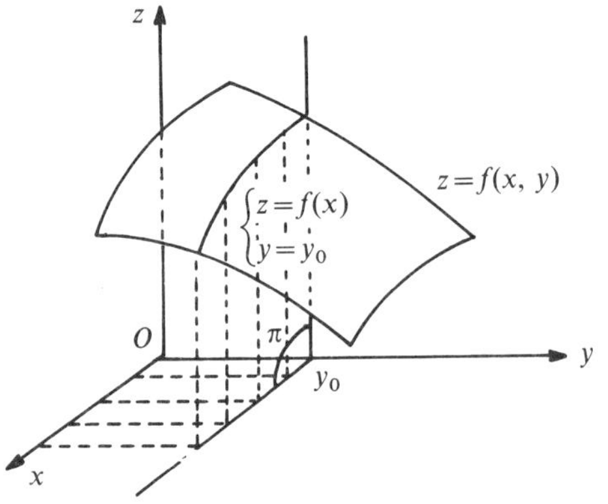

Esta nueva función $z=f(x, y_0)$ está representada por una *línea* sobre $z=f(x, y)$, cuyos puntos satisfacen las dos condiciones simultáneas siguientes:

$$z=f(x) \quad \text{e} \quad y=y_0$$

Esta línea está situada en el plano π paralelo al xOz.

De la misma forma, si la variable x toma un valor determinado x_0, z se convierte en una función que sólo depende de y:

$$z=f(x_0, y)$$

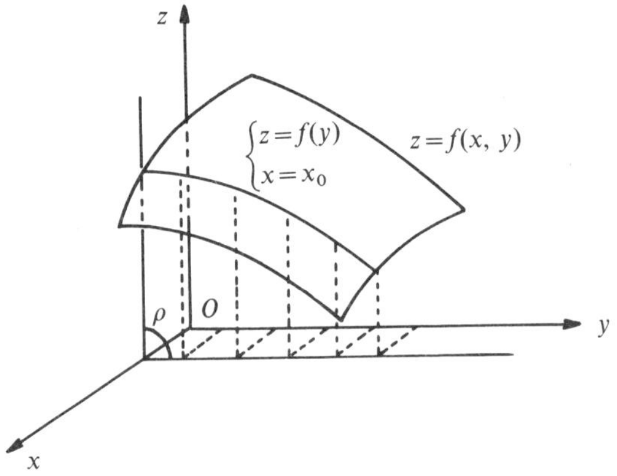

Esta nueva función, situada en el plano ρ y en la superficie $z=f(x, y)$ cumple con

$$z=f(y) \quad \text{y} \quad x=x_0$$

El plano ρ es paralelo al yOz.

1.40. Dada una función de dos variables

$$z=f(x, y)$$

es conveniente analizar cuáles son las variaciones que experimenta z a medida que varían x e y, pero separadamente. Ello se logra fijando una u otra de las dos variables, con lo que se obtiene, como ya se ha visto, una función dependiente de una sola variable:

$$z=f(x, y_0) \quad \text{o bien} \quad z=f(x_0, y)$$

Ello conduce a la utilización de *derivadas parciales*. Así, se define la derivada parcial de la función z con respecto a x como

$$\frac{\partial f}{\partial x}=\lim_{h\to 0}\frac{f(x+h, y)-f(x, y)}{h}$$

cuando existe tal límite. De igual forma se define la otra derivada parcial con respecto a y

$$\frac{\partial f}{\partial y}=\lim_{k\to 0}\frac{f(x, y+k)-f(x, y)}{k}$$

En el primer caso, la derivada se obtiene considerando constante y; en el segundo caso, es constante x.

El concepto puede ampliarse para funciones generales

$$z=f(x, y, u, \ldots, t)$$

La derivada parcial con respecto a x puede indicarse por

$$\frac{\partial f}{\partial x}, \quad f'_x, \quad z'_x$$

Igualmente, la derivada respecto de y se indica por

$$\frac{\partial f}{\partial y}\ ,\ f'_y\ ,\ z'_y$$

Por ejemplo, dada la función $z = x^2 \cos y$, será:

$$z'_x = 2x \cos y$$
$$z'_y = -x^2 \operatorname{sen} y$$

1.41. Interpretación geométrica de las *derivadas parciales*: la función $z=f(x, y)$ puede representarse por la superficie de la figura, ABCD. Las líneas AB y BC son precisamente las producidas por el corte de z, respectivamente, con los planos xOz y zOy. Las dos derivadas parciales z'_{x_0}, z'_{y_0} en el punto $P_0(x_0, y_0)$

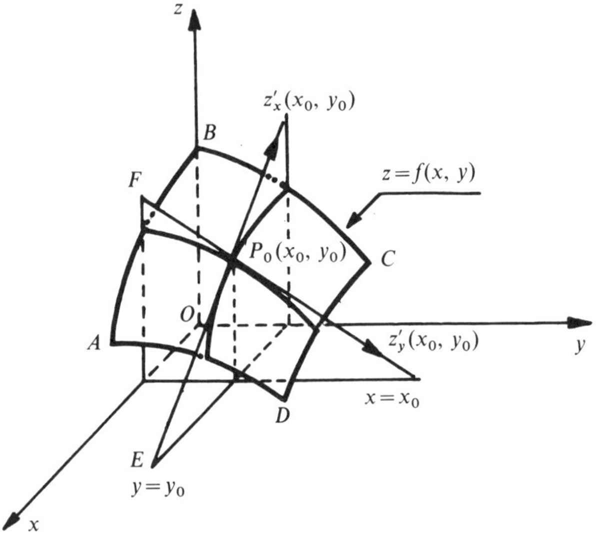

de z están marcadas por las dos rectas (vectores) que pasan por dicho punto. Por lo tanto, z'_x será la pendiente o coeficiente angular de la recta EP_0 tangente a z en P_0; z'_y será la pendiente de la recta FP_0 tangente también a z en P_0.

Las dos tangentes forman un plano tangente a z en P_0 cuya ecuación es

$$z = z_0 + z'_{x_0}(x - x_0) + z'_{y_0}(y - y_0)$$

1.42. Las anteriores derivadas se denominan también *derivadas parciales primeras* o de primer orden y, en general, son funciones dependientes de todas las variables independientes. Por consiguiente, será posible derivar, a su vez, tales funciones, obteniendo así las *derivadas parciales segundas*. Para una función de dos variables $z=f(x, y)$, la derivada segunda respecto de x se indica por

$$z''_{x^2}=f''_{x^2}=\frac{\partial^2 f}{\partial x^2}=\frac{\partial}{\partial x}\left(\frac{\partial z}{\partial x}\right)$$

Análogamente, las otras derivadas:

$$z''_{y^2}=f''_{y^2}=\frac{\partial^2 f}{\partial x^2}=\frac{\partial}{\partial y}\left(\frac{\partial z}{\partial y}\right)$$

$$z''_{xy}=f''_{xy}=\frac{\partial^2 f}{\partial x\,\partial y}=\frac{\partial}{\partial x}\left(\frac{\partial z}{\partial y}\right)$$

$$z''_{yx}=f''_{yx}=\frac{\partial^2 f}{\partial y\,\partial x}=\frac{\partial}{\partial y}\left(\frac{\partial z}{\partial x}\right)$$

Por ejemplo, para $z=f(x, y)=x^2 \cos y$, es:

$$\begin{aligned} z''_{x^2} &= 2 \cos y \\ z''_{y^2} &= -x^2 \cos y \\ z''_{xy} &= -2x \operatorname{sen} y \\ z''_{yx} &= -2x \operatorname{sen} y \end{aligned}$$

1.43. Las derivadas parciales segundas son, en general, funciones derivables. Se obtienen así las *derivadas parciales terceras* o de tercer orden. El proceso puede continuar sucesivamente. Por ejemplo, $z^{(4}_{x^2yu}$ significaría la derivada cuarta de z respecto de x, x, y, u.

1.44. Dada la función $z=f(x, y)$, si para $x=x_0$ e $y=y_0$, admite dos derivadas parciales segundas continuas z''_{xy} y z''_{yx}, ambas derivadas son *iguales*, es decir

$$z''_{xy}=z''_{yx}$$

Esta igualdad puede extenderse a un número cualquiera de variables, con independencia del orden de la derivada. Así, por ejemplo, será:

$$z'''_{x^2y} = z'''_{yx^2} = z'''_{xyx}$$

1.45. Si z es una función de dos variables x e y y cada una de ellas es, a su vez, función de t, se dice, entonces, que z es *función compuesta* de t mediante las variables intermedias x e y o simplemente que z es *función de función.* Si $z = f(x, y)$, su derivada vale

$$\frac{dz}{dt} = \frac{\partial z}{\partial x}\frac{dx}{dt} + \frac{\partial z}{\partial y}\frac{dy}{dt}$$

o simplemente

$$z'_t = z'_x \cdot x'_t + z'_y \cdot y'_t$$

Por ejemplo, para $z = x^2 e^y$, siendo x e y funciones de t:

$$z'_x = 2xe^y \quad , \quad z'_y = x^2 e^y$$
$$z'_t = 2xe^y \cdot x'_t + x^2 e^y \cdot y'_t$$

En general, si es $z = f(x, y, \ldots, u)$, siendo todas las variables independientes función de t, se tendrá:

$$z'_t = z'_x \cdot x'_t + z'_t \cdot y'_t + \cdots + z'_u \cdot u'_t$$

1.46. El teorema de los incrementos finitos enunciado para el caso de las funciones f de una sola variable independiente x, puede ampliarse a las funciones de más variables.

Si una función $z = f(x, y, u)$ está definida, es continua y admite derivadas parciales, f'_x, f'_y, f'_u, también continuas en un dominio que contenga al punto x_0, y_0, u_0, entonces existe otro punto

$$x_0 + \theta\Delta x \qquad y_0 + \theta\Delta y \qquad u_0 + \theta\Delta u \qquad \text{con} \qquad 0 < \theta < 1$$

tal que

$$\begin{aligned}\Delta f &= f(x_0+\Delta x,\ y_0+\Delta y,\ u_0+\Delta u)-f(x_0,\ y_0,\ z_0)=\\ &=\Delta x\cdot f'_x(x_0+\theta\Delta x,\ y_0+\theta\Delta y,\ u_0+\theta\Delta u)+\\ &+\Delta y\cdot f'_y(x_0+\theta\Delta x,\ y_0+\theta\Delta y,\ u_0+\theta\Delta u)+\\ &+\Delta u\cdot f'_u(x_0+\theta\Delta u,\ y_0+\theta\Delta y,\ u_0+\theta\Delta u)\end{aligned}$$

Esta fórmula corresponde a la de los *incrementos finitos* para funciones de más de una variable.

1.47. Dada la función

$$z=f(x,\ y,\ \ldots,\ u)$$

que admite derivadas parciales respecto a sus variables independientes, si se designa por dx, dy, ..., du las respectivas diferenciales de esas variables, se denomina *diferencial total* de z a la expresión

$$dz=f'_x dx+f'_y dy+\cdots+f'_u du$$

recibiendo el nombre de *diferencial parcial* cada uno de los sumandos del segundo miembro.

Por ejemplo, para la función $z=3x^3-7y^2$ se tiene:

$$z'_x=9x^2 \qquad z'_y=-14y$$

$$dz=9x^2\,dx-14y\,dy$$

1.48. Dada una función $z=f(x,\ y)$ de dos variables, un punto cualquiera del dominio de la misma tendrá por coordenadas $P_1(x,\ y)$. Incrementando ambas variables en $\Delta x=h$ y $\Delta y=k$ se obtendrá otro punto del mismo dominio de coordenadas $P_2(x+\Delta x,\ y+\Delta y)$. Entonces, se define como *incremento total* que experimenta la función z al pasar del primer punto al segundo, como

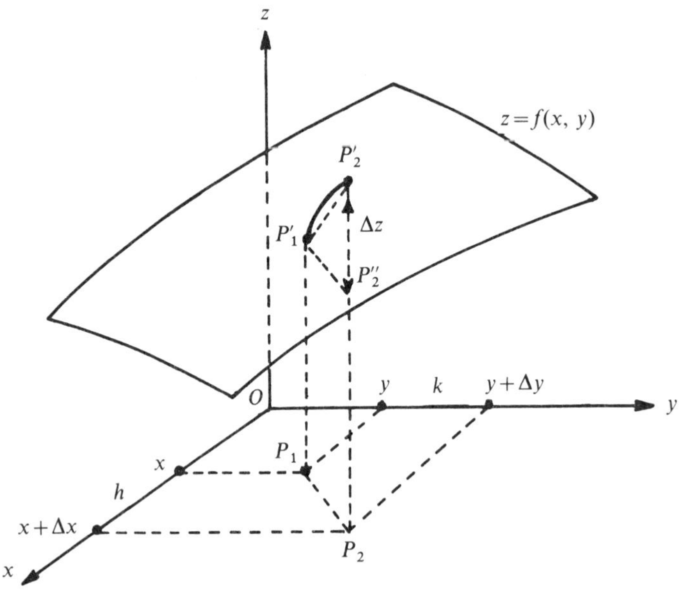

el valor representado por la expresión

$$\Delta z = f(x + \Delta x,\ y + \Delta y) - f(x, y)$$

Geométricamente, Δz viene medido por el segmento $P'_2P''_2$ sobre la vertical de origen P_2 y paralela al eje Oz.

1.49. Interpretación geométrica de la *diferencial total*: dada una función $z = f(x, y)$ de dos variables, su diferencial total dz en un punto P(x, y) de su dominio, es igual al incremento EF que experimenta la cota de su plano tangente a la superficie z, al pasar del punto de contacto P′ de coordenadas x e y al P″, $x + \Delta x$ e $y + \Delta y$.

En la figura, se representa la diferencial por

$$dz = EF$$

y el incremento total por

$$\Delta z = EG$$

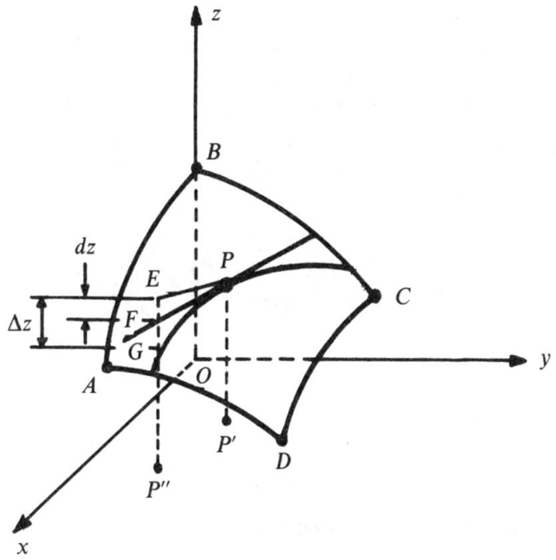

1.50. Anteriormente se ha visto que la derivada parcial de una función $z=f(x, y)$ representaba la pendiente en cada punto, de la curva de intersección de z con un plano paralelo a los planos coordenados xOz o bien yOz.

Es también posible obtener dicha pendiente para un plano cualquiera paralelo al eje Oz y que forme un ángulo α con el xOz.

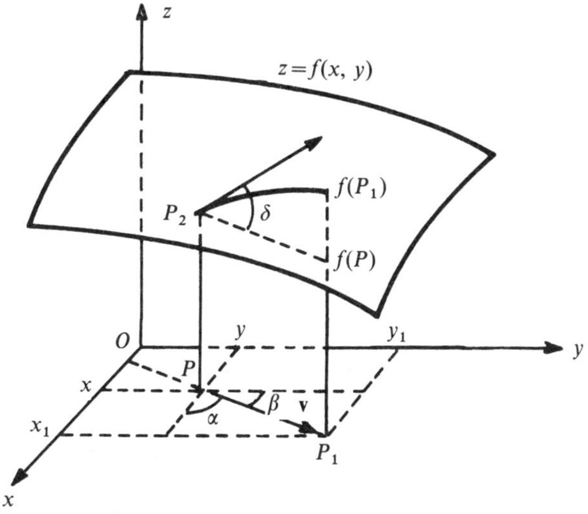

Sea $z=f(x, y)$ una función de dos variables y una curva sobre ella, intersección con el plano paralelo al eje Oz que forma el ángulo α con el xOz; sean los puntos P(x, y) y $P_1(x_1, y_1)$ pertenecientes a este último plano. Entonces, la curva citada pasa del valor f(P) en P al $f(P_1)$ en P_1, siendo $f(P_1)-f(P)$ su incremento total. La tangente a la curva en P_2 forma un ángulo δ con la paralela al plano xOy, Se denomina *derivada* de z en un punto P *en la dirección del vector* $\mathbf{v}=\mathbf{PP}_1$ a

$$\frac{\partial z}{\partial \mathbf{v}}=\lim_{\mathbf{PP}_1\to 0}\frac{f(P_1)-f(P)}{\mathbf{PP}_1}=\lim_{\rho\to 0}\frac{\Delta z}{\rho}$$

siendo

$$\rho=|\mathbf{PP}_1|=\sqrt{(x_1-x)^2+(y_1-y)^2}=\sqrt{(\Delta x)^2+(\Delta y)^2}$$

Si $z=f(x, y)$ es derivable en un dominio D, su derivada direccional se calcula mediante la expresión

$$\frac{\partial z}{\partial \mathbf{v}}=z'_x\cos\alpha+z'_y\cos(90^\circ-\alpha)$$

siendo α y $\beta=90^\circ-\alpha$ los dos ángulos que el vector $\mathbf{v}$ de xOy forma con los ejes Ox y Oy, respectivamente.

Cuando se trata de funciones $x=f(x, y, u)$ de tres variables, la derivada direccional se calcula mediante la expresión

$$\frac{\partial z}{\partial \mathbf{v}}=z'_x\cos\alpha+z'_y\cos\gamma+z'_u\cos\delta$$

siendo $\cos\alpha$, $\cos\gamma$ y $\cos\delta$ los tres cosenos directores de $\mathbf{v}$.

Al vector $\mathbf{w}$ de valor

$$\mathbf{w}=z'_x\cdot\mathbf{i}+z'_y\cdot\mathbf{j}+z'_u\cdot\mathbf{k}$$

se le denomina *gradiente* de $z=f(x, y, u)$ y se representa por ∇z.

En el caso de una función z de dos variables es

$$\nabla z=z'_x\cdot\mathbf{i}+z'_y\cdot\mathbf{j}$$

1.51. Se dice que una función $z=f(x, y)$ toma un valor *máximo* o *mínimo relativo* en un punto x_0, y_0 de un dominio D, según que sea, respectivamente

$$\Delta z=f(x_0+h, y_0+k)-f(x_0, y_0)<0$$
$$\Delta z=f(x_0+h, y_0+k)-f(x_0, y_0)>0$$

para todos los valores de h y k suficientemente pequeños en valor absoluto.

Si $z=f(x_0, y_0)$ es el valor más grande de $f(x, y)$ para todo punto x, y perteneciente a un dominio D, se dice que $f(x_0, y_0)$ es el *máximo absoluto* en D. Lo mismo puede decirse del *mínimo absoluto* en D.

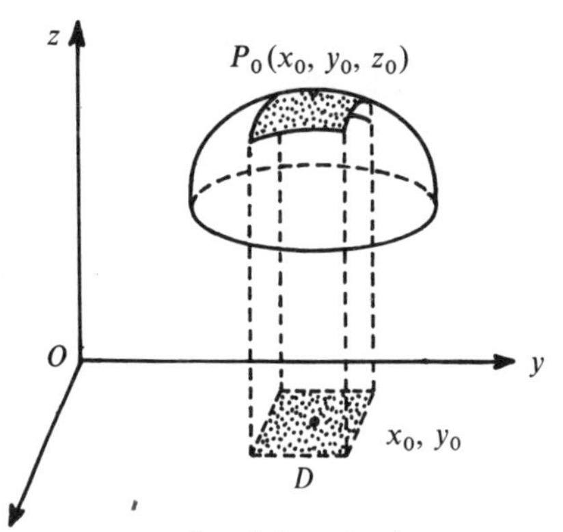

P_0 máximo absoluto

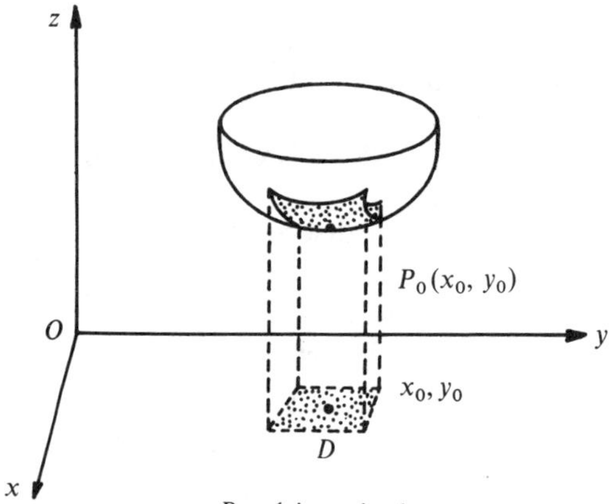

P_0 mínimo absoluto

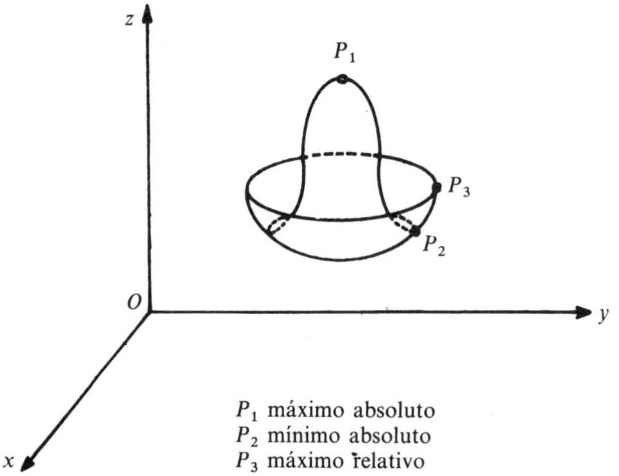

P_1 máximo absoluto
P_2 mínimo absoluto
P_3 máximo relativo

1.52. Si z es continua en un dominio D cerrado, entonces z tiene un máximo absoluto y un mínimo absoluto en D.

Además, si z está definida en D, existiendo en tal dominio z'_x y z'_y, entonces los máximos y mínimos relativos se encuentran entre los valores x, y tales que

$$z'_x = f'_x(x, y) = 0 \qquad z'_y = f'_y(x, y) = 0$$

Las igualdades anteriores constituyen las *condiciones necesarias* de máximo o mínimo.

1.53. Con el fin de encontrar los máximos o mínimos de funciones $z = f(x, y)$ de dos variables, se introducirá la nomenclatura siguiente:

$$A = f''_{x^2}(x, y) \qquad B = f''_{xy}(x, y) \qquad C = f''_{y^2}(x, y)$$

Se denomina discriminante Δ al valor, $\Delta = AC - B^2$. Entonces:

1) Si $\Delta > 0$ (punto elíptico), la función tiene un máximo relativo si $A < 0$ y un mínimo si $A > 0$.
2) Si $\Delta < 0$ (punto hiperbólico), la función no tiene ni máximo ni mínimo relativos. Se trata de un punto de silla.
3) Si $\Delta = 0$ (punto parabólico), no se puede asegurar que la función tenga un máximo o un mínimo relativos. Se trata de un caso dudoso.

En todos los casos, lo primero a calcular será la solución del sistema de ecuaciones formado por las derivadas parciales anuladas (condiciones necesarias).

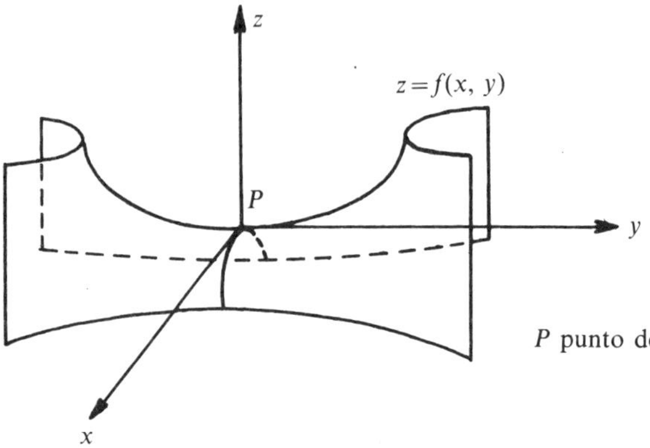

P punto de silla

1.54. Sea $z=f(x, y)$ una función de dos variables independientes tal que sus derivadas parciales hasta la de orden $n+1$ están definidas y son continuas en un dominio circular D de centro el punto x_0, y_0. Si $(x_0+h,\ y_0+k)\in D$, entonces se verifica que

$$f(x_0+h, y_0+k)=f(x_0, y_0)+[hf'_x(x_0, y_0)+kf'_y(x_0, y_0)]+$$
$$+\frac{1}{2!}[hf'_x(x_0, y_0)+kf'_y(x_0, y_0)]^2+\cdots+\frac{1}{n!}[hf'_x(x_0, y_0)+kf'_y(x_0, y_0)]^n+$$
$$+\frac{1}{(n+1)!}[hf'_x(x_0+\theta h, y_0+\theta k)+kf'_y(x_0+\theta h, y_0+\theta k)]^{n+1}$$

siendo $0<\theta<1$.

La fórmula anterior se conoce con el nombre de *fórmula de Taylor* para *funciones de dos variables.*

En dicha fórmula se ha escrito simbólicamente:

$$[hf'_x(x_0, y_0)+kf'_y(x_0, y_0)]^2=h^2f''_x(x_0, y_0)+2hkf''_{xy}(x_0, y_0)+k^2f''_y(x_0, y_0)$$

y lo mismo para las otras expresiones de la fórmula.

1.55. Recibe el nombre de *ecuación diferencial* toda relación F entre las variables x e y y las diferenciales de y del tipo

$$F(x, y, y', y'', \ldots, y^{(n)})=0$$

Esta relación define una *ecuación diferencial de orden n*, porque n es el índice de derivación de la derivada de mayor orden contenida en la misma.

Así, por ejemplo, la ecuación

$$y-2x\frac{dy}{dx}=0$$

es una ecuación diferencial de primer orden. Mientras que

$$y'''(1+y'^2)-3y'y''^2=0$$

es una ecuación diferencial de tercer orden.

1.56. Recibe el nombre de solución o *integral de una ecuación diferencial*, cualquier función de la forma $y=\varphi(x)$ que la satisfaga. Eso quiere decir que sustituyendo en la ecuación diferencial

$$F(x, y, y', y'', \ldots, y^{(n)})=0$$

tanto la función y como cada una de sus sucesivas derivadas y', y'', ... aquélla se convierte en una identidad.

La *integral general* de una ecuación diferencial poseen n constantes arbitrarias y es de la forma

$$y=\psi(x, C_1, C_2, \ldots, C_n)$$

Asignando valores fijos a las constantes anteriores, se obtienen diversas *integrales particulares.*

Existen, sin embargo, soluciones particulares que no proceden de valores asignados a las constantes C_i. Tales soluciones reciben el nombre de *integrales singulares.*

La solución general representa una *familia de curvas* planas dependiente de n parámetros o constantes. Por cada valor particular asignado a las constantes C_i se obtienen otras tantas *curvas integrales.*

1.57. Una ecuación diferencial de primer orden de *variables separadas* tiene la forma

$$y'f(y)=g(x)$$

o bien

$$f(y)dy=g(x)dx$$

Su solución general vale:

$$\int f(y)dy=\int g(x)dx+C$$

Por ejemplo,

$$y'+y=12$$

es una ecuación diferencial de primer orden con variables separadas. Puede ponerse en la forma

$$\frac{dy}{dx}=12-y \quad \text{o bien} \quad \frac{dy}{12-y}=dx$$

1.58. Recibe el nombre de ecuación diferencial *homogénea* una ecuación de primer orden de la forma

$$y'=f\left(\frac{y}{x}\right) \quad \text{o bien} \quad \frac{dy}{dx}=f\left(\frac{y}{x}\right)$$

Para resolverla se efectúa el cambio $u=\frac{y}{x}$, con lo que se transforma en otra de variables separadas.

Por ejemplo, son ecuaciones homogéneas

$$(2x+y)dx=(4x-y)dy$$
$$(x^2+y^2)dy=xy\,dx$$

1.59. Toda ecuación diferencial de la forma

$$y'=y\cdot f(x)+g(x)$$

recibe el nombre de ecuación diferencial *lineal de primer orden.*

Cuando es $g(x)=0$, la ecuación resultante es

$$y'=y\cdot f(x)$$

la cual recibe el nombre de ecuación diferencial *asociada* a la primera o lineal homogénea.

Por ejemplo, la ecuación

$$(1-x^2)dy+2x(x^2-y-1)dx=0$$

es una ecuación lineal de primer orden, ya que puede escribirse en la forma

$$\frac{dy}{dx} = \frac{2x}{1-x^2}\,y + 2x$$

Su ecuación asociada es

$$\frac{dy}{dx} = \frac{2x}{1-x^2}\,y$$

1.60. La ecuación diferencial de *Bernouilli* tiene la forma general

$$y' = y \cdot f(x) + y^n \cdot g(x)$$

Cuando en esta ecuación n toma los valores respectivos 0 ó 1, resultan las ecuaciones lineales o de variables separadas.

Por ejemplo, la ecuación.

$$y' + xy = x^3 y^3$$

es del tipo de Bernouilli.

Haciendo el cambio $t = y^{1-n}$ una ecuación de Bernouilli se convierte en otra lineal en t.

1.61. Recibe el nombre de ecuación de *Ricatti* una ecuación de primer orden con la forma general

$$y' = y^2 \cdot f(x) + y \cdot g(x) + h(x)$$

Si fuera $f(x) = 0$, resultaría la ecuación lineal; si fuera $h(x) = 0$, resultaría la de Bernouilli.

La ecuación

$$(1 - \operatorname{sen} x \cos x)\,y' + y^2 \cos x + \operatorname{sen} x = y$$

es de Riccati, ya que puede ponerse en la forma

$$y' = -y^2 \frac{\cos x}{1 - \operatorname{sen} x \cos x} + y \frac{1}{1 - \operatorname{sen} x \cos x} - \frac{\operatorname{sen} x}{1 - \operatorname{sen} x \cos x}$$

1.62. Se llama ecuación de *Lagrange* a una ecuación diferencial de la forma

$$y = xf(y') + g(y')$$

en la que tanto f como g dependen únicamente de la derivada y'.

Cuando es

$$f(y') = y'$$

resulta la ecuación

$$y = xy' + g(y')$$

que recibe el nombre de ecuación diferencial de *Clairaut*.

Por ejemplo, la ecuación

$$y = x(y' + 3) + y'^2$$

es una ecuación de Lagrange; la ecuación

$$y = xy' + y'^2$$

será una ecuación de Clairaut.

1.63. Dada una función $z = f(x, y)$ que admita derivadas parciales z'_x y z'_y, se denomina, según se ha visto, diferencial total dz a la expresión

$$dz = z'_x \cdot dx + z'_y \cdot dy$$

Pues bien, cuando una ecuación diferencial puede escribirse en la forma

$$f(x, y)\,dx + g(x, y)\,dy = 0$$

su primer miembro será *diferencial total exacta* de una determinada función $\varphi(x, y)$, con lo que la solución general de tal ecuación diferencial es $\varphi(x, y) = C$, siendo C una constante arbitraria.

Para que se verifique lo anterior es necesario y suficiente que se cumpla la condición

$$f'_y = g'_x$$

Por ejemplo, la ecuación

$$\left(1-\frac{x^2}{y^2}\right)y'+\frac{2x}{y}=0$$

que puedc cscribirse en la forma

$$\frac{2x}{y}\,dx+\left(1-\frac{x^2}{y^2}\right)dy=0$$

es una ecuación diferencial total exacta con

$$f(x,\,y)=\frac{2x}{y} \quad \text{y} \quad g(x,\,y)=1-\frac{x^2}{y^2}$$

ya que se cumple que

$$f'_y=-\frac{2x}{y^2}=g'_x$$

1.64. Se denomina ecuación diferencial de *segundo orden* a una ecuación cuya forma general es

$$F(x,\,y,\,y',\,y'')=0$$

Su solución o integral general será una función y de la variable x que dependerá además de dos constantes arbitrarias.

Entre las ecuaciones de segundo orden más sencillas de resolver se encuentran las lineales de coeficientes constantes con o sin segundo miembro.

1.65. Toda ecuación de la forma

$$y''+by'+cy=0$$

recibe el nombre de ecuación diferencial *lineal de segundo orden* con *coeficientes constantes* y *sin segundo miembro.*

La ecuación polinómica de segundo grado

$$at^2+bt+c=0$$

recibe el nombre de *ecuación característica* de la ecuación diferencial anterior. Llamando α y β a sus raíces, la integral general de la ecuación de partida será:

1) α y β reales y distintas: $y = C_1 e^{\alpha x} + C_2 e^{\beta x}$

2) α real y doble: $y = (C_1 x + C_2)e^{\alpha x}$

3) $\alpha \pm \beta i$ imaginarias conjugadas: $y = C_1 e^{\alpha x} \cos(\beta x + C_2)$

siendo C_1 y C_2 dos constantes arbitrarias.

Cuando las raíces, α, β, son imaginarias, la integral general de la ecuación diferencial de partida puede expresarse de cualquiera de estas tres formas:

$$y = C_1 e^{\alpha x} \cos(\beta x + C_2)$$
$$y = C_1 e^{\alpha x} \operatorname{sen}(\beta x + C_2)$$
$$y = e^{\alpha x}(C_1 \operatorname{sen} \beta x + C_2 \cos \beta x)$$

Por ejemplo, una ecuación diferencial lineal de coeficientes constantes y sin segundo orden sería

$$y'' - 3y' + 2y = 0$$

cuya ecuación característica es

$$t^2 - 3t + 2 = 0$$

1.66. Una ecuación del tipo general

$$ay'' + by' + cy = f(x)$$

recibe el nombre de ecuación diferencial lineal de *coeficientes constantes* y *con segundo miembro*.

La ecuación

$$at^2 + bt + c = 0$$

recibe también el nombre de *ecuación característica* de la ecuación diferencial dada.

Para resolver este tipo de ecuaciones se procede así:

1) Se busca una integral particular de la ecuación dada y^*.

2) Se busca la integral general de la ecuación diferencial sin su segundo miembro $\overline{y}$.

3) La integral general de la ecuación propuesta es la suma de las dos anteriores: $y = y^* + \overline{y}$.

Además, para encontrar una integral particular, tal como se enuncia en 1), se procede así, teniendo en cuenta los casos más sencillos y clásicos:

a) El segundo miembro $f(x)$ es un polinomio: la solución particular es de la forma $y = x^k\,\mathrm{P}(x)$, con $\mathrm{P}(x)$ otro polinomio de grado n como $f(x)$, de coeficientes desconocidos.

b) $f(x)$ es un polinomio de grado n multiplicado por e^{mx}: la solución particular es de la forma $y = x^k\,\mathrm{P}(x)e^{mx}$.

En los dos casos enunciados k es 0,1 ó 2, según que $t=0$ no sea raíz de la ecuación característica, sea raíz simple o doble, para el caso a); k es 0,1 ó 2, según que $t=m$ no sea raíz de la ecuación característica, sea raíz simple o doble, respectivamente, para b).

1.67. Se denomina *sistema de ecuaciones diferenciales* ordinarias a las dos ecuaciones diferenciales

$$\begin{cases} F(x,\, y',\, z')=0 \\ G(x,\, y',\, z')=0 \end{cases}$$

que relacionan entre sí $1+2$ variables x, y, z, de las que las últimas son función de la única independiente x.

Integrar un sistema de dos ecuaciones es encontrar dos funciones $y(x)$, $z(x)$ que satisfagan al sistema.

El concepto puede generalizarse a sistemas de n ecuaciones con $1+n$ variables.

Por ejemplo, el conjunto

$$\begin{cases} y' + 3y + z = 0 \\ z' - y + z = 0 \end{cases}$$

constituyen un sistema de dos ecuaciones diferenciales. Para resolverlo, basta derivar la primera y restarlas miembro a miembro, obteniéndose:

$$y'' + 3y' + z' = 0$$
$$z' = y' + 4y$$

Sustituyendo ahora en la primera la segunda:

$$y'' + 4y' + 4y = 0$$

que es una ecuación diferencial lineal de coeficientes constantes y sin segundo miembro. Su integral general es

$$y = (C_1 + C_2 x)e^{-2x}$$

y llevando este valor a la primera de las ecuaciones del sistema, despejando la z, queda:

$$z = -(C_1 + C_2 + C_2 x)e^{-2x}$$

2
ERRORES EN LA ALGORITMICA

CONCEPTOS

Errores por redondeo son aquéllos originados por las limitaciones que toda herramienta de cálculo posee al no poder representar las cantidades con todas sus cifras. Antes de ser almacenada en el registro de un calculador, una cantidad puede *redondearse* en el sentido matemático o simplemente *cortarse* o *truncarse*.

Los *errores por truncamiento* se producen al reducir a un número finito de operaciones un proceso matemático que es infinito.

Redondear una cantidad es eliminar todas sus cifras a la derecha de la que ocupa un determinado lugar, si ésta es decimal, o bien reemplazarlas por ceros si es entera y añadiendo o no una unidad a la última conservada según que la parte despreciada valga, respectivamente, cinco unidades o más del primer orden despreciado o menos que esa cantidad. Este redondeo se denomina *simétrico*.

Cada una de las cifras que componen una cantidad es una *cifra significativa* a menos que, como ocurre con el cero, únicamente se utilice para determinar el lugar de la coma decimal.

Error absoluto de una cantidad aproximada e_x es la diferencia entre el valor exacto x y el aproximado $\bar{x}$:

$$e_x = x - \bar{x}$$

Suele emplearse el *módulo del error absoluto*, $|e_x|$.

Error relativo r_x de x en relación con $\bar{x}$, es el cociente entre el error absoluto y la cantidad aproximada $\bar{x}$ o la exacta x, si se conociera.

Porcentaje del error es el error relativo multiplicado por cien.

Cotas de los errores absoluto o relativo son cantidades iguales o superiores a ellos. Se designan, respectivamente por Δ_x, δ_x.

Dígito correcto de una cantidad aproximada es un dígito significativo tal que la cota del error absoluto de la cantidad, es igual o menor que media unidad del orden del dígito considerado. Cuando no se cumple tal condión, se dice que el dígito *no* es *correcto*.

Según se trate de cifras situadas en la parte entera o fraccionaria de una cantidad, se verifican para ellas, respectivamente,

$$n\text{-ésima cifra entera es correcta} \Leftrightarrow \leqslant 0{,}5 \times 10^{n-1}$$
$$n\text{-ésima cifra decimal es correcta} \Leftrightarrow \leqslant 0{,}5 \times 10^{-n}$$

Cuando se trabaja con cantidades expresadas en coma flotante y normalizadas, en las que c es la característica, n la precisión y Δ_y y δ_y las cotas de error absoluto y relativo, se verifica que

$$5 \times 10^{-(n+1)} < \Delta_y \cdot 10^{-(c-1)} \leqslant 5 \times 10^{-n}$$
$$5 \times 10^{-(n+1)} < \delta_y \cdot |m_y| \cdot 10 \leqslant 5 \times 10^{-n}$$

El error que poseen los resultados obtenidos en las operaciones elementales, suma, resta, multiplicación y división, realizadas con datos aproximados, es decir, con valores que poseen errores inherentes, viene acotado por las siguientes expresiones:

Suma y resta:

Cota del error absoluto

$$\Delta_{x \pm y} = \Delta_x + \Delta_y$$

Multiplicación:

Cota del error relativo

$$\delta_{xy} = \delta_x + \delta_y$$

División:

Cota del error relativo

$$\delta_{x/y} = \delta_x + \delta_y$$

Los casos de la *potenciación* y la *radicación* se deducen directamente de la multiplicación. Así, si p es el exponente de una cantidad aproximada x, se tiene para el error relativo

$$\delta_{x^p} = p\delta_x$$

que en el caso particular de la *raíz cuadrada* sería:

$$\delta_{x^{0,5}} = 0,5\delta_x$$

En el caso más general y cuando los datos aproximados de partida son

$$\bar{x}_1, \bar{x}_2, \bar{x}_3, \ldots, \bar{x}_n$$

las cotas de los errores propagados al calcular la función

$$y = f(x_1, x_2, \ldots, x_n)$$

son las siguientes:

$$\Delta_f = \sum_1^n \left|\frac{\partial f}{\partial x_i}\right| \Delta x_i$$

$$\delta_f = \frac{\Delta_f}{|f(x_1, \ldots, x_n)|}$$

Las fórmulas anteriores corresponden al *problema directo* en el que se trata de encontrar la cota del error propagado partiendo de las cotas de los errores de los datos. Existe también el denominado *problema inverso*, en el que el punto de partida o dato es el máximo error con el que se quiere obtener el resultado y a partir de él han de calcularse las cotas de los errores de los datos para que se dé tal error máximo en el resultado.

El problema inverso tiene fácil solución cuando se dan las simplificaciones siguientes:

1) Las cotas de los errores absolutos o relativos de los datos de partida, son todas iguales.

2) Son iguales entre sí todos los productos

$$\left|\frac{\partial f}{\partial x_i}\right| \Delta x_i$$

incluidos en la fórmula general de propagación del error.

Ciertos errores como los motivados por truncamiento, corte o redondeo, reciben también el nombre de *errores generados*.

Al combinar un dato que ya posee un error generado con otros en las mismas condiciones, los errores se *propagan* a través de la operación efectuada con ellos.

Cuando se tienen en cuenta ambos errores, el *error total* será la suma de ambos, *generado* y *propagado*. Entonces, la cota del error absoluto total valdrá:

$$\Delta_{\text{total}} = \Delta_{\text{prop}} + \Delta_{\text{gener}}$$

El hecho de considerar los errores generados complica excesivamente el cálculo con errores. Por ello, la regla a tener en cuenta es que el error generado es despreciable siempre que sea cien veces más pequeño que el error propagado por hacer intervenir tal término.

Cuando se trabaja en aritmética de coma flotante, las cantidades normalizadas pueden ser *cortadas* sin variar la última cifra conservada o bien pueden ser *redondeadas* antes de hacer desaparecer los dígitos de más a la derecha.

Las cotas de los errores absolutos al cortar o redondear las cantidades son, respectivamente,

$$\Delta_y = 10^{c-n} \quad \text{y} \quad \Delta_y = 0{,}5 \times 10^{c-n}$$

mientras que las cotas para los errores relativos, son ahora:

$$\delta_y = 10^{-n+1} \quad \text{y} \quad \delta_y = 0{,}5 \times 10^{-n+1}$$

En las expresiones anteriores es: $y = m_y \times 10^{-c}$, c la característica de la aproximación normalizada, n la precisión empleada, es decir, el número de dígitos de la mantisa m_y.

La cantidad δ_y recibe también el nombre de *épsilon de la máquina, error unitario de redondeo* o bien *precisión de la máquina*. Suele indicarse por el símbolo *EPS*. Tal como se ha visto, su valor varía según se trate de corte o de redondeo simétrico. Designando por b la base de numeración, en el caso general, tal valor es:

$$\delta_y = \text{b}^{-n+1}$$
$$\delta_y = 0{,}5 \times b^{-n+1}$$

para el corte o redondeo simétrico, respectivamente.

EJERCICIOS RESUELTOS

2.1. Encontrar el número de cifras significativas de las cantidades siguientes:

74,24	$S(4)$
13258	$S(5)$
8200,02	$S(6)$
0,35	$S(2)$
0,005	$S(1)$
1200	$S(4)$
−1863,000	$S(7)$
−0,00743	$S(3)$
750,0000	$S(7)$

2.2. Expresar las cantidades anteriores en formato de *coma flotante normalizada con exponente* o *notación científica.*

74,24	$0{,}7424 \times 10^{2}$	$S(4)$
13258	$0{,}13258 \times 10^{5}$	$S(5)$
8200,02	$0{,}820002 \times 10^{4}$	$S(6)$
0,35	$0{,}35 \times 10^{0}$	$S(2)$
0,005	$0{,}5 \times 10^{-2}$	$S(1)$
1200	$0{,}1200 \times 10^{4}$	$S(4)$
−1863,000	$-0{,}1863000 \times 10^{4}$	$S(7)$
−0,00743	$-0{,}743 \times 10^{-2}$	$S(3)$
750,0000	$0{,}7500000 \times 10^{3}$	$S(7)$

2.3. Redondear simétricamente a *tres* cifras significativas las siguientes cantidades:

34,98	35,0	$0{,}8 > 0{,}5$ en el orden de las décimas 9 $\Rightarrow$ $\Rightarrow 34{,}9 + 0{,}1 = 35{,}0$
0,278	0,278	
2,243	2,24	
0,02475	0,0248	
57,2	57,2	
6,789	6,79	
28294	28300	$94 > 50$ en el orden de las decenas 9 $\Rightarrow$ $\Rightarrow 28200 + 100 = 28300$
−13485	−13500	

2.4. Redondear simétricamente a *tres* o *dos* cifras decimales, las cantidades que se indican.

23,65487	23,655	$D(3)$
0,004563	0,005	$D(3)$
−1238,83421	−1238,83	$D(2)$
77,235	77,24	$D(2)$
−5,8765	−5,877	$D(3)$
23,4899	23,490	$D(3)$

2.5. Dada la cantidad $\pi = 3{,}1415926\ldots$, redondearla simétricamente a S(2), S(3), S(5), D(4), D(1) y D(6) cifras.

Solución

$S(2)$	3,1
$S(3)$	3,14
$S(5)$	3,1416
$D(4)$	3,1416
$D(1)$	3,1
$D(6)$	3,141593

2.6. Al estudiar el fenómeno diario de la variación que experimentan las condiciones meteorológicas, se suprimen muchas variables que deberían de intervenir en los cálculos. A qué tipo de errores pertenecen tales simplificaciones.

Corresponderían a errores *del modelo.*

2.7. Dadas las siguientes cantidades racionales

a) $x = 1/3 = 0{,}333\ldots$

b) $y = 1/5 = 0{,}200\ldots$

c) $z = 1/11 = 0{,}0909090\ldots$

d) $w = 19/13 = 1{,}461538\ldots$

indicar qué tipo de aproximación, por defecto o por exceso, para cada una de ellas, sería la indicada a continuación:

Solución

a)	$\bar{x}=0{,}334$	Aproximación por exceso
	$\bar{x}=0{,}332$	Aproximación por defecto
	$\bar{x}=0{,}340$	Aproximación por exceso
b)	$\bar{y}=0{,}201$	Aproximación por exceso
	$\bar{y}=0{,}199$	Aproximación por defecto
c)	$\bar{z}=0{,}091$	Aproximación por exceso
	$\bar{z}=0{,}09091$	Aproximación por exceso
	$\bar{z}=0{,}09089$	Aproximación por defecto
d)	$\bar{w}=1{,}461530$	Aproximación por defecto
	$\bar{w}=1{,}461500$	Aproximación por defecto

2.8. Considerando las cantidades 28294 y -13485 y sus respectivas cantidades redondeadas a cuatro y tres cifras significativas, 28290 (4S) y -13500 (3S), encontrar las cotas de los errores absoluto y relativo de tales redondeos.

Solución

$x=28294$	$\bar{x}=28290$	$\Delta_x=5=0{,}5\times 10^1$	$\delta_x=5/28290\approx 0{,}00088$
$y=-13485$	$\bar{y}=-13500$	$\Delta_y=50=0{,}5\times 10^2$	$\delta_y=50/13500\approx 0{,}0037$

2.9. Tomando como base las cantidades ya redondeadas del ejercicio 2.4, indicar qué cota de error absoluto tiene cada una de ellas.

Solución

23,655	$\Delta_x=0{,}0005=0{,}5\times 10^{-3}$
0,005	$\Delta_x=0{,}0005=0{,}5\times 10^{-3}$
$-1238{,}83$	$\Delta_x=0{,}005\ =0{,}5\times 10^{-2}$
77,24	$\Delta_x=0{,}005\ =0{,}5\times 10^{-2}$
$-5{,}877$	$\Delta_x=0{,}0005=0{,}5\times 10^{-3}$
23,490	$\Delta_x=0{,}0005=0{,}5\times 19^{-3}$

2.10. Encontrar el error máximo cometido en los redondeos de π del ejercicio 2.5.

Solución

$$\bar{\pi}=3,1 \qquad \Delta_\pi=0,05=0,5\times 10^{-1}$$
$$\bar{\pi}=3,14 \qquad \Delta_\pi=0,005=0,5\times 10^{-2}$$
$$\bar{\pi}=3,1416 \qquad \Delta_\pi=0,00005=0,5\times 10^{-4}$$
$$\bar{\pi}=3,141593 \qquad \Delta_\pi=0,0000005=0,5\times 10^{-6}$$

2.11. Si para $f=17/64=0,265625$ se toman como valores 0,26 ó 0,27, ¿qué error absoluto se comete en cada caso? Deducir también cotas de tal error absoluto para ambos resultados.

Solución

Para $\bar{f}=0,26$ será,

$$e_f=0,265625-0,26=0,005625>0 \quad \text{(por defecto)}$$

Para $\bar{f}=0,27$, que equivale a redondeo simétrico, será,

$$e_f=0,265625-0,27=-0,004375<0 \quad \text{(por exceso)}$$

En el primer caso, una cota del error absoluto *podría ser*

$$\Delta_f=0,006=0,6\times 10^{-2}$$

En el segundo caso, redondeo simétrico, la cota *es*

$$\Delta_f=0,005=0,5\times 10^{-2}$$

2.12. Si $\bar{x}=1,414$ es una aproximación obtenida redondeando a tres cifras decimales una cantidad exacta x, indicar en qué intervalo está contenido el valor exacto.

Solución

$$x \in [1{,}4135 \quad 1{,}4145)$$

Otra forma de llegar al mismo resultado: si x está redondeada, la cota del error absoluto de ese redondeo, será

$$\Delta_x = 0{,}5 \times 10^{-3} = 0{,}0005$$

y, por consiguiente, el valor exacto estará comprendido entre los valores $x = 1{,}414 \pm 0{,}0005$, es decir, entre

$$1{,}4145 \quad \text{y} \quad 1{,}4135$$

2.13. Dar los límites entre los que se encuentra la cantidad exacta x, sabiendo que las aproximaciones redondeadas $\bar{x}$ de la misma son las siguientes:

a)	2,467	$x \in [2{,}4665$	$2{,}4675)$
b)	5,4387	$x \in [5{,}43865$	$5{,}43875)$
c)	0,002178	$x \in [0{,}0021775$	$0{,}0021785)$
d)	13	$x \in [12{,}5$	$13{,}5)$

2.14. Cómo se catalogaría el error cometido al transcribir mal una cantidad desde un documento original a otro caulquiera.

Se trataría de un error *grosero* o bien de una *verdadera equivocación.*

2.15. La solución de una ecuación $f(x) = 0$ por el método de Newton, consiste en un proceso iterativo que converge cuando el número de iteraciones se hace infinito. ¿Qué tipo de error se comete al finalizar el proceso después de un número limitado de iteraciones?

El error cometido sería por *truncamiento.*

2.16. La cantidad exacta $x = 5{,}342$ se redondea a dos cifras decimales. Encontrar el error absoluto cometido.

Solución

La cantidad aproximada obtenida por el redondeo será

$$\bar{x} = 5{,}34$$

por lo que el módulo del error absoluto cometido será:

$$|e_x| = |5{,}342 - 5{,}34| = 0{,}002$$

2.17. Calcular los errores absolutos (en módulo) cometidos en las siguientes aproximaciones:

a) $\bar{x} = 2{,}718$ para $e = 2{,}71828\ldots$

b) $\bar{y} = 2{,}24$ para $\sqrt{5} = 2{,}23606\ldots$

Solución

a) $|e_x| = |2{,}718 - 2{,}71828| = 0{,}00028$

b) $|e_y| = |2{,}24 - 2{,}23606| = 0{,}00394$

2.18. Con los datos del ejercicio anterior, calcular los errores absolutos en ambos casos y deducir si se trata de aproximaciones por defecto o por exceso.

Solución

a) $e_x = x - \bar{x} = 2{,}71828 - 2{,}718 = 0{,}00028 > 0$; por defecto

b) $e_y = y - \bar{y} = 2{,}23606 - 2{,}24 = -0{,}00394 < 0$; por exceso

2.19. Para el valor exacto $v = 0{,}367482$ se toman las aproximaciones $\bar{x} = 0{,}36$ ó $\bar{y} = 0{,}37$. ¿Qué error y de qué tipo se comete en cada caso? Fijar, además, una cota del error absoluto respectivo.

Solución

$$e_x = v - \bar{x} = 0{,}367482 - 0{,}36 = 0{,}007482 > 0; \quad \text{por defecto}$$
$$e_y = v - \bar{y} = 0{,}367482 - 0{,}37 = -0{,}002518 < 0; \quad \text{por exceso}$$

En el primer caso, una cota del error absoluto podría ser

$$\Delta_x = 0{,}008 = 0{,}8 \times 10^{-2}$$

y en el segundo, al tratarse de un redondeo simétrico, sería

$$\Delta_y = 0{,}005 = 0{,}5 \times 10^{-2}$$

2.20. A una cinta métrica defectuosa le falta el primer centímetro. Después de medir una longitud con la misma, se obtienen 15 cm. Determinar la verdadera longitud de la magnitud medida, el error absoluto de la medición, el relativo y el porcentaje.

Solución

$$\bar{x} = 15 \text{ cm} \quad \text{y} \quad x = 14 \text{ cm}$$
$$|e_x| = |x - \bar{x}| = 1 \text{ cm} = \Delta_x$$
$$r_x = |e_x|/x = 1/14 = 0{,}071 \quad \text{o bien} \quad 1/15 = 0{,}067$$

Porcentaje del error $= 0{,}071 \times 100 = 7{,}1\,\%$

o bien $\quad 0{,}067 \times 100 = 6{,}7\,\%$

2.21. Se anota una pesada de 2,5 Kg y se supone que existe un error en el instrumento de medida de 0,05 Kg. ¿Cuál será el error absoluto de la medición y el intervalo en el que se encuentra el verdadero valor?

Solución

$$\bar{x} = 2{,}5 \text{ Kg}$$
$$\Delta_x = 0{,}05 \text{ Kg} \Rightarrow |e_x| \leqslant 0{,}05$$
$$x = \bar{x} \pm \Delta_x = 2{,}5 \pm 0{,}05 \quad \text{es decir} \quad x \in [2{,}45 \quad 2{,}55]$$

lo que significa que el valor exacto de la pesada está dentro del intervalo marcado en el siguiente gráfico:

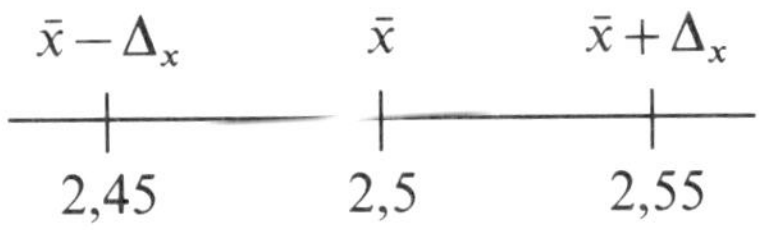

2.22. Un voltímetro marca las lecturas con un error de $+0{,}05$ V. Se toma una lectura de 60 V. Calcular los errores absoluto, relativo y porcentaje del error.

Solución

$$\bar{V}=60 \qquad V=59{,}95$$
$$|e_v|=|60-59{,}95|=0{,}05 \text{ V}$$
$$r_v=0{,}05/60=0{,}00081$$

Porcentaje $=0{,}00081 \times 100=0{,}081\,\%$.

2.23. Un amperímetro marca las lecturas con un error del $\pm 0{,}06$ A. Se realiza una lectura que da como resultado 10 A. Calcular la cota del error absoluto de la medición, así como el valor exacto de la misma.

Solución

$$\bar{A}=10 \qquad \Delta_A=0{,}06$$
$$A=10\pm 0{,}06$$

Es decir, el valor exacto está contenido en el intervalo

$$[9{,}94 \quad 10{,}06]$$

y puede ser cualquier valor correspondiente a los infinitos puntos que componen tal intervalo:

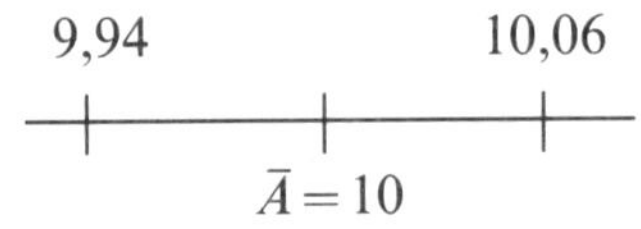

2.24. El peso de 1 dm^3 de agua a 0 °C está contenido entre los valores indicados por

$$p = 999{,}847 \text{ gr} \pm 0{,}001 \text{ gr}$$

Determinar la cota o límite máximo del error relativo del resultado del peso del agua.

Solución

$$\bar{p} = 999{,}847 \quad \text{y} \quad \Delta_p = 0{,}001$$

con lo que será:

$$\delta_p = 0{,}001/999{,}847 = 0{,}1 \times 10^{-5} = 1 \times 10^{-4} = 10^{-4}$$

2.25. Al determinar la constante gaseosa del aire se obtuvo $\bar{R} = 29{,}25$. Sabiendo que el límite del error relativo de tal determinación es del uno por mil, encontrar los límites dentro de los que se encuentra el valor verdadero de R.

Solución

$$\bar{R} = 29{,}25$$
$$\delta_R = 1/1000 = 0{,}001 \Rightarrow \Delta_R = \delta_R \times \bar{R} = 0{,}001 \times 29{,}25 = 0{,}02925 \approx 0{,}029$$

Con lo que entonces, será:

$$R = \bar{R} \pm \Delta_R = 29{,}25 \pm 0{,}029$$

es decir,

$$R \in [29{,}22 \quad 29{,}28]$$

2.26. Deducir los dígitos correctos de la cantidad aproximada 48,361 que tiene un error relativo máximo del 1 %.

Solución

$$\bar{a} = 48{,}361 \qquad \delta_a = 1\,\% = 1/100 = 0{,}01$$
$$\delta_a = \Delta_a / a$$

con lo que, entonces

$$\Delta_a = \delta_a \cdot \bar{a} = 0{,}01 \times 48{,}361 = 0{,}48661 < 0{,}5 = 0{,}5 \times 10^0$$

luego, no existe ninguna cifra decimal correcta, es decir, la última cifra correcta será la de las unidades. Ello equivale a asegurar que las cifras correctas son las que forman la parte entera: la 4 y la 8.

2.27. Como aproximación de $\pi = 3{,}141592\ldots$ se toma el valor 3,14. ¿Cuáles son sus cifras exactas y cuáles las correctas?

Solución

$$e_\pi = |3{,}141592 - 3{,}14| = 0{,}001592 = 0{,}1592 \times 10^{-2} < 0{,}5 \times 10^{-2}$$

es decir, tiene correctas *dos* cifras decimales: el 1 y el 4 y, por lo tanto, también la entera 3.

Otra forma, más laboriosa pero basada en la propia definición de dígito correcto, de llegar al mismo resultado, es la que sigue.

Según el resultado anterior, una cota del error absoluto es $\Delta_\pi = 0{,}0016$. Entonces,

$$\begin{aligned} &0{,}0016 < 0{,}5 &&\Rightarrow \text{el 3 es correcto} \\ &0{,}0016 < 0{,}05 &&\Rightarrow \text{el 1 es correcto} \\ &0{,}0016 < 0{,}005 &&\Rightarrow \text{el 4 es correcto} \end{aligned}$$

En cualquier caso, las cifras exactas, es decir, coincidentes con las que forman el verdadero valor de π, son, en este caso, también las tres: 3, 1 y 4.

2.28. Lo mismo que el ejercicio anterior, pero ahora para la aproximación 1,413 al valor de $\sqrt{2} = 1{,}\ 414213$.

Solucion

$$e_{\sqrt{2}} = |1{,}414213 - 1{,}413| = 0{,}001213 = 0{,}1213 \times 10^{-2}$$

es decir, posee dos cifras decimales correctas. Por consiguiente, son correctas la entera 1 y las decimales 4 y 1.

En este caso, únicamente son exactas las tres primeras: 1, 4 y 1.

El segundo modo de llegar al mismo resultado, como ya se hizo en 2.27, sería, teniendo en cuenta que una cota del error absoluto es ahora $\Delta_{\sqrt{2}}=0{,}0012$:

$$\begin{array}{ll} 0{,}0012<0{,}5 & \Rightarrow \text{el 1 es correcto} \\ 0{,}0012<0{,}05 & \Rightarrow \text{el 4 es correcto} \\ 0{,}0012<0{,}005 & \Rightarrow \text{el 1 es correcto} \\ 0{,}0012\not<0{,}0005 & \Rightarrow \text{el 3 } \textit{no} \text{ es correcto} \end{array}$$

2.29. Dada la cantidad aproximada $\bar{n}=2{,}4989$ que tiene un límite máximo de error absoluto del orden de 0,0007 unidades, encontrar sus cifras correctas.

Solución

Es

$$\Delta_n=0{,}0007<0{,}005=0{,}5\times 10^{-2}$$

luego la última cifra correcta es la de las centésimas y, por lo tanto, serán correctas las 2, 4 y 9.

2.30. Hallar las cifras correctas de la cantidad aproximada 52,135 que posee una cota de error relativo de valor $\delta_c=0{,}1\times 10^{-4}$.

Solución

Es

$$\Delta_c=\delta_c\cdot\bar{c}=0{,}1\times 10^{-4}\times 52{,}135=0{,}0005214$$

Ahora bien; es:

$$0{,}0005214<0{,}005=0{,}5\times 10^{-2}$$

Por lo tanto, la aproximación posee como cifras correctas hasta las centésimas, es decir, 5, 2, 1 y 3.

2.31. Probar con un ejemplo que, si una cantidad aproximada $\bar{x}$ tiene n cifras significativas correctas y la primera de ellas es d, una cota del error relativo viene dada por la expresón

$$\delta_x = \frac{1}{d \times 10^{n-1}}$$

Solución

a) Sea la aproximación $\bar{x}=0{,}0621$ que posee tres cifras significativas correctas. Entonces, se verificará que $\Delta_x=0{,}00005$ y, por lo tanto, será:

$$\delta_x=\Delta_x/|\bar{x}|=0{,}00005/0{,}0621=(0{,}5\times 10^{-4})/(6{,}21\times 10^{-2})=$$
$$=0{,}5/(6{,}21\times 10^{4-2})<1/(6\times 10^2)$$

b) Sea ahora $\bar{x}=621{,}8$ con cuatro cifras significativas correctas, es decir, con $\Delta_x=0{,}05$. Análogamente al caso anterior, será

$$\delta_x=0{,}05/621{,}8=(0{,}5\times 10^{-1})/(6{,}218\times 10^2)=0{,}5/(6{,}218\times 10^3)<1/(6\times 10^3)$$

2.32. Haciendo uso de la expresión

$$\delta_x = \frac{1}{d \times 10^{n-1}}$$

calcular el límite máximo del error relativo de $\bar{x}=0{,}07456$, así como sus cifras correctas, sabiendo que en este caso es: $\Delta_x=0{,}0001$.

Solución

La expresión anterior del error proporciona el valor siguiente:

$$\delta_x=1/(7\times 10^{2-1})=1/(7\times 10)=0{,}014$$

Para calcular las cifras correctas de la aproximación, se aplicará la cota del error relativo:

$$\Delta_x=0{,}0001<0{,}0005=0{,}5\times 10^{-3}$$

es decir, las cifras correctas son las comprendidas desde el principio y hasta las milésimas: 7 y 4. Al no ser correcta la totalidad de las cifras de la aproximación dada 0,07456, la expresión anterior que proporciona el límite del error relativo, no resulta demasiado apropiada. Las condiciones enunciadas en el anterior ejercicio 2.31 no se cumplen. Por ello, se procede a continuación aplicando la definición de cota de error relativo.

Entonces, será

$$\delta_x = \Delta_x / |\bar{x}| = 0{,}0001/0{,}07456 \approx 0{,}00134$$

cota de valor más pequeño que el encontrado con la fórmula dada en el enunciado. En cualquier caso, y al ser más pequeña, debe considerarse una cota mejor.

2.33. Probar con ejemplos que para aproximaciones a cantidades cercanas a la *unidad*, los errores absoluto y relativo de la aproximación son muy parecidos.

Para cantidades cercanas a las *centenas*, un error es aproximadamente cien veces mayor que el otro.

Solucion

a) Sean $x = 0{,}93$ y su aproximación $\bar{x} = 0{,}95$. Entonces es:

$$|e_x| = |0{,}93 - 0{,}95| = 0{,}02$$

$$r_x = 0{,}02/0{,}95 \approx 0{,}021$$

es decir, ambos valores son casi iguales.

b) Sean ahora las cantidades $x = 100{,}5$ y su aproximación $\bar{x} = 100{,}0$. Procediendo análogamente,

$$|e_x| = |100{,}5 - 100{,}0| = 0{,}5$$

$$r_x = 0{,}5/100{,}0 = 0{,}005$$

En este caso, el segundo error es cien veces mayor que el primero.

2.34. Se da la cantidad aproximada $\bar{x}=8{,}03$ de la que se conoce su cota de error absoluto, que vale $\Delta_x=0{,}018$. La aproximación anterior se redondea a dos dígitos significativos. Calcular la cota del error absoluto de la cantidad resultante del redondeo de la aproximada dada. Deducir, además, sus cifras correctas.

Solución

Será:

$$\bar{x}'=8{,}0 \Rightarrow \Delta_{x'}=0{,}05$$

Se verifica, en primer lugar, que

$$|x-\bar{x}'| \leqslant |x-\bar{x}|+|\bar{x}-\bar{x}'| \Rightarrow \Delta_t=\Delta_x+\Delta_{x'}$$

es decir, la cota del error absoluto total, Δ_t, será la suma de la cota del error de partida de la cantidad aproximada, más la cota del error debido al redondeo posterior:

$$\Delta_t=\Delta_x+\Delta_{x'}=0{,}018+0{,}05=0{,}068$$

Además, como es

$$\Delta_t=0{,}068<0{,}5=0{,}5\times 10^0$$

la cantidad 8,0 no tiene ninguna cifra decimal correcta, o, lo que es lo mismo, la única cifra correcta es la entera 8.

2.35. Como aproximación del número π se toma el valor redondeado a dos decimales, 3,14. Razonar si es posible o no aplicar en este caso la fórmula de la cota del error relativo enunciada en 2.31. En caso afirmativo, aplicarla para la aproximación dada.

Solución

En este caso la fórmula puede aplicarse, ya que $\bar{\pi}=3{,}14$ es una cantidad redondeada a dos decimales del valor exacto $\pi=3{,}14159\ldots$, y, por lo tanto, aquélla tiene todas sus cifras correctas. Véase también ejercicio 2.27.

Será,

$$\delta_\pi=\frac{1}{3\times 10^{3-1}}=\frac{1}{300}=0{,}0033$$

La misma cota obtenida mediante la aplicación de la definición, daría:

$$\delta_{\pi}=0{,}005/3{,}14=0{,}0016$$

valor que representa una cota mucho más restrictiva que la encontrada con la fórmula anterior.

2.36. Cuántos dígitos deben tomarse en el cálculo de $x=\sqrt{20}$ de forma que el error relativo de la aproximación obtenida no exceda de 0,001.

Solución

En cualquier caso es $x=\sqrt{20}=4{,}4721\ldots$, cuyo primer dígito es $d=4$. Por lo tanto, para cumplir las condiciones del enunciado, y haciendo uso de la fórmula de 2.31, debe ser:

$$1/(4\times 10^{n-1})\leqslant 0{,}001$$
$$1/4\leqslant 0{,}001\times 10^{n-1}$$
$$250\leqslant 10^{n-1}$$

lo cual se cumple para $n=4$.

2.37. Dadas las cantidades aproximadas, pero con sus cifras correctas, 3,14, 2,27 y 1,61, calcular la cota del error absoluto propagado por la suma de las mismas. Deducir las cifras correctas que tiene dicha suma.

Solución

Será:

$$\bar{\Sigma}=3{,}14+2{,}27+1{,}61=7{,}02$$

y como las tres cantidades tienen todas sus cifras correctas, la cota del error absoluto de cada una de ellas vale 0,005.

Entonces, la cota del error absoluto propagado será:

$$\Delta_{\Sigma}=3\times 0{,}005=0{,}015$$

Para deducir las cifras correctas que posee el resultado aproximado 7,02, se puede proceder de dos formas.

1) Como es

$$\Delta_{\Sigma}=0{,}015<0{,}05=0{,}5\times 10^{-1}$$

serán correctas todas las cifras hasta las décimas, es decir, el 7 y el 0.

2) Haciendo uso de la fórmula

$$\Delta_{\Sigma}\cdot 10^{-(c-1)}\leqslant 5\times 10^{-n}$$

Para ello, será necesario expresar el resultado $\bar{\Sigma}$ en coma flotante, es decir, $\bar{\Sigma}=0{,}702\times 10^{1}$, con lo que la característica vale $c=1$. Entonces, sustituyendo en la fórmula anterior, se tendrá:

$$0{,}015\times 10^{-(1-1)}\leqslant 5\times 10^{-n}$$
$$0{,}015\times 10^{0}\leqslant 5\times 10^{-n}$$
$$1{,}5\times 10^{-2}\leqslant 5\times 10^{-n}$$

desigualdad que se verifica para el valor $n=2$, es decir, las cifras correctas de la suma aproximada, son las dos primeras, el 7 y el 0, que forman la mantisa normalizada.

2.38. Considerar el ejemplo numérico $1{,}015+0{,}3572$ en el que ambos sumandos tienen todas sus cifras correctas. Calcular la cota del error absoluto de la operación, así como el número de cifras correctas del propio resultado de la suma.

Solución

El límite máximo de error absoluto de cada uno de los sumandos es, respectivamente

$$\Delta_x=0{,}5\times 10^{-3} \quad \text{y} \quad \Delta_y=0{,}5\times 10^{-4}$$

Entonces, el límite de error absoluto propagado por la suma S, será:

$$\Delta_S=0{,}0005+0{,}00005=0{,}00055$$

La suma aproximada vale:

$$\bar{S}=1{,}015+0{,}3572=1{,}3722$$

Para deducir las cifras correctas del resultado, puede procederse de dos formas.

1) Como la cota de error de $\bar{S}$ puede expresarse en la forma

$$\Delta_S = 0{,}00055 < 0{,}005 = 0{,}5 \times 10^{-2}$$

ello indica que el número de cifras correctas es de 2 decimales o fraccionarias, es decir, el 1, el 3 y el 7.

2) Empleando la relación utilizada en el ejercicio anterior, y teniendo en cuenta que la expresión del resultado suma, expresado en coma flotante normalizada, es ahora

$$\bar{S} = 0{,}13722 \times 10^1 \Rightarrow c = 1$$

se tiene sucesivamente:

$$0{,}00055 \times 10^{-(1-1)} \leqslant 5 \times 10^{-n}$$
$$0{,}00055 \leqslant 5 \times 10^{-n}$$
$$0{,}55 \times 10^{-3} \leqslant 5 \times 10^{-n}$$

desigualdad que se cumple para el valor $n = 3$, es decir, $\bar{S}$ tiene en total 3 cifras correctas.

2.39. El valor 1,31 tiene todas sus cifras correctas y corresponde al radio, en metros, de un círculo. Calcular el área del mismo, así como las cifras correctas del resultado. Tómese para π el valor 3,14.

Solución

Será, $\Delta_\pi = 0{,}005$, ya que es un valor redondeado.

También es, $\Delta_r = 0{,}005$, puesto que sus cifras son correctas.

Llamando $\bar{A}$ al área aproximada, será:

$$\bar{A} = \pi r^2 = 3{,}14 \times 1{,}31^2 \approx 5{,}388$$
$$\delta_A = \delta_\pi + 2\delta_r = (0{,}005/3{,}14) + (0{,}01/1{,}31) \approx 0{,}00923$$
$$\Delta_A = \bar{A} \cdot \delta_A = 5{,}389 \times 0{,}00923 \approx 0{,}0497$$

Para las cifras correctas, basta tener en cuenta que es

$$\Delta_A = 0{,}0497 < 0{,}5 \times 10^{-1}$$

por lo que el área aproximada calculada tendrá una cifra correcta decimal, es decir, el 5 y el 3.

2.40. Resolver el mismo ejercicio anterior aplicando la fórmula general de propagación del error. Encontrar las cifras correctas del resultado, haciendo uso de la desigualdad basada en la notación en coma flotante.

Solución

Puede plantearse la función

$$A(x,\ y) = x \cdot y^2$$

en la que x e y representan, respectivamente, los valores de π y del radio r.

Entonces, será:

$$|e_A| \leqslant \Delta_A = |y|\,\Delta_x + |2xy|\,\Delta_y = 1{,}31^2 \times 0{,}005 + 2 \times 1{,}31 \times 3{,}14 =$$
$$= 0{,}00858 + 0{,}04113 \approx 0{,}04971$$

En cuanto al número de cifras correctas del resultado anterior, y teniendo en cuenta que el área aproximada puede expresarse como

$$\bar{A} = 5{,}389 = 0{,}5389 \times 10^1 \ \Rightarrow\ c = 1$$

se obtendrá sucesivamente:

$$0{,}0497 \times 10^{-(c-1)} \leqslant 5 \times 10^{-n}$$
$$0{,}0497 \times 10^{0} \leqslant 5 \times 10^{-n}$$
$$4{,}97 \times 10^{-2} \leqslant 5 \times 10^{-n}$$

lo que indica que el valor de n que verifica tal desigualdad, es $n = 2$. De ahí se deduce que el resultado aproximado del área posee dos cifras correctas: el 5 y el 3.

2.41. En la siguiente suma, todas las cantidades están redondeadas:

$$\bar{\Sigma}=1{,}761+17{,}32-5{,}782$$

Calcular el resultado aproximado, las cotas de los errores absoluto y relativo propagados, así como las cifras correctas del resultado.

Solución

Será:

a) Suma aproximada: $\bar{\Sigma}=13{,}299$.

b) Cota del error absoluto propagado:

$$\Delta_{\Sigma}=0{,}0005+0{,}005+0{,}0005=0{,}006$$

lo que indica que el valor exacto estará comprendido en el intervalo

$$\Sigma=13{,}299\pm 0{,}006$$

c) Cifras correctas del resultado

$$\Delta_{\Sigma}=0{,}006\leqslant 0{,}05=0{,}5\times 10^{-1}$$

lo que significa que son correctas todas las cifras hasta las décimas, es decir, el 1, el 3 y el 2.

d) El error máximo relativo de la suma aproximada, valdrá:

$$\delta_{\Sigma}=0{,}006/13{,}299=0{,}00045=0{,}045\,\%$$

2.42. Determinar la cota del error absoluto y relativo cometido en la operación

$$\bar{R}=\sqrt{5{,}98^2+8{,}01^2}$$

sabiendo que los sumandos del radicando tienen unos errores absolutos máximos de valores respectivos, 0,02 y 0,01.

Debe emplearse la forma general de propagación de errores.

Solución

La función de partida es

$$P(x, y) = \sqrt{x^2 + y^2}$$

con $\Delta_x = 0{,}02$ y $\Delta_y = 0{,}01$.

Entonces, se tiene que:

$$\frac{\delta R}{\delta x} = \frac{x}{\sqrt{x^2 + y^2}} \qquad \frac{\delta R}{\delta y} = \frac{y}{\sqrt{x^2 + y^2}}$$

Aplicando la fórmula general de propagación del error y sustituyendo los valores respectivos en las derivadas, será:

$$\Delta_R \approx (5{,}98/10) \times 0{,}02 + (8{,}01/10) \times 0{,}01 \approx 0{,}02$$

con el que el valor exacto R estará comprendido en el intervalo

$$R = 10 \pm 0{,}02$$

El error relativo máximo, valdrá:

$$\delta_R = 0{,}02/10 = 0{,}002 = 0{,}2\,\%$$

2.43. Determinar el límite del error absoluto por propagación cometido en la operación $W = U \cdot I \cdot \cos\varphi$, aplicando la fórmula general del error y siendo

$$U = 110 \text{ Voltios} \pm 0{,}5$$
$$I = 5 \text{ Amperios} \pm 0{,}1$$
$$\varphi = 5° \pm 10'$$

Solución

En primer lugar, y antes de aplicar la fórmula pedida, ha de convertirse en radianes la medida angular dada.

Puesto que 90° equivalen a $\pi/2 = 1{,}571$ radianes, 5° valen 0,0873 radianes. De la misma forma, como $90° \times 60' = 5400'$ equivalen también a 1,571 radianes, los $10'$ valdrán 0,00291 radianes. Entonces, $\varphi = 0{,}0873 \pm 0{,}0029$ radianes.

Aplicando ahora la fórmula general, se tiene

$$\Delta_W = \left|\frac{\delta W}{\delta U}\right| \Delta_U + \left|\frac{\delta W}{\delta I}\right| \Delta_I + \left|\frac{\delta W}{\delta \varphi}\right| \Delta_\varphi =$$
$$= |I \cdot \cos\ \varphi|\, \Delta_U + |U \cdot \cos\ \varphi|\, \Delta_I + |-UI \cdot \text{sen}\ \varphi|\, \Delta_\varphi =$$
$$= 5 \cos(0{,}0873) \times 0{,}5 + 110 \times \cos(0{,}0873) \times 0{,}1 +$$
$$+ 110 \times 5 \times \text{sen}(0{,}0873) \times 0{,}0029 =$$
$$= 2{,}490 + 10{,}958 + 0{,}139 = 13{,}587 \text{ Watios}$$

que es el máximo error absoluto propagado.

El valor aproximado de la potencia, será

$$\bar{W} = 110 \times 5 \times \cos(0{,}0873) = 547{,}905 \text{ Watios}$$

por lo que el valor exacto estará dentro del intervalo

$$W = 547{,}905 \pm 13{,}587 \text{ Watios}$$

La cota del error relativo, valdrá

$$\delta_W = 13{,}587/547{,}905 \approx 0{,}025 \equiv 2{,}5\%$$

2.44. Se pide evaluar, por el método directo, el polinomio

$$p = 2{,}3x + 5{,}7$$

para el valor $x = 1{,}5$. Tanto los coeficientes como el valor de x tienen todas sus cifras correctas. Calcular el valor aproximado de la evaluación, así como las cotas del error absoluto y relativo propagado, y ello, por los dos métodos: teniendo en cuenta las sucesivas operaciones que han de realizarse en el cálculo de p y la fórmula general de propagación.

Solución

El valor aproximado de la evaluación es

$$p = 2{,}3 \times 1{,}5 + 5{,}7 = 9{,}15$$

Las cotas de los errores absolutos, tanto de los coeficientes como de x, valen 0,05.

1) Control del error mediante operaciones sucesivas.

a) Como $2{,}3 \times 1{,}5$ es un producto, su cota de error relativo valdrá:

$$\delta_x = 0{,}05/1{,}5 \approx 0{,}033 \quad \text{y} \quad \delta_{2,3} = 0{,}05/2{,}3 \approx 0{,}022$$

por lo tanto, será:

$$\delta_{2,3x} = 0{,}033 + 0{,}022 = 0{,}055$$
$$\Delta_{2,3x} = 0{,}055 \times 2{,}3 \times 1{,}5 \approx 0{,}190$$

b) Como, además, es $\Delta_{5,7} = 0{,}05$, se tendrá definitivamente para error de $\bar{p}$:

$$\Delta_p = 0{,}190 + 0{,}05 = 0{,}240$$

con lo que el valor exacto de p será:

$$p = 9{,}15 \pm 0{,}240$$

La cota del error relativo vale:

$$\delta_p = 0{,}240/9{,}15 \approx 0{,}026 = 2{,}6\,\%$$

Las cifras correctas de $\bar{p}$ pueden deducirse de la cota 0,240. Así, es

$$0{,}240 < 0{,}5 \times 10^0$$

lo cual indica que la única cifra correcta de la aproximación $\bar{p}$, es la entera 9.

2) Siguiendo la fórmula directa de la cota del error absoluto.

Puede considerarse la expresión

$$p(x, y, z) = xy + z$$

Entonces,

$$\Delta_p = \left|\frac{\delta p}{\delta x}\right| \Delta_x + \left|\frac{\delta p}{\delta y}\right| \Delta_y + \left|\frac{\delta p}{\delta z}\right| \Delta_z = y \cdot \Delta_x + x \cdot \Delta_y + \Delta_z =$$
$$= 1{,}5 \times 0{,}05 + 2{,}3 \times 0{,}05 + 0{,}05 = 0{,}240$$

2.45. Calcular las cifras correctas de la cantidad 48,361 que posee un error relativo máximo del 1 %. Emplear la fórmula derivada de la notación en coma flotante.

Solución

Es

$$\bar{a}=48{,}361=0{,}48361\times 10^2 \Rightarrow c=2$$

y como $\delta_a=1/100=0{,}01$, será:

$$\delta_a\cdot|m_a|\cdot 10\leqslant 5\times 10^{-n}$$

$$0{,}01\times 0{,}48361\times 10\leqslant 5\times 10^{-n}$$

$$4{,}8361\times 10^{-2}\leqslant 5\times 10^{-n}$$

lo que se verifica para $n=2$, es decir, el total de cifras correctas es dos: el 4 y el 8.

2.46. Se desea calcular la expresión

$$E=\frac{2\sqrt{2}+4}{3\pi}$$

tomando como valores $\pi=3{,}1$ y $\sqrt{2}=1{,}4$, que poseen todas sus cifras correctas. Calcular la aproximación, las cotas de error empleando la fórmula directa, así como las cifras correctas del resultado.

Solución

a) Resultado aproximado:

$$\bar{E}\approx 0{,}731$$

b) Para la cota del error absoluto propagado, se tomará la expresión

$$E(x,y)=\frac{2x+4}{3y}$$

Entonces, será:

$$\Delta_E = \left|\frac{\delta E}{\delta x}\right| \Delta_x + \left|\frac{\delta E}{\delta y}\right| \Delta_y = \left|\frac{2}{3y}\right| 0{,}05 + \left|\frac{2x+4}{3y^2}\right| 0{,}05 =$$

$$= 0{,}215 \times 0{,}05 + (6{,}8/28{,}83) \times 0{,}05 = 0{,}011 + 0{,}012 = 0{,}023$$

c) La cota del error relativo será

$$\delta_E = 0{,}023/0{,}731 \approx 0{,}031 \equiv 3{,}1\,\%$$

d) Cifras correctas del resultado: tomando la cota del error absoluto, se deduce:

$$0{,}023 < 0{,}05 = 0{,}5 \times 10^{-1}$$

por lo que son correctas hasta las décimas: el 0 entero y el primer decimal 7.

2.47. Dadas las cantidades redondeadas que se indican,

$$\bar{x} = 0{,}18234 \qquad \bar{y} = 12{,}314 \qquad \bar{z} = 0{,}00377$$

aplicando la expresión de la cota del error absoluto en el redondeo simétrico para cantidades expresadas en coma flotante, calcular el límite máximo de dicho error.

Solución

a) $\bar{x} = 0{,}18234 \times 10^0$ con lo que es $c = 0$.

Aplicando la expresión $\Delta_x = 0{,}5 \times 10^{c-n}$, teniendo en cuenta que en este caso la precisión de la mantisa es de cinco dígitos, es decir, $n = 5$, se tendrá como cota de error pedida:

$$\Delta_x = 0{,}5 \times 10^{0-5} = 0{,}5 \times 10^{-5}$$

b) $\bar{y} = 12{,}314 = 0{,}12314 \times 10^2$, con lo que es $c = 2$ y $n = 5$. Por consiguiente,

$$\Delta_y = 0{,}5 \times 10^{2-5} = 0{,}5 \times 10^{-3}$$

c) $\bar{z} = 0{,}00377 = 0{,}377 \times 10^{-2}$, con lo que es $c = -2$ y $n = 3$. Y será:

$$\Delta_z = 0{,}5 \times 10^{-2-3} = 0{,}5 \times 10^{-5}$$

En todos los casos, se obtienen resultados para las cotas de error absoluto semejantes a las ya expuestas con cantidades no expresadas en notación de coma flotante, es decir, del orden de media unidad del último dígito conservado.

2.48. Calcular las cotas de los errores relativos de las cantidades del ejercicio 2.47 y comprobar que son inferiores a las deducidas aplicando la expresión correspondiente a las cantidades expresadas en coma flotante.

Solución

a) Aplicando la definición de error relativo, se tiene:

$$|r_x| = \frac{|e_x|}{|\bar{x}|} \leqslant \frac{0{,}5 \times 10^{-5}}{0{,}18234} = \frac{0{,}5}{18234} \approx 0{,}000027$$

Haciendo uso, ahora, de la expresión del error máximo relativo en cantidades en coma flotante, se tendrá:

$$\delta_x = 0{,}5 \times 10^{-n+1} = 5 \times 10^{-n} = 5 \times 10^{-5} = 0{,}00005$$

y efectivamente es $0{,}000027 < 0{,}00005$.

b) Para la segunda cantidad redondeada y procediendo de idéntica forma, se tendrá:

$$|r_y| \leqslant 0{,}00004$$
$$\delta_y = 5 \times 10^{-5} = 0{,}00005$$

y también en este caso es $0{,}00004 < 0{,}00005$.

c) Para la última cantidad, será:

$$|r_z| \leqslant 0{,}0013$$
$$\delta_z = 5 \times 10^{-3} = 0{,}005$$

siendo $0{,}0013 < 0{,}005$.

2.49. Calcular los errores absoluto y relativo causados por el redondeo simétrico al efectuar, manejando únicamente cuatro dígitos para las mantisas, la operación

$$x = 723{,}4 + 0{,}08261$$

Comprobar, además, que esos errores son inferiores a sus cotas respectivas. Encontrar el EPS de la máquina empleada en tal cálculo.

Solución

En este caso, la operación debe efectuarse en aritmética de coma flotante y, por lo tanto, la suma del enunciado ha de expresarse así:

$$x = 0{,}7234 \times 10^3 + 0{,}8261 \times 10^{-1}$$

Entonces, la disposición de dicha suma sería:

$$\begin{array}{r|r} 0{,}7234 & \times 10^3 \\ +0{,}0000 & 8261 \times 10^3 \\ \hline =0{,}7234 & 8261 \times 10^3 \end{array}$$

es decir, el resultado aproximado obtenido, teniendo en cuenta que únicamente se pueden manejar 4 cifras en las mantisas y que el resultado ha de redondearse, será:

$$\bar{x} = 0{,}7235 \times 10^3$$

A partir de este resultado ya se está en condiciones de calcular el verdadero error, es decir, el error absoluto:

$$|e_x| = |x - \bar{x}| = \begin{array}{r} 0{,}7235 \quad\quad \times 10^3 \\ -0{,}72348261 \times 10^3 \\ \hline =0{,}00001736 \times 10^3 \end{array} = 0{,}1739 \times 10^{-1}$$

Deduciendo la cota de la expresión correspondiente, ésta vale

$$\Delta_x = 0{,}5 \times 10^{c-n} = 0{,}5 \times 10^{3-4} = 0{,}5 \times 10^{-1}$$

con lo que se comprueba que es $|e_x| < \Delta_x$.

Para calcular el error relativo de la aproximación $0{,}7235 \times 10^3$, se procede así:

$$|r_x| \leqslant \frac{0{,}1739 \times 10^{-1}}{0{,}7235 \times 10^3} \approx 0{,}2404 \times 10^{-4}$$

La cota de este error relativo vale:

$$\delta_x = 0{,}5 \times 10^{-n+1} = 0{,}5 \times 10^{-3}$$

que también es superior al propio error relativo.

Este último valor de la cota del error relativo es precisamente el EPS pedido.

2.50. Idem que el ejercicio anterior 2.49, pero empleando una técnica de *corte* al operar con las mantisas.

Solución

En este caso, el valor de la suma aproximada, será:

$$\bar{x} = 0{,}7234 \times 10^3$$

con lo que el error absoluto vale:

$$|e_x| = |x - \bar{x}| = 0{,}72348261 \times 10^3 - 0{,}7234 \times 10^3 = 0{,}00008261 \times 10^3 = 0{,}8261 \times 10^{-1}$$

Mientras que la cota de este error vale:

$$\Delta_x = 10^{c-n} = 10^{3-4} = 10^{-1}$$

valor superior al propio error. Además, este resultado indica que siguiendo una técnica de corte, el error cometido supera al incurrido practicando el redondeo simétrico.

Para el error relativo se obtiene:

$$|r_x| = |e_x|/\bar{x} \leqslant (0{,}8261 \times 10^{-1})/(0{,}7234 \times 10^3) \approx 1{,}14 \times 10^{-4}$$

Su cota respectiva vale:

$$\delta_x = 10^{-n+1} = 10^{-4+1} = 10^{-3}$$

valor también superior al propio error relativo.

2.51. Se dan las cantidades exactas $x=1/3$ e $y=\pi$ con las que se realiza la operación $x \cdot y$. Calcular los errores propagado y generado en dicha operación.

Solución

a) La operación exacta será:

$$x\phi y=(1/3)\pi$$

en la cual no existirá ni error propagado, ya que los datos se toman con sus valores exactos, ni generado, ya que el cálculo se supone que se realiza sin cometer error alguno.

b) Si se toman como valores aproximados de los datos

$$\bar{x}=0{,}3333 \quad \text{e} \quad \bar{y}=3{,}1416$$

que tienen un error absoluto máximo del orden de 0,00005 unidades, entonces, el error propagado por la realización de la multiplicación, valdrá:

$$\Delta_{\text{pro}}=0{,}00005+0{,}00005=0{,}0001$$

c) Realizando la operación $\bar{x}\phi\bar{y}$, en la que los datos son aproximados pero la multiplicación se lleva a cabo sin error alguno, se tendrá:

$$\bar{x}\phi\bar{y}=0{,}3333\times 3{,}1416=1{,}04709528$$

d) Por último, la realización de la operación $\bar{x}\bar{\phi}\bar{y}$, daría el resultado siguiente:

$$\bar{x}\bar{\phi}\bar{y}=0{,}3333\times 3{,}1416=1{,}0471$$

Con todo lo anterior, el error generado en el cálculo, será:

$$\Delta_{\text{gen}}=1{,}0471-1{,}04709528=0{,}00000432\approx 4{,}3\times 10^{-6}$$

e) Resumiendo: el error total máximo es

$$\Delta_{\text{total}}=0{,}0001+0{,}0000043=0{,}0001043=1{,}043\times 10^{-4}$$

2.52. Se da la expresión

$$E = 4x^2\sqrt{y} - \text{sen}\,(2y)$$

que quiere evaluarse para los valores aproximados

$$\bar{x} = 15{,}2 \qquad \bar{y} = 57^\circ\,10'$$

Estableciendo la hipótesis de que los errores máximos, tanto de $\bar{x}$ como de $\bar{y}$, sean iguales, ¿cuál debe ser ese error máximo para que la cota del error absoluto de E sea $\Delta_E = 0{,}005$?

Solución

Se trata de resolver un problema *inverso* de propagación de errores. Sustituyendo los valores de las cotas Δ_x y Δ_y, que, por hipótesis, son iguales, en la fórmula general del error, se tendrá:

$$\Delta_x = \Delta_y = \frac{\Delta_E}{\sum \left|\frac{\partial E}{\partial x_i}\right|}$$

Teniendo ahora en cuenta que

$$\begin{aligned}
\bar{y} &= 57^\circ\,10' = 57{,}167^\circ \\
|\partial E/\partial x| &= 8x\sqrt{y} = 8 \times 15{,}2 \times \sqrt{57{,}17} \approx 919{,}43 \\
|\partial E/\partial y| &= (2y/\sqrt{y}) - 2\cos(2y) \approx 61{,}11 + 0{,}82 = 61{,}93
\end{aligned}$$

se obtiene definitivamente

$$\Delta_x = \Delta_y = 0{,}005/(919{,}43 + 61{,}93) \approx 5{,}1 \times 10^{-6} \approx 0{,}5 \times 10^{-5}$$

es decir, han de tomarse los argumentos $\bar{x}$ e $\bar{y}$ de la función E con cinco dígitos significativos correctos para obtener una cota de error absoluto en E del orden de 0,005 unidades.

EJERCICIOS PROPUESTOS

P.2.1. El error absoluto al medir 1 Km ha sido de 1 m. ¿Cuál será el error relativo de tal medida y el porcentaje del error?

P.2.2. Una máquina utiliza en su aritmética mantisas de cuatro dígitos y emplea una técnica de corte en sus resultados. Efectuar en el sistema decimal la suma de $0{,}1844 \times 10^3$ y $0{,}3227 \times 10^{-2}$.

P.2.3. Idem que el ejercicio anterior con los datos 162,4 y 1,769.

P.2.4. Dadas las cantidades

$$A = 1{,}5 \qquad B = 11{,}5 \qquad C = 115{,}0$$

manejando mantisas normalizadas de tres dígitos y considerando que no se produce redondeo simétrico sino corte, comprobar que es

$$A + (B + C) \neq (A + B) + C$$

es decir, que operando en aritmética de coma flotante es posible que algunas propiedades matemáticas, como la asociativa, no se cumplen.

P.2.5. Determinar las cotas de los errores absoluto y relativo propagados al efectuar la operación

$$\bar{a} + \bar{b} + \bar{c} + \bar{d}$$

siendo:

$$a = 10{,}0 \pm 0{,}05$$
$$b = 0{,}00252 \pm 0{,}00002$$
$$c = 12300 \pm 100$$
$$d = 62000 \pm 500$$

Deducir, además, las cifras correctas del resultado.

P.2.6. Idem que el ejercicio anterior para la operación

$$\bar{a}+5\bar{c}-\bar{d}$$

P.2.7. Calcular los errores absoluto y relativo causados por el redondeo simétrico, al efectuar, manejando mantisas de cinco dígitos, la siguiente operación:

$$y=84{,}256+0{,}0005973$$

Realizar los cálculos en aritmética de coma flotante.

P.2.8. Idem que el ejercicio anterior para

$$y=125{,}47-3{,}274$$

P.2.9. Calcular las cotas de los errores absoluto y relativo propagados en la operación 17,28/2,136. Las dos cantidades tienen todas sus cifras correctas. Encontrar las cifras correctas del cociente.

P.2.10. Una corriente eléctrica fluye a través de una resistencia de 10 Ω, dándose este valor dentro de una aproximación del 10%. La corriente es de 2 A dentro de una aproximación de $\pm 0{,}1$ A. Aplicando la ley de Ohm, ¿cuáles serán los errores máximos absoluto y relativo del voltaje calculado? ¿Entre qué límites estará comprendido el verdadero valor de ese voltaje?

P.2.11. La distancia media recorrida por un avión entre dos localidades es de 4.300 Km. Por variaciones de ruta, la distancia puede variar en ± 320 Km. La velocidad media del vehículo es de 930 Km/h pudiendo tener una variación, por causa del viento, de ± 100 Km/h. Calcular los límites mínimo y máximo de la duración del vuelo.

P.2.12. Se dan dos cantidades muy próximas entre sí de valores redondeados:

$$\bar{a} = 0{,}5628 \times 10^4 \qquad \text{y} \qquad \bar{b} = 0{,}5631 \times 10^4$$

Calcular las cotas de sus errores absoluto y relativo, así como la cota del error absoluto de la diferencia entre ellos.

Obsérvese cómo, a pesar de que las cotas de los errores relativos de los datos son muy pequeñas, la cota del error relativo del resultado es, comparativamente, muy grande.

P.2.13. Evaluar por el método directo el polinomio

$$p(x) = 3{,}128x^3 + 1{,}672x^2 - 0{,}989x + 4{,}215$$

para el valor de $\bar{x} = 2{,}23$, sabiendo que tanto los coeficientes del polinomio como el valor de la variable $\bar{x}$ tienen todas sus cifras correctas. Calcular las cifras correctas de la evaluación pedida $p(2{,}3)$

P.2.14. Calcular la cota del error absoluto propagado al efectuar la operación

$$E = \frac{7\sqrt{2} - \pi\sqrt{3}}{\pi^2 + \sqrt{3}}$$

Tomar como datos las aproximaciones siguientes que tienen todas sus cifras correctas:

$$\pi = 3{,}1 \qquad \sqrt{2} = 1{,}4 \qquad \sqrt{3} = 1{,}7$$

P.2.15. Calcular la cota del error absoluto propagado al realizar la operación

$$x = \sqrt{8{,}675}$$

sabiendo que el radicando tiene todas sus cifras correctas. Deducir los límites entre los que se encuentra el valor exacto del resulado.

P.2.16. Dada la expresión

$$L=(1/4)[2\sqrt{5}-\sqrt{3}(\sqrt{5}-1)]$$

calcular las cotas de los errores absoluto y relativo propagados durante su evaluación. Deducir las cifras correctas del resultado aproximado.

Tomar los siguientes valores:

$$\sqrt{5}=2{,}2 \qquad \sqrt{3}=1{,}7$$

que tienen sus cifras correctas.

3
RESOLUCION DE ECUACIONES

REGLA DE HORNER O DIVISION SINTETICA

Sea $P(x)$ un polinomio que se desea evaluar en $x=x_0$. Así, si

$$P(x)=a_n x^n + a_{n-1} x^{n-1} + \cdots + a_1 x + a_0$$

evaluarlo en $x=x_0$, consiste en calcular el valor numérico $P(x_0)$, es decir,

$$P(x_0)=a_n x_0^n + a_{n-1} x_0^{n-1} + \cdots + a_1 x_0 + a_0$$

Evidentemente, evaluarlo en $x=x_0$ es equivalente a calcular el resto de la división por $(x-x_0)$. Entonces, para facilitar los cálculos, se disponen los datos y resultados de las siguiente forma:

	a_n	a_{n-1}	a_{n-2}	$\cdots$	a_1	a_0
x_0		$a_n \cdot x_0$	$\cdots$	$\cdots$	$\cdots$	$\cdots$
	a_n	$a_{n-1}+a_n \cdot x_0$	$\cdots$	$\cdots$	$\cdots$	$P(x_0)$

EVALUACION DE POLINOMIOS EN VALORES COMPLEJOS

Para evaluar un polinomio $P(x)$ en un punto complejo, por ejemplo, $x_0=a+bi$, basta dividir $P(x)$ entre $[x-(a+bi)] \cdot [x-(a-bi)]$ y sustituir en el resto obtenido, la x por $a+bi$.

RAICES MULTIPLES EN ECUACIONES ALGEBRAICAS

Para encontrar el orden de multiplicidad de una raíz x_0 de un polinomio $P(x)$, utilizaremos el siguiente teorema: «La condición necesaria y suficiente para que un número x_0 sea una raíz múltiple de orden k de un polinomio $P(x)$ es que anule a dicho polinomio y a sus $K-1$ primeras derivadas, pero *no* a la siguiente.»

RAICES ENTERAS DE ECUACIONES ALGEBRAICAS

Para encontrar las raíces enteras, nos basaremos en las dos proposiciones siguientes:

1) Toda raíz entera de una ecuación algebraica con coeficientes enteros es un divisor del término independiente.
2) Toda raíz entera de una ecuación $P(x)=0$, siendo los coeficientes de $P(x)$ enteros, verifica simultáneamente las dos relaciones siguientes:

$$P(1) \textit{ múltiplo de } (x_0-1) \quad \text{y} \quad P(-1) \textit{ múltiplo de } (x_0+1)$$

RAICES FRACCIONARIAS DE UNA ECUACION ALGEBRAICA

Para encontrar las raíces fraccionarias de la ecuación:

$$P(x) \equiv a_n x^n + a_{n-1} x^{n-1} + \cdots + a_1 x + a_0 = 0$$

Basta efectuar la transformación:

$$x = \frac{y}{a_n}$$

Obteniéndose

$$P(y) \equiv y^n + b_{n-1} y^{n-1} + \cdots + b_1 y + b_0 = 0$$

Ahora, se calculan las raíces enteras y_1, y_2, ..., y_n. Y deshaciendo el cambio, se obtienen:

$$x_1 = \frac{y_1}{a_n}, \; x_2 = \frac{y_2}{a_n}, \; \ldots, \; x_n = \frac{y_n}{a_n}$$

que obviamente son las raíces fraccionarias de $P(x)=0$.

COTA DE CARDANO-VIETA DE LAS RAICES REALES DE UNA ECUACION

Si todas las raíces de la ecuación

$$P(x) \equiv a_n x^n + a_{n-1} x^{n-1} + \cdots + a_1 x + a_0 = 0$$

son reales, se demuestra que verifican:

$$|M| \leqslant \sqrt{\left(\frac{a_{n-1}}{a_n}\right)^2 - 2\left(\frac{a_{n-2}}{a_n}\right)}$$

siendo

$$x_i \in [-M, M], \textit{ para toda raíz } x_i \textit{ de la ecuación } P(x)=0.$$

A $|M|$ se le denomina *cota de Cardano-Vieta.*

Observación: Esta cota permitirá reducir el número posible de raíces de una ecuación.

ACOTACION DE LAGUERRE-THIBAULT DE LAS RAICES REALES

Sea la ecuación $P(x)=0$.

a) *Cálculo de la cota superior de las raíces positivas*

El método de acotación de *Laguerre-Thibault* se basa en la siguiente proposición: «Si en la división de un polinomio $P(x)$ entre $x - M$, donde M es un número natural, el resto es positivo y los coeficientes del cociente positivos o nulos, entonces el primer número natural M que verifique lo anterior, diremos que *es una cota superior de las raíces positivas* de la ecuación $P(x) = 0$.»

b) *Cálculo de la cota inferior de las raíces positivas*

Para encontrar la cota inferior de las raíces positivas, basta efectuar el cambio $x=1/y$ en la ecuación inicial $P(x)=0$ y proceder de forma análoga al apartado a) con la ecuación $P(y)=0$. Deshaciendo el cambio, obtendremos que *m es una cota inferior de las raíces positivas* de la ecuación $P(x)=0$.

c) *Cálculo de la cota inferior de las raíces negativas*

Basta efectuar el cambio $x = -y$ en la ecuación inicial $P(x)=0$. Procediendo como en a) en la nueva ecuación $P(y)=0$, y deshaciendo el cambio, resulta que $-m'$ *será cota inferior de las raíces negativas* de la ecuación inicial.

d) *Cálculo de la cota superior de las raíces negativas*

Basta efectuar la transformación $x = -1/y$ en la ecuación inicial. Procediendo como en a), y deshaciendo el cambio, resulta que $-M'$ *es cota superior de las raíces negativas.*

ACOTACION DE NEWTON DE LAS RAICES REALES

El método de *Newton* de acotación de raíces reales se basa en el siguiente teorema: «Dada una ecuación $P(x)=0$, el número natural M es una cota superior de las raíces positivas, si $P(M)$ es positivo y $P'(M)$, $P''(M)$, ..., $P^{(n)}(M)$ son todas positivas o nulas.»

Por tanto, se trata de encontrar el primer número natural que verifique lo anterior.

Para hallar el resto de las cotas se efectúan las mismas transformaciones que en el método de *Laguerre* y a continuación se procede a comprobar el teorema anterior.

REGLA DE LOS SIGNOS DE DESCARTES

La regla de *Descartes* establece que: «El número de raíces positivas de una ecuación polinómica

$$P(x) \equiv a_n x^n + a_{n-1} x^{n-1} + \cdots + a_0 = 0$$

es igual al número de variaciones (cambios de signo) o inferior que esa cantidad en un múltiplo de dos, de la sucesión numérica formada por los coeficientes

$$a_n,\ a_{n-1},\ \ldots,\ a_0»$$

Para hallar el número de posibles raíces negativas se efectúa el cambio $x = -y$, y posteriormente se aplica la regla de *Descartes* a la ecuación $P(y)=0$.

TEOREMA DE BUDAN-FOURIER

«El número total de raíces reales de la ecuación $P(x)=0$, en un intervalo (a, b) tal que $P(a)\neq 0$ y $P(b)\neq 0$, es igual a $|V_a - V_b|$ o inferior a esa cantidad en un múltiplo de dos.» Siendo V_a y V_b el número de variaciones de las sucesiones numéricas:

$$P(a),\ P'(a),\ \ldots,\ P^{(n)}(a)$$
$$P(b),\ P'(b),\ \ldots,\ P^{(n)}(b)$$

TEOREMA DE STURM PARA SEPARACION DE RAICES

El teorema de *Sturm* establece que el número total de raíces de una ecuación $P(x)=0$ en un intervalo (a, b) es igual a la diferencia entre el número de variaciones de la sucesión

$$P(a),\ P'(a),\ P_2(a),\ \ldots,\ P_n(a)$$

y la sucesión

$$P(b),\ P'(b),\ P_2(b),\ \ldots,\ P_n(b)$$

Siendo $P_2(x)$, $P_3(x)$, ..., $P_n(x)$ los restos cambiados de signo, obtenidos al aplicar el algoritmo de *Euclides* a las sucesivas divisiones para obtener el máximo común divisor de $P(x)$ y $P'(x)$.

METODO DE LA BISECCION O SEMI-INTERVALO

Sea $f(x)$ una función continua en un intervalo $[a, b]$ con $f(a)$ y $f(b)$ de signos distintos (lo que garantiza que al menos existe una raíz en el intervalo (a, b)). Sea c el punto medio del intervalo $[a, b]$. Evaluamos $f(x)$ en $x=c$ y nos quedamos con el subintervalo en el que los extremos tengan signos distintos, es decir, $[a, c]$ o $[c, b]$. Con el nuevo semiintervalo se procede a calcular el nuevo punto medio y se elige de nuevo el subintervalo cuyos extremos tengan imágenes de signo distinto. Este proceso se continúa hasta obtener un intervalo, que contendrá la raíz, con la precisión deseada (véase fig. 3.1).

Se demuestra que el procedimiento de la bisección genera una sucesión de puntos medios p_n que se aproximan a la solución exacta p con la propiedad

$$|p_n - p| \leqslant \frac{1}{2^n}\cdot(b-a)$$

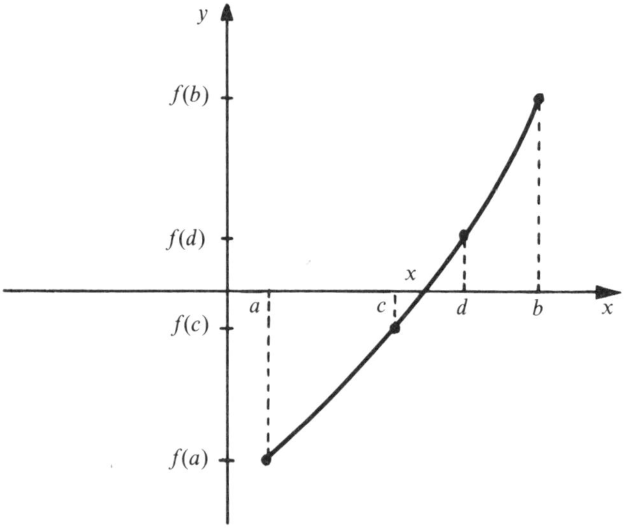

Figura 3.1.

METODO DE ITERACION DEL PUNTO FIJO

Dada una ecuación cualquiera de la forma

$$f(x)=0 \quad (1)$$

siempre podrá escribirse de la forma

$$x=g(x) \quad (2)$$

Entonces, elegida una aproximación inicial x_0 a la raíz exacta x, mediante recurrencia permite sustituir x_0 en el segundo miembro de (2), obteniéndose una nueva aproximación x_1, es decir,

$$x_1=g(x_0)$$

De forma análoga, se obtiene la sucesión de valores

$$\begin{aligned} x_2&=g(x_1)\\ x_3&=g(x_2)\\ &\vdots\\ x_n&=g(x_{n-1}) \end{aligned}$$

que convergerán a la raíz exacta x (véase fig. 3.2).

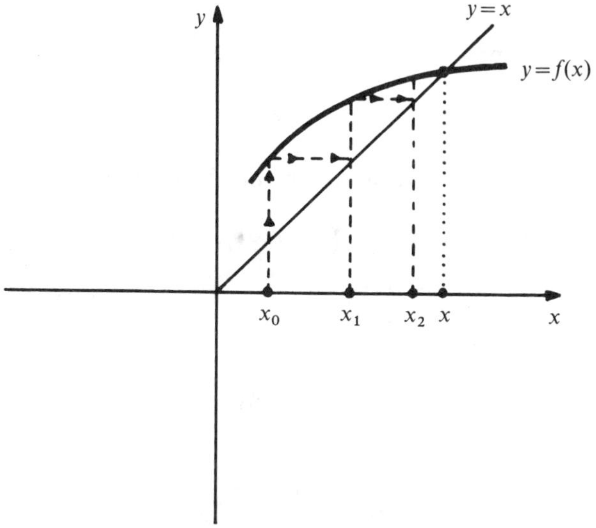

Figura 3.2.

Dado que la expresión (2) no es única, veamos cuándo y de qué forma se puede asegurar la convergencia de la sucesión de valores x_0, x_1, ..., x_n hacia la raíz exacta x. Así,

- *Si* $-1<g'(x_0)<0 \Rightarrow$ *Convergencia oscilante.*
- *Si* $0<g'(x_0)<1 \Rightarrow$ *Convergencia en un mismo sentido.*
- *Si* $g'(x_0)<-1 \Rightarrow$ *Divergencia oscilante.*
- *Si* $g'(x_0)>1 \Rightarrow$ *Divergencia en un mismo sentido.*

Por tanto, una vez obtenida una función $x=g(x)$ conviene cerciorarse de que nos encontramos en uno de los dos primeros casos, para poder asegurar la convergencia del proceso iterativo.

METODO DE NEWTON-RAPHSON

Consideremos la función $f(x)$ dos veces derivable en un intervalo $[a, b]$. Sea x_0 una aproximación inicial a la solución exacta x de la ecuación

$$f(x) = 0 \quad \text{y tal que } f'(x_0) \neq 0$$

Gráficamente, este método consiste en trazar por el punto $(x_0, f(x_0))$ una tangente a la función $f(x)$. Su intersección con el eje de abscisas nos dará un nuevo punto x_1 que mejorará al inicial. De nuevo, se traza otra recta tangente a $f(x)$, pero por el punto $(x_1, f(x_1))$, que en su intersección con el eje x dará un punto x_2. Repitiendo este proceso, se obtienen una serie de aproximaciones $x_0, x_1, x_2, \ldots, x_n$ que convergerán a la raíz exacta x (véase fig. 3.3).

Analíticamente el proceso anterior se puede expresar como sigue.

La recta tangente por el punto $(x_0, f(x_0))$ a la función $f(x)$ sería

$$\frac{y-f(x_0)}{x-x_0}=f'(x_0) \leftrightarrow x=x_0+\frac{y-f(x_0)}{f'(x_0)}$$

y su intersección con el eje x dará el punto

$$x_1=x_0-\frac{f(x_0)}{f'(x_0)}$$

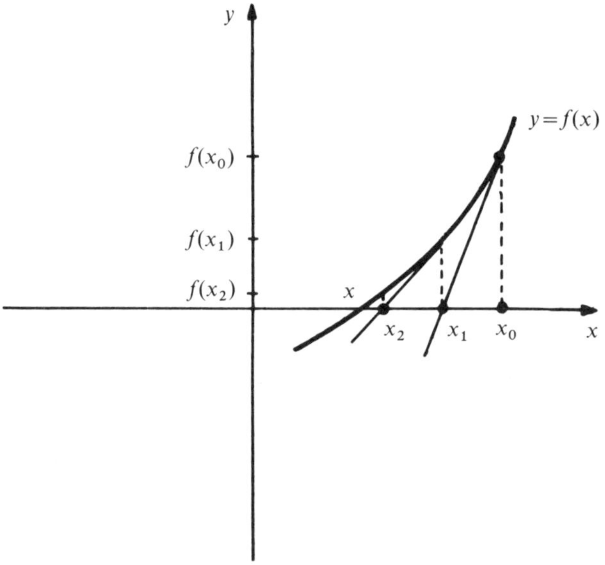

Figura 3.3.

De forma análoga se obtiene que

$$x_2=x_1-\frac{f(x_1)}{f'(x_1)}$$

Y, en general,

$$x_{n+1}=x_n-\frac{f(x_n)}{f'(x_n)} \qquad n=0,\ 1,\ \ldots$$

Expresión que se conoce como fórmula de iteración de *Newton-Raphson.*

Una condición suficiente para que el método de *Newton-Raphson* converja es que $|g'(x)|<1$, es decir,

$$Si\ g(x)=x-\frac{f(x)}{f'(x)} \Rightarrow |g'(x)|=\left|\frac{f(x)\cdot f''(x)}{[f'(x)]^2}\right|<1$$

METODO DE NEWTON MODIFICADO

La diferencia de este método con el anterior radica en que una vez hallado x_1, en vez de trazar la recta tangente por dicho punto se traza una paralela a la anterior, con lo que se consigue que todas las rectas tengan la misma pendiente, y se evita calcular la derivada en todos los puntos (véase fig. 3.4).

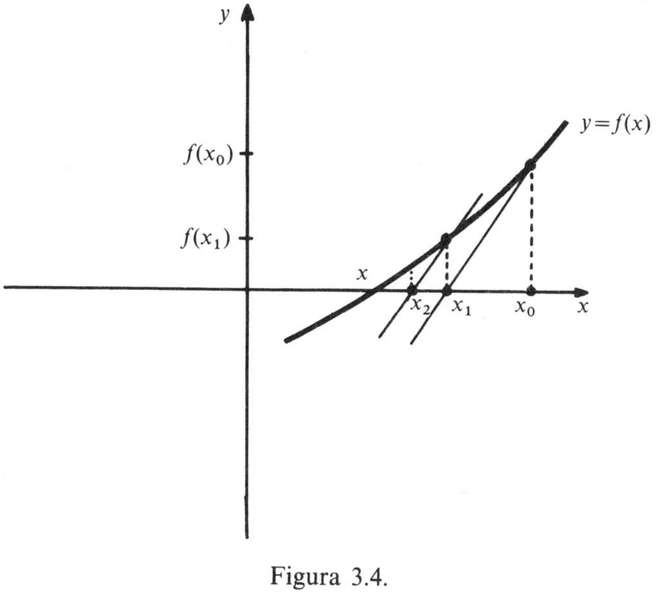

Figura 3.4.

Así,

$$x_1 = x_0 - \frac{f(x_0)}{f'(x_0)}$$

$$x_2 = x_1 - \frac{f(x_1)}{f'(x_0)}$$

$$\vdots$$

$$x_{n+1} = x_n - \frac{f(x_n)}{f'(x_0)}$$

METODO DE LA FALSA POSICION (REGULA FALSI)

Sea $f(x)$ una función continua en un intervalo $[a, b]$ en el que posee una raíz, y además $f(a)$ y $f(b)$ tienen signos distintos. El método de *regula falsi* consiste en lo siguiente: Se calcula la ecuación de la cuerda que une $(a, f(a))$ y $(b, f(b))$. Es decir,

$$y - f(a) = \frac{f(b) - f(a)}{b - a} \cdot (x - a)$$

Su intersección con el eje de abscisas dará

$$x = a - f(a) \cdot \frac{b - a}{f(b) - f(a)} \tag{1}$$

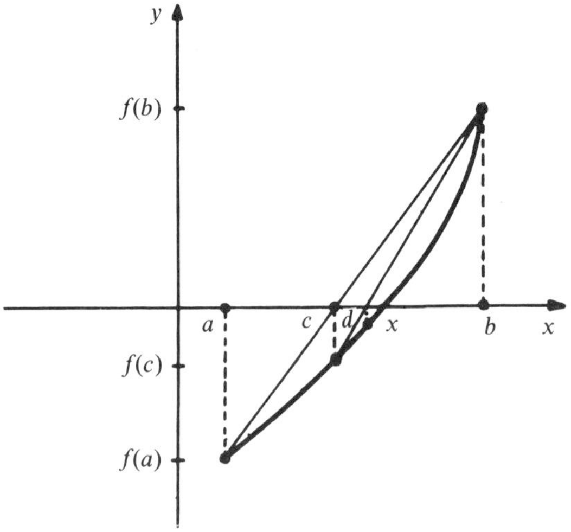

Figura 3.5.

Llamando $x=c$. Entonces si $f(c)$ tiene el mismo signo que $f(a)$ se sustituye c por a en (1); en caso contrario, se sustituye c por b en (1). Obteniéndose una sucesión de puntos $x_0, x_1, \ldots, x_n$ que convergen a la solución exacta (véase fig. 3.5).

METODO DE LA SECANTE

Este método es muy semejante al anterior. Se comienza el proceso iterativo con dos aproximaciones iniciales x_0 y x_1 de la raíz de la ecuación $f(x)=0$. La siguiente aproximación x_2 se determina por la intersección de la recta que pase por $(x_0, f(x_0))$ y $(x_1, f(x_1))$ con el eje X. Y así sucesivamente (véase fig. 3.6).

Obteniéndose,

$$x_{n+1}=x_n-f(x_n)\cdot\frac{x_{n-1}-x_n}{f(x_{n-1})-f(x_n)}$$

METODO DE MULLER

El método de *Muller* es una extensión del método de la *secante*. Consideremos incialmente tres aproximaciones x_0, x_1 y x_2 de una raíz de la ecuación

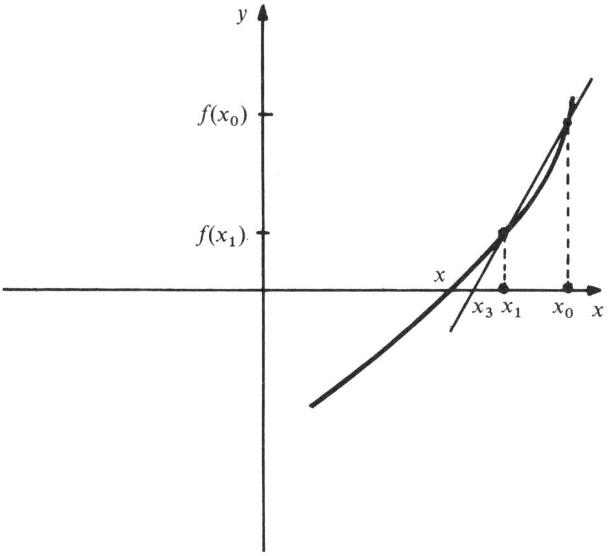

Figura 3.6.

$f(x)=0$. Entonces existirá una función de grados dos (parábola) que pase por los puntos $(x_0, f(x_0))$, $(x_1, f(x_1))$ y $(x_2, f(x_2))$.

Sea $f(x)=ax^2+bx+c$, la función que verifica estas condiciones.

Entonces, las raíces de la ecuación $f(x)=0$ se pueden obtener mediante la fórmula

$$x=x_0-\frac{2c}{b\pm\sqrt{b^2-4ac}}$$

Siendo x_0 la aproximación más cercana de la raíz x. Y donde el signo del denominador es aquel que tenga valor máximo, es decir, si $b>0$ el signo elegido es $+$ y si $b<0$ el signo es $-$.

Una vez obtenido x_r, el proceso se repite, pero con las aproximaciones x_0, x_1 y x_r si $x_r>x_0$, y con x_0, x_2 y x_r si $x_r<x_0$, para determinar la siguiente aproximación.

Conviene destacar que el método de Muller permite encontrar las raíces tanto reales como complejas.

EJERCICIOS RESUELTOS

3.1. Siguiendo la regla Horner, evaluar los siguientes polinomios en los puntos indicados.

a) $P(x) = 3x^3 - 2x^2 + x + 3$, *en* $x_0 = 2$.

b) $P(x) = x^4 - 8x^3 + 5x^2 + 7x - 7$, *en* $x_0 = -2$.

Solución

a)

	3	−2	1	3
2		6	8	18
	3	4	9	*21*

Luego $P(2) = 21$.

b)

	1	−8	5	7	−7
−2		−2	20	−50	86
	1	−10	25	−43	*79*

Luego $P(-2) = 79$.

3.2. Evaluar los siguientes polinomios en los puntos que se indican.

a) $P(x) = x^4 - 8x^3 + 5x^2 + 7x - 7$, *en* $x_0 = 2 + 3i$.

b) $P(x) = x^4 - x^3 + 2x^2 - 1$, *en* $x_0 = 1 + i$.

c) $P(x) = 3x^3 + 5x^2 - 2x + 9$, *en* $x_0 = 1 - \sqrt{2}i$.

Solución

Para evaluar un polinomio $P(x)$ en un punto complejo, por ejemplo $x_0 = a + bi$, basta dividir $P(x)$ entre $[x - (a + bi)] \cdot [x - (a - bi)]$ y luego sustituir la x del resto por $a + bi$.

a) $[x-(2+3i)]\cdot[x-(2-3i)]=x^2-4x+4-9i^2=x^2-4x+13.$

Efectuando la división de $P(x)$ entre $x^2-4x+13$, se obtiene de resto $R(x)=-37x+305$.

Por tanto,

$$R(2+3i)=-37(2+3i)+305=231-111i$$

b) $[(x-(1+i)]\cdot[x-(1-i)]=x^2-2x+2.$

Al dividir $P(x)$ entre x^2-2x+2 se obtiene de resto $R(x)=2x-5$.

Por tanto,

$$R(1+i)=2(1+i)-5=-3+2i$$

c) $[x-(1-\sqrt{2}i)]\cdot[x-(1+\sqrt{2}i)]=x^2-2x+3.$

Dividiendo $P(x)$ entre x^2-2x+3 se obtiene de resto $R(x)=11x-24$.

Luego,

$$R(1-\sqrt{2}i)=11(1-\sqrt{2}i)-24=-13-11\sqrt{2}i$$

3.3. Encontrar el orden de multiplicidad de las raíces que se indican en los siguientes polinomios:

a) $P(x)=x^4-11x^3+45x^2-81x+54,\ x_0=3.$
b) $P(x)=x^5+9x^4+32x^3+56x^2+48x+16,\ x_0=-2.$

Solución

a) Calculemos el valor del polinomio y sus derivadas en $x_0=3$ hasta obtener un resultado no nulo.

Así,

$$P(x)=x^4-11x^3+45x^2-81x+54$$
$$P(3)=81-297+405-243+54=0$$

$$P'(x)=4x^3-33x^2+90x-81$$
$$P'(3)=108-297+270-81=0$$
$$P''(x)=12x^2-66x+90$$
$$P''(3)=108-198+190=0$$
$$P'''(x)=24x-66$$
$$P'''(3)=72-66=6\neq 0$$

Como $x_0=3$ anula a $P(x)$ a sus dos primeras derivadas y no anula a la tercera, diremos que es una raíz con orden de multiplicidad tres.

Compruébese que $P(x)=(x-3)^3\cdot(x-2)$.

b) De forma análoga se tiene que:

$$P(x)=x^5+9x^4+32x^3+56x^2+48x+16$$
$$P(-2)=-32+144-256+224-96+16=0$$
$$P'(x)=5x^4+36x^3+96x^2+112x+48$$
$$P'(-2)=80-288+384-224+48=0$$
$$P''(x)=20x^3+108x^2+192x+112$$
$$P''(-2)=-160+432-384+112=0$$
$$P'''(x)=60x^2+216x+192$$
$$P'''(-2)=240-432+192=0$$
$$P^{IV}(x)=120x+216$$
$$P^{IV}(-2)=-240+216=-24\neq 0$$

Por tanto, $x_0=-2$ es una raíz de $P(x)$ con orden de multiplicidad cuatro.

Compruébese que $P(x)=(x+2)^4\cdot(x-1)$.

3.4. Encontrar todas las raíces enteras de las ecuaciones siguientes:

a) $2x^3-9x^2-33x-14=0$.

b) $6x^4-x^3-25x^2+4x+4=0$.

c) $x^3-\dfrac{9}{2}x^2-19x+\dfrac{21}{2}=0$.

Solución

Nos basaremos en las dos propiedades enunciadas en el resumen teórico correspondiente.

Sea

$$P(x)=2x^3-9x^2-33x-14=0$$

Los divisores del término independiente son:

$$\{\pm 1,\ \pm 2,\ \pm 7,\ \pm 14\}$$

Además, $P(1)=-54$ y $P(-1)=8$. Por tanto, descartamos 1 y -1, ya que obviamente no son raíces de $P(x)$.

Comprobemos con las restantes la segunda propiedad:

Si $x_0=-2 \Rightarrow -54=-\dot{3}$ *y* $8=-\dot{1}$ *(Probable raíz entera)*
Si $x_0=2 \Rightarrow -54=\dot{1}$ *y* $8\neq\dot{3}$ *(No es raíz entera)*
Si $x_0=-7 \Rightarrow -54\neq-\dot{8}$ *(No es raíz entera)*
Si $x_0=7 \Rightarrow -54=\dot{6}$ *y* $8=\dot{8}$ *(Probable raíz entera)*
Si $x_0=-14 \Rightarrow -54\neq-\dot{15}$ *(No es raíz entera)*
Si $x_0=14 \Rightarrow -54\neq\dot{13}$ *(No es raíz entera)*

Aplicando la regla de Horner a las posibles raíces -2 y 7, tenemos que:

	2	−9	−33	−14
−2		−4	26	14
	2	−13	−7	*0*
7		14	7	
	2	1	*0*	

Luego -2 y 7 son las únicas raíces enteras de $P(x)=0$. Y además, $P(x)=(x+2)\,(x-7)\,(2x+1)$.

b) Sea la ecuación

$$P(x)=6x^4-x^3-25x^2+4x+4=0$$

Los divisores del término independiente son:

$$\{\pm 1,\ \pm 2,\ \pm 4\}$$

Además, $P(1) = -12$ y $P(-1) = -18$. Descartando 1 y -1 como raíces, procedamos a comprobar la segunda propiedad con las restantes.

Si $x_0 = -2 \Rightarrow -12 = -\dot{3}$ *y* $-18 = -\dot{1}$ (*Probable raíz entera*)
Si $x_0 = 2 \Rightarrow -12 = \dot{1}$ *y* $-18 = \dot{3}$ (*Probable raíz entera*)
Si $x_0 = -4 \Rightarrow 12 \neq -\dot{5}$ (*No es raíz*)
Si $x_0 = 4 \Rightarrow -12 = \dot{3}$ *y* $-18 \neq \dot{5}$ (*No es raíz*)

Comprobemos, pues, si efectivamente -2 y 2 son raíces.

	6	−1	−25	4	4
−2		−12	26	−2	−4
	6	−13	1	2	*0*
2		12	−2	−2	
	6	−1	−1	*0*	

Luego -2 y 2 son las únicas raíces enteras. Se puede comprobar fácilmente que las otras dos raíces son fraccionarias.

c) Sea la ecuación

$$P(x) = x^3 - \frac{9}{2}x^2 - 19x + \frac{21}{2} = 0$$

En primer lugar, expresemos $P(x) = 0$ con coeficientes enteros. Para ello, basta reducir a común denominador. Así,

$$P(x) = 2x^3 - 9x^2 - 38x + 21 = 0$$

Los divisores del término independiente son:

$$\{\pm 1, \ \pm 3, \ \pm 7, \ \pm 21\}$$

Como $P(1) = -24$ y $P(-1) = 48$, el 1 y el -1 no pueden ser raíces enteras. Comprobemos con las restantes.

Si $x_0 = -3 \Rightarrow -24 = -\dot{4}$ *y* $48 = \dot{2}$
Si $x_0 = 3 \Rightarrow -24 = \dot{2}$ *y* $48 = \dot{4}$
Si $x_0 = -7 \Rightarrow -24 = -\dot{8}$ *y* $48 = -\dot{6}$

$$Si\ x_0 = 7 \Rightarrow -24 = \dot{6}\ y\ 48 = \dot{8}$$
$$Si\ x_0 = -21 \Rightarrow -24 \neq -\dot{22}$$
$$Si\ x_0 = 21 \Rightarrow -24 \neq \dot{20}$$

Comprobemos si efectivamente -3, 3, -7 y 7 son raíces enteras. Así,

	2	−9	−38	21
−3		−6	45	−21
	2	−15	7	*0*
3		6	−27	
	2	−9	*−20*	

Luego 3 no es raíz entera.

	2	−15	7
−7		−14	203
	2	−29	*207*

Luego -7 no es raíz entera.

	2	−15	7
7		14	−7
	2	−1	*0*

Por tanto, las únicas ráces enteras son -3 y 7.

Compruébese que $P(x) = (x+3)(x-7)x - 1/2)$.

3.5. Calcular las raíces enteras y fraccionarias de la ecuación

$$6x^4 + 11x^3 + 10x^2 + 11x + 4 = 0$$

Solución

Comencemos calculando las raíces enteras.

Los divisores de 4 son -1, 1, -2, 2, -4 y 4; y además $P(1)=42$ y $P(-1)=-2$. Luego 1 y -1 no son raíces enteras.

$$\begin{aligned}&Si\ x=-2 \Rightarrow 42=-\dot{3}\ y\ -2=-1\\&Si\ x=2 \Rightarrow 42=\dot{1}\ y\ -2\neq\dot{3}\\&Si\ x=-4 \Rightarrow 42\neq-\dot{5}\\&Si\ x=4 \Rightarrow 42=\dot{3}\ y\ -2\neq\dot{5}\end{aligned}$$

Luego 2, 4 y -4 no pueden ser raíces enteras. Comprobemos con $x=-2$.

	6	11	10	11	4
-2		-12	2	-24	26
	6	-1	12	-13	*30*

Por tanto, $x=-2$ no es raíz entera y, en consecuencia, no posee ninguna raíz entera.

Para encontrar las raíces fraccionarias, se efectúa la siguiente transformación:

$$x=\frac{y}{a_n}=\frac{y}{6}$$

Resultando,

$$6\cdot\frac{y^4}{6^4}+11\cdot\frac{y^3}{6^3}+10\cdot\frac{y^2}{6^2}+11\cdot\frac{y}{6}+4=0 \Leftrightarrow y^4+11y^3+60y^2+396y+864=0$$

A continuación se procede a calcular las raíces enteras de $P(y)=0$. Como posee un gran número de divisores el término independiente, a medida que se vayan encontrando las posibles raíces enteras se procede a su comprobación con el fin de ir reduciendo el orden del polinomio (ecuación).

$$\textit{Divisores de } 864=\{\pm1,\ \pm2,\ \pm3,\ \pm4,\ \pm6,\ \ldots\}$$

$P(1)=1.332$ y $P(-1)=518$.

$$Si\ x_0=-2 \Rightarrow 1.332=-\dot{3}\ y\ 518=-\dot{1}$$

Compruébese que verdaderamente no lo es.

Si $x=2 \Rightarrow 1.332=\dot{i}$ *y* $518 \neq \dot{3}$ (*No es raíz*)
Si $x=-3 \Rightarrow 1.332=-\dot{4}$ *y* $518=-\dot{2}$ (*Posible raíz entera*)

Comprobémoslo

	1	11	60	396	864
−3		−3	−24	−108	−864
	1	8	36	288	0

Luego $x=-3$ es una raíz entera de $P(y)$.

Si $x=3$, *entonces* $1.332=\dot{2}$ *y* $518 \neq \dot{4}$. *Por tanto no es raíz*

Continuando el proceso, se obtiene que $x=-8$ es otra raíz entera. En efecto,

	1	8	36	288
−8		−8	0	−288
	1	0	36	0

Resultando que el polinomio x^2+36 no tiene más raíces enteras, ya que éstas son complejas.

Deshaciendo la transformación,

$$x_0=-\frac{3}{6}=-\frac{1}{2} \quad \text{y} \quad x_1=-\frac{8}{6}=-\frac{4}{3}$$

son las únicas raíces fraccionarias de esta ecuación.

Compruébese que

$$P(x)=\left(x+\frac{1}{2}\right)\left(x+\frac{4}{3}\right)(6x^2+6)$$

3.6. Encontrar todas las raíces de la ecuación

$$P(x) \equiv x^4-4x^3-7x^2+22x+24=0$$

Solución

Como el coeficiente de mayor grado, $a_n=1$, no tendrá raíces fraccionarias. Por tanto, de existir, todas las raíces serán enteras.

Los divisores de 24 son:

$$\{\pm 1,\ \pm 2,\ \pm 3,\ \pm 4,\ \pm 6,\ \pm 8,\ \pm 12,\ \pm 24\}$$

$P(1)=36$ y $P(-1)=0$. Luego $x=-1$ es una raíz entera.

Utilizando este resultado para reducir el grado del polinomio inicial, resulta:

	1	−4	−7	22	24
−1		−1	5	2	−24
	1	−5	−2	24	0

$$Q(x)\equiv x^3-5x^2-2x+24=0$$

Como el término independiente es el mismo, se siguen manteniendo los mismos divisores. Además $Q(1)=18$ y $Q(-1)=20$.

Descartando el 1 y el -1, continuemos el proceso de búsqueda.

$$\textit{Si } x=-2 \Rightarrow 18=-\dot{3} \ \textit{y}\ 20=-\dot{1} \ (\textit{Posible raíz entera})$$

Comprobando

	1	−5	−2	24
−2		−2	14	−24
	1	−7	12	0

Luego $x=-2$ es otra raíz entera.

Y resolviendo la ecuación $x^2-7x+12=0$ se obtienen por raíces 3 y 4.

En resumen, todas las raíces son enteras.

$$x_0=-1 \quad , \quad x_1=-2 \quad , \quad x_2=3 \quad \text{y} \quad x_3=4$$

Así, $P(x)=(x+1)\,(x+2)\,(x-3)\,(x-4)$.

3.7. Dada la ecuación

$$2x^5-7x^4-3x^3+17x^2+5x-6=0$$

de la que se sabe que todas sus raíces son reales, encontrar la cota de *Cardano-Vieta.*

Solución

La cota de *Cardano-Vieta* se halla mediante la expresión:

$$|M| \leqslant \sqrt{\left(\frac{a_{n-1}}{a_n}\right)^2 - 2\left(\frac{a_{n-2}}{a_n}\right)}$$

Sustituyendo,

$$|M| \leqslant \sqrt{\left(-\frac{7}{2}\right)^2 - 2\left(-\frac{3}{2}\right)} = \sqrt{\frac{49}{4}+3} = \frac{\sqrt{61}}{2}$$

Y todas sus raíces se encontrarán en el intervalo

$$\left[-\frac{\sqrt{61}}{2}, \frac{\sqrt{61}}{2}\right]$$

3.8. Se da la ecuación de raíces reales

$$P(x) \equiv x^4-4x^3-7x^2+22x+24=0$$

Se pide:

a) Acotar sus raíces por *Cardano-Vieta.*
b) Utilizando el apartado a), encontrar sus raíces enteras y fraccionarias.

Solución

a) La cota de *Cardano* es:

$$|M| \leqslant \sqrt{(-4)^2-2\cdot(-7)} = \sqrt{30} = 5{,}4772$$

b) Los divisores de 24 son:

$$\{\pm 1,\ \pm 2,\ \pm 3,\ \pm 4,\ \pm 6,\ \pm 8,\ \pm 12,\ \pm 24\}$$

Utilizando la cota de *Cardano*, los únicos candidatos a raíz serían:

$$\{\pm 1,\ \pm 2,\ \pm 3,\ \pm 4\}$$

Como $P(1)=36$ y $P(-1)=0$. Entonces $x=-1$ es una raíz entera de la ecuación.

Reduzcamos el grado de la ecuación.

	1	−4	−7	22	24
−1		−1	5	2	−24
	1	−5	−2	24	0

$$Q(x)=x^3-5x^2-2x+24=0$$

$Q(1)=18$ y $Q(-1)=20$.

Si $x=-2$, entonces $18=-\dot{3}$ *y* $20=-\dot{1}$ (*Posible raíz*)

Comprobemos si efectivamente es raíz.

	1	−5	−2	24
−2		−2	14	−24
	1	−7	12	0

Luego $x=-2$ es otra raíz entera.

Resolviendo la ecuación $x^2-7x+12=0$, se obtienen como raíces 3 y 4.

Por tanto, las raíces son -1, -2, 3 y 4.

3.9. Dada la ecuación algebraica con todas sus raíces reales

$$P(x)\equiv 24x^5+10x^4-159x^3+84x^2+7x-6=0$$

Contestar a las siguientes cuestiones:

a) Valor de la cota de *Cardano* de las raíces enteras.
b) Enumerar todas las posibles raíces enteras sin tener en cuenta la cota de Cardano.
c) Enumerar todas las posibles raíces enteras teniendo en cuenta la cota de *Cardano*.
d) Enumerar solamente las raíces candidatas que cumplen

$$P(\pm 1) = \widehat{r \mp 1}^{\bullet}$$

e) ¿Cuáles son las raíces enteras?
f) Con el resultado de e) expresar $P(x)$ en producto de factores.
g) ¿Cuál es el cambio de variable para encontrar las raíces fraccionarias?
h) Escribir la nueva ecuación obtenida $P(y)=0$.
i) Valor de la cota de *Cardano* de la nueva ecuación.
j) ¿Cuáles son las raíces enteras de $P(y)=0$?
k) ¿Cuáles son las raíces fraccionarias de $P(x)=0$?

Solución

a)

$$|M| \leqslant \sqrt{\left(\frac{10}{25}\right)^2 - 2 \cdot \left(-\frac{159}{25}\right)} = \sqrt{\frac{8.050}{625}} \simeq 3{,}6$$

b) Serían los divisores de 6, es decir,

$$\{\pm 1,\ \pm 2,\ \pm 3,\ \pm 6\}$$

c)

$$\{\pm 1,\ \pm 2,\ \pm 3\}$$

d)

$$P(1) = -40 \quad \text{y} \quad P(-1) = 216$$

Luego el 1 y el -1 quedan descartados.

Si $x_0 = -2$, *entonces* $-40 \neq -\dot{3}$
Si $x_0 = 2$, *entonces* $-40 = \dot{1} = \dot{1}$ *y* $216 = \dot{3}$
Si $x_0 = -3$, *entonces* $-40 = -\dot{4}$ *y* $216 = -\dot{2}$
Si $x_0 = 3$, *entonces* $-40 = \dot{2}$ *y* $216 = \dot{4}$

Por tanto, las raíces candidatas que cumplen esta condición serían 2, -3 y 3.

e)

	24	10	-159	84	7	-6
2		48	116	-86	-4	6
	24	58	-43	-2	3	*0*
-3		-72	42	3	-3	
	24	-14	-1	1	*0*	
3		72	174	522		
	24	58	173	*523*		

Luego las raíces enteras de $P(x)=0$ son: 2 y -3.

f) $P(x)=(x-2)(x+3)(24x^3-14x^2-x+1)$.

g) El cambio para obtener las raíces fraccionarias es:

$$x=\frac{y}{24},\ \text{siendo 24 el coeficiente de } x^3$$

h)

$$P(y)=24\cdot\frac{y^3}{24^3}-14\cdot\frac{y^2}{24^2}-\frac{y}{24}+1=0 \Leftrightarrow P(y)=y^3-14y^2-24y+576=0$$

i)

$$|M'|\leqslant\sqrt{(14)^2-2\cdot(-24)}=\sqrt{244}\simeq 15{,}6$$

j) Compruébese que las raíces enteras de $P(y)=0$ son: -6, 8 *y* 12.

k) Deshaciendo el cambio,

$$x_1=\frac{8}{24}=\frac{1}{3}\quad,\quad x_2=-\frac{6}{24}=-\frac{1}{4}\quad \text{y}\quad x_3=\frac{12}{24}=\frac{1}{2}$$

son las raíces fraccionarias de $P(x)=0$.

Compruébese que $P(x)=24(x-2)(x+3)(x-1/3)(x+1/4)(x-1/2)$.

3.10. Aplicando el método de Laguerre, acotar las raíces positivas y negativas de la ecuación:

$$2x^5 - 7x^4 - 3x^3 + 17x^2 + 5x - 1 = 0$$

Solución

i) Veamos cuál es el primer número natural, M, que hace el resto positivo y los coeficientes del cociente positivo o nulos.

Así,

	2	−7	−3	17	5	−1
1		2				
	2	−5	...			

	2	−7	−3	17	5	−1
2		4				
	2	−3	...			

	2	−7	−3	17	5	−1
3		6				
	2	−1	...			

	2	−7	−3	17	5	−1
4		8	4	4	84	356
	2	1	1	21	89	355

Por tanto, $M=4$ será la cota superior de las raíces positivas.

ii) Para hallar la cota inferior de las raíces positivas, efectuamos el cambio

$$x = \frac{1}{y}$$

y se procede de forma análoga a i).

Así,

$$2\cdot\frac{1}{y^5}-7\cdot\frac{1}{y^4}-3\cdot\frac{1}{y^3}+17\cdot\frac{1}{y^2}+5\cdot\frac{1}{y}-1=0 \Leftrightarrow$$

$$\Leftrightarrow 2-7y-3y^2+17y^3+5y^4-y^5=0 \Leftrightarrow$$

$$\Leftrightarrow y^5-5y^4-17y^3+3y^2+7y-2=0$$

	1	-5	-17	3	7	-2
8		8	24	56	472	3.832
	1	3	7	59	479	3.830

Luego $c=8$ es el primer número natural que lo cumple. Deshaciendo el cambio anterior, resulta que $m=1/8$ es la cota inferior de las raíces positivas.

iii) Para calcular la cota inferior de las raíces negativas basta efectuar el cambio $x=-y$ y proceder como en i).

Así,

$$-ey^5-7y^4+3y^3+17y^2-5y-1=0 \Leftrightarrow 2y^5+7y^4-3y^3-17y^2+5y+1=0$$

	2	7	-3	-17	5	1
2		4	22	38	42	94
	2	11	19	21	47	100

Deshaciendo el cambio, resulta que $M'=-2$ es cota inferior de las raíces negativas.

iv) Para encontrar la cota superior de las raíces negativas basta efectuar el cambio

$$x=-\frac{1}{y}$$

y proceder como en i).

Así,

$$-\frac{2}{y^5}-\frac{7}{y^4}+\frac{3}{y^3}+\frac{17}{y^2}-\frac{5}{y}-1=0 \Leftrightarrow y^5+5y^4-17y^3-3y^2+7y+2=0$$

	1	5	−17	−3	7	2
3		3	24	21	54	183
	1	8	7	18	61	185

Deshaciendo el cambio, $m' = -1/3$ es cota superior de las raíces negativas.

En resumen, toda raíz x_i de la ecuación verificará que

$$-2<x_i<-\frac{1}{3} \quad \text{ó} \quad \frac{1}{8}<x_i<4$$

3.11. Hallar por el método de *Newton* las cotas inferior y superior de las raíces positivas de la ecuación

$$x^4+4x^3-8x^2-29x+12=0$$

Solución

i) Se trata, pues, de encontrar el primer número natural, M, que haga $P(M)$ positivo y $P'(M)$, $P''(M)$, ..., $P^{(n)}(M)$ positivos o nulos.

Así,

$$P(x)=x^4+4x^3-8x^2-29x+12$$

$$P'(x)=4x^3+12x^2-16x-29$$

$$P''(x)=12x^2+24x-16$$

$$P'''(x)=24x+24$$

$$P^{IV}(x)=24$$

M	$P(x)$	$P'(x)$	$P''(x)$	$P'''(x)$	$P^{IV}(x)$
1	$-$				
2	$-$				
3	$+$	$+$	$+$	$+$	$+$

Por tanto, $M=3$ es cota superior de las raíces positivas.

ii) Para encontrar la cota inferior de las raíces positivas, basta efectuar el cambio $x=1/y$ y proceder como en i).

Así resulta,

$$P(y)=\frac{1}{y^4}+\frac{4}{y^3}-\frac{8}{y^2}-\frac{29}{y}+12=0 \Leftrightarrow P(y)=12y^4-29y^3-8y^2+4y+1$$

$$P'(y)=48y^3-87y^2-16y+4$$

$$P''(y)=144y^2-261y-16$$

$$P'''(y)=288y-261$$

$$P^{IV}(x)=288$$

M	$P(y)$	$P'(y)$	$P''(y)$	$P'''(y)$	$P^{IV}(y)$
1	$-$				
2	$-$				
3	$+$	$+$	$+$	$+$	$+$

Por tanto, $c=3$ es el primer número natural que cumple la condición. Entonces $m=1/3$ es cota inferior de las raíces positivas.

Luego toda raíz positiva de la ecuación verifica que

$$1/3<x_i<3$$

3.12. Estudiar el número de raíces reales que posee la ecuación

$$x^3+x-5=0$$

aplicando la regla de *Descartes*.

Solución

Formando la sucesión de los coeficientes

$$1 \quad , \quad 0 \quad , \quad 1 \quad , \quad -5$$

resulta que el número de variaciones es $V=1$ (cambio de signo de 1 a -5). Luego habrá una raíz positiva.

Para determinar el número de posibles raíces negativas, se efectúa el cambio $x=-y$. Así, la ecuación resulta ser:

$$-y^3-y-5=0 \Leftrightarrow y^3+y+5=0$$

y la sucesión de los coeficientes

$$1 \quad , \quad 0 \quad , \quad 1 \quad , \quad 1$$

Como no hay ningún cambio de signo, ya que el 0 se considera con el mismo signo que el número que le precede, el número de variaciones es $V=0$ y, por tanto, no tendrá ninguna raíz negativa.

3.13. Dada la ecuación

$$P(x) \equiv 8x^3-20x^2-2x+5=0$$

a) Mediante la regla de *Descartes*, analizar cuántas raíces reales positivas y negativas posee.

b) Aplicando el teorema de *Budan-Fourier*, indicar cuántas raíces reales posee en los intervalos $(-\infty, -2)$, $(-2, 0)$, $(0, 1)$, $(1, 3)$ y $(3, +\infty)$.

Solución

a) La sucesión de coeficientes será:

$$8 \quad , \quad -20 \quad , \quad -2 \quad , \quad 5$$

Luego el número de variaciones es $V=2$. Por tanto, tendrá dos o ninguna raíz positivas.

Efectuando el cambio $x = -y$, resulta

$$-8y^3 - 20y^2 + 2t + 5 = 0 \Leftrightarrow 8y^3 + 20y^2 - 2y - 5 = 0$$

cuya sucesión de coeficientes es:

$$8 \quad , \quad 20 \quad , \quad -2 \quad , \quad -5$$

Que tiene una variación. Luego $V = 1$ y habrá una raíz negativa.

b) El teorema de *Budan-Fourier* establece que el número de raíces en un intervalo (a, b) es igual a $|V_b - V_a|$, siendo V_a y V_b el número de variaciones de las sucesiones numéricas $P(a)$, $P'(a)$, ..., $P^{(n)}(a)$ y $P(b)$, $P'(b)$, ..., $P^{(n)}(b)$, respectivamente.

En nuestro ejercicio tenemos

$$P(x) = 8x^3 - 20x^2 - 2x + 5$$

$$P'(x) = 24x^2 - 40x - 2$$

$$P''(x) = 48x - 40$$

$$P'''(x) = 48$$

Formemos la siguiente tabla para hallar las variaciones en los intervalos pedidos.

	$-\infty$	-2	0	1	3	$+\infty$
Signo P	−	−	+	−	+	+
Signo P'	+	+	−	−	+	+
Signo P''	−	−	−	+	+	+
Signo P'''	+	+	+	+	+	+
Núm. variaciones	3	3	2	1	0	0

Por tanto, el número de raíces en los intervalos siguientes serán:

$(-\infty, -2) \rightarrow 0$ *raíces*

$(-2, 0) \rightarrow 1$ *raíz*

$(0, 1) \rightarrow 1$ *raíz*

$(1, 3) \rightarrow 1$ *raíz*

$(3, +\infty) \rightarrow 0$ *raíces*

Obsérvese que de a) y b) se puede concluir que esta ecuación posee una raíz negativa en el intervalo $(-2, 0)$ y dos raíces positivas en los intervalos $(0, 1)$ y $(1, 3)$.

3.14. Dada la ecuación

$$x^4 + x^3 - x^2 + x - 1 = 0$$

Se pide:

a) Aplicando *Laguerre*, acotar sus raíces.

b) Según la regla de *Descartes*, ¿cuántas posibles raíces positivas y negativas posee?

c) Mediante *Budan-Fourier*, hallar los intervalos y el número de posibles raíces.

Solución

a)

	1	1	−1	1	−1
1		1	2	1	2
	1	2	1	2	1

Luego $M = 1$ es cota superior de las raíces positivas.

Efectuando el cambio $x = 1/y$, se obtiene

$$-y^4 + y^3 - y^2 + y + 1 = 0 \Leftrightarrow y^4 - y^3 + y^2 - y - 1 = 0$$

	1	−1	1	−1	−1
2		2	2	6	10
	1	1	3	5	9

Luego $m = 1/2$ es cota inferior de las raíces positivas.

Efectuando la transformacióm $x=-y$, obtenemos

$$y^4-y^3-y^2-y-1=0$$

	1	-1	-1	-1	-1
2		2	2	2	2
	1	1	1	1	1

Por tanto, $M'=-2$ es cota inferior de las raíces negativas.

Por último, efectuando el cambio $x=-1/y$, se obtiene

$$-y^4-y^3-y^2-y+1=0 \Leftrightarrow y^4+y^3+y^2+y-1=0$$

	1	1	1	1	-1
1		1	2	3	4
	1	2	3	4	3

Luego $m'=-1$ es cota superior de las raíces negativas.

Se puede resumir que:

$$x_i \in (-2, -1) \quad \text{si} \quad x_i<0 \quad \text{y} \quad x_i \in \left(\frac{1}{2}, 1\right) \quad \text{si} \quad x_i>0$$

b) Como $P(x)=x^4+x^3-x^2+x-1$, entonces la sucesión de los coeficientes es:

$$1 \ , \ 1 \ , \ -1 \ , \ 1 \ , \ -1$$

Y $V=3$. Luego tendrá tres o una raíces positivas.

$P(-x)=x^4-x^3-x^2-x-1$, y la sucesión

$$1 \ , \ -1 \ , \ -1 \ , \ -1 \ , \ -1$$

Así, $V=1$ y tendrá una raíz negativa.

c)

$$P(x)=x^4+x^3-x^2+x-1$$

$$P'(x)=4x^3+3x^2-2x+1$$

$$P''(x)=12x^2+6x-2$$

$$P'''(x)=24x+6$$

$$P^{IV}(x)=24$$

Aplicaremos el teorema de *Budan-Fourier* a los intervalos $(-2, -1)$ y $(1/2, 1)$, ya que en ellos se encontrarán las raíces.

	-2	-1	$1/2$	1
Signo P	+	−	−	+
Signo P'	−	+	+	+
Signo P''	+	+	+	+
Signo P'''	−	−	+	+
Signo P^{IV}	+	+	+	+
Núm. variaciones	4	3	1	0

$$|V_{-1}-V_{-2}|=|3-4|=1$$

$$|V_1-V_{\frac{1}{2}}|=|0-1|=1$$

Habrá, pues, una raíz real negativa en el intervalo $(-2, -1)$, y una raíz real positiva en el intervalo $(1/2, 1)$. Por tanto, las otras dos raíces serán complejas.

3.15. Separar por el método de *Sturm* las raíces de la ecuación

$$8x^3+12x^2-2x-3=0$$

calculando previamente una cota inferior y otra superior de las raíces, a fin de determinar los intervalos enteros de estudio.

Solución

En los datos de nuestro ejercicio,

$$P(x) = 8x^3 + 12x^2 - 2x - 3$$

$$P'(x) = 24x^2 + 24x - 2 \equiv x^2 + x - \frac{1}{12}$$

Efectuamos la división de $P(x)$ entre $P'(x)$, obteniéndose de cociente $8x+4$ y de resto simplificado $-x-1/2$.

Por tanto, el primer resto cambiado se signo será:

$$P_2(x) = x + \frac{1}{2}$$

A continuación se efectúa la división de $P'(x)$ entre el resto obtenido, es decir, $-x-1/2$. Obteniéndose de cociente $-x-1/2$ y de resto simplificado -1.

Así, el segundo resto cambiado de signo será:

$$P_3(x) = 1$$

Apliquemos *Laguerre* para determinar el intervalo dentro del cual se encuentran todas las raíces.

Así,

	8	12	−2	−3
1		8	20	18
	8	20	18	15

Luego $M = 1$ es cota superior de las raíces.

Si $x = -y$, entonces

	8	−12	−2	3
2		16	8	12
	8	4	6	15

Luego $M' = -2$ es cota inferior de las raíces.

Por tanto, toda raíz de la ecuación se encontrará en el intervalo $(-2, 1)$.

Apliquemos, pues, *Sturm* en los intervalos enteros comprendidos entre -2 y 1.

	-2	-1	0	1
Signo $P(x)$	$-$	$+$	$-$	$+$
Signo $P'(x)$	$+$	$+$	$-$	$+$
Signo $P_2(x)$	$-$	$-$	$+$	$+$
Signo $P_3(x)$	$+$	$+$	$+$	$+$
Núm. variaciones	3	2	1	0

Luego en $(-2, -1)$ habrá una raíz, en $(-1, 0)$ otra raíz y en $(0, 1)$ la otra raíz. Por tanto, las tres raíces de esta ecuación son reales.

3.16. Aplicar el método de *Sturm* para separar las raíces reales de la ecuación

$$2x^3 - 5x^2 + 2x - 5 = 0$$

Solución

Si

$$p(x) = 2x^3 - 5x^2 + 2x - 5$$

entonces

$$p'(x) = 6x^2 - 10x + 2 \equiv x^2 - \frac{5}{3}x + \frac{1}{3}$$

Efectuemos la división de $p(x)$ entre $p'(x)$. Obteniéndose de resto simplificado $-x - 40/13$ y de cociente $2x - 5/3$.

Por tanto, $P_2(x) = x + 40/13$.

Continuando el proceso de división, en este caso $p'(x)$ entre el resto $-x-40/13$, se obtiene por cociente $-x+185/39$ y por resto simplificado 1.

Luego $p_3(x)=-1$.

Compruébese que una cota inferior de las raíces negativas es $M'=-1$, y que una cota superior de las raíces positivas es $M=3$. Luego toda raíz real de la ecuación se encontrará en el intervalo $(-1, 3)$.

Así, pues, separaremos los intervalos enteros correspondientes entre -1 y 3. Obteniéndose los resultados de la siguiente tabla:

	-1	0	1	2	3
Signo $p(x)$	$-$	$-$	$-$	$-$	$+$
Signo $p'(x)$	$+$	$+$	$-$	$+$	$+$
Signo $p_2(x)$	$+$	$+$	$+$	$+$	$+$
Signo $p_3(x)$	$-$	$-$	$-$	$-$	$-$
Núm. variaciones	2	2	2	2	1

Habrá, pues, sólo una raíz real en el intervalo (2, 3). Por tanto, las otras dos serán complejas.

3.17. La ecuación $e^x-3x=0$ tiene por raíz a $r=0{,}61906129$. Comenzando con el intervalo [0, 1], realizar seis iteraciones por el método de la *bisección* para encontrar la raíz aproximada. ¿Cuántos decimales correctos tiene dicha aproximación? ¿Cuántas iteraciones son necesarias para que la raíz obtenida tenga cuatro decimales significativos correctos?

Solución

Sea $f(x)=e^x-3x$, entonces $f(0)=1>0$ y $f(1)=e-3<0$, lo que asegura al ser $f(x)$ continua en [0, 1], que al menos existe una raíz en dicho intervalo. Por tanto, realizando seis iteraciones se obtienen los siguientes resultados:

Ext. izquierdo	*Ext. derecho*	*Amplitud intervalo*	*Punto medio*
0	1	1	0,5(+)
0,5	1	0,5	0,75(−)
0,5	0,75	0,25	0,625(−)
0,5	0,625	0,125	0,5625(+)
0,5625	0,625	0,0625	0,59375(+)
0,59375	0,625	0,03125	0,609375

Luego

$$\bar{x}=x_6=0{,}609375$$

Como

$$\frac{1}{2^n}\cdot(b-a)<\Delta_x \Rightarrow \frac{1}{2^6}=0{,}015=0{,}15\cdot 10^{-1}<10^{-1}$$

Entonces la aproximación tendrá un decimal correcto, es decir, el 6.

Para calcular cuántas iteraciones son necesarias para obtener cuatro decimales significativos correctos utilicemos la fórmula que liga el error asociado al número de subdivisiones. Así,

$$\frac{1}{2^n}\cdot(1-0)<10^{-4} \Rightarrow 2^n>10.000 \Rightarrow n=14$$

Luego el primer natural que cumple esa condición es $n=14$. En consecuencia, serían necesarias 14 iteraciones para obtener cuatro decimales significativos correctos.

3.18. Utilizar el método de la *bisección* para encontrar una solución aproximada con una exactitud de 10^{-2} en el intervalo [4; 4,5] para la ecuación

$$x=\operatorname{tg} x$$

Solución

Como se desea una exactitud de 10^{-2}, se tendrá que verificar

$$\frac{1}{2^n} \cdot (4,5-4) > 10^{-2} \Rightarrow 2^n \geqslant 50$$

Por tanto, serán necesarias 6 interaciones, es decir, $n=6$.

Así,

$$f(x)=x-\operatorname{tg} x \quad , \quad f(4)=2{,}8421\ldots>0 \quad \text{y} \quad f(4{,}5)=-0{,}1373\ldots<0$$

El proceso iterativo resulta,

Ext. izquierdo	*Ext. derecho*	*Punto medio*
4	4,5	4,25(+)
4,25	4,5	4,375(+)
4,375	4,5	4,4375(+)
4,4375	4,5	4,46875(+)
4,46875	4,5	4,484375(+)
4,484375	4,5	4,4921875

Luego

$$\bar{x}=x_6=4{,}4921875$$

3.19. Sabiendo que existe una raíz de la ecuación

$$x^3+x=6$$

entre 1,55 y 1,75, ¿cuántas iteraciones son necesarias hasta obtener, mediante el método de la *bisección*, un intervalo de amplitud menor o igual que 0,0001 que contenga a dicha raíz?

Solución

Como $a=1{,}55$ y $b=1{,}75$, entonces

$$\frac{1}{2^n}\cdot(1{,}75-1{,}55)\leqslant 0{,}0001 \Rightarrow 2^n \geqslant \frac{0{,}2}{0{,}0001}=2.000$$

Y $n=11$ es el primer número natural que lo verifica. Por tanto, serán necesarias 11 iteraciones para conseguir un intervalo de amplitud menos o igual 0,0001 que contenga a la raíz.

3.20. Realizar dos iteraciones por el método de la secante para aproximar una raíz de la ecuación

$$2x^3+x-2=0$$

comenzando en el intervalo [0, 1] y utilizando cuatro decimales redondeados en cada iteración.

Solución

$$f(x)=2x^3+x-2$$
$$f(0)=-2<0 \quad \text{y} \quad f(1)=1>0$$

Haciendo $x_0=0$ y $x_1=1$, tenemos que la primera aproximación es

$$x_2=x_1-f(x_1)\cdot\frac{x_1-x_0}{f(x_1)-f(x_0)}=1-1\cdot\frac{1-0}{1+2}=0{,}6667$$

Como $f(0{,}6667)=-0{,}7406<0$, trabajaremos en el intervalo (0,6667, 1). Así,

$$x_3=x_2-f(x_2)\cdot\frac{x_2-x_1}{f(x_2)-f(x_1)}=0{,}6667-(-0{,}7406)\cdot\frac{1-0{,}6667}{1+0{,}7406}=0{,}8085$$

Luego $\bar{x}=0{,}8085$ es la segunda aproximación.

3.21. Aplicar el método de la secante en el intervalo [0, 1] a la ecuación

$$e^{-x}-x=0$$

Iterar hasta que se verifique que $|x_i - x_{i-1}| \leqslant 0{,}005$, y utilizar tres decimales redondeados en los cálculos.

Solución

$$f(x) = e^{-x} - x$$

$$f(0) = 1 - 0 = 1 > 0 \quad \text{y} \quad f(1) = e^{-1} - 1 = -0{,}632 < 0$$

La primera aproximación en el intervalo (0, 1) será:

$$x_2 = x_1 - f(x_1) \cdot \frac{x_1 - x_0}{f(x_1) - f(x_0)} = 1 - (0{,}632) \cdot \frac{1 - 0}{-0{,}632 - 1} = 0{,}613$$

Como $f(0{,}613) = -0{,}071 < 0$, trabajaremos en el intervalo (0, 0,613). Así,

$$x_3 = x_2 - f(x_2) \cdot \frac{x_2 - x_0}{f(x_2) - f(x_0)} = 0{,}613 - (-0{,}071) \cdot \frac{0{,}613 - 0}{-0{,}071 - 1} = 0{,}572$$

$$|x_3 - x_2| = 0{,}041 > 0{,}005$$

Como $f(0{,}572) = -0{,}008 < 0$, haremos el estudio en el intervalo (0, 0,572). Así,

$$x_4 = x_3 - f(x_3) \cdot \frac{x_3 - x_0}{f(x_3) - f(x_0)} = 0{,}572 - (0{,}008) \cdot \frac{0{,}572}{-0{,}008 - 1} = 0{,}567$$

$$|x_4 - x_3| = 0{,}005$$

Luego $x = 0{,}567$ es una aproximación de la raíz de esta ecuación.

3.22. Aplicar el método de la *bisección* a $F(x) \equiv x^3 - 17 = 0$, a fin de determinar la raíz cúbica de 17 con un error menor que 0,125. Iniciar los cálculos en el intervalo [2,3].

Solución

$F(2) = -9 < 0$ y $F(3) = 10 > 0$. El punto medio es 2,5 y su imagen

$$F(2{,}5) = -1{,}375 < 0$$

Luego el nuevo intervalo a considerar será (2,5; 3).

El punto medio es 2,75 y su imagen $F(2{,}75)=3{,}796875>0$.

Por tanto, el siguiente intervalo de estudio será (2,5; 2,75).

De nuevo, el punto medio es 2,625 y su imagen $F(2{,}625)=1{,}087891>0$.

Así, el nuevo intervalo a considerar será (2,5; 2,625), que tiene de amplitud 0,125. Luego la raíz aproximada r se encontrará en el punto medio del intervalo (2,5; 2,625), es decir, en 2,5625.

3.23. Sabiendo que la ecuación

$$x^3+x=6$$

tiene una raíz en el intervalo [1,55; 1,75]. ¿Cuántas iteraciones son necesarias realizar, mediante el método de la *bisección,* para obtener un intervalo de amplitud menor o igual que $0{,}1 \cdot 10^{-2}$ que contenga a dicha raíz. Calcular todas las iteraciones necesarias.

Solución

Para facilitar los cálculos utilizaremos la siguiente tabla:

Ext. izq. $f(a)<0$	*Ext. dcho.* $f(b)>0$	*P. medio* m	$f(m)$	*Amplitud intervalo*
1,55	1,75	1,65	0,142	0,20
1,55	1,65	1,6	−0,304	0,10
1,6	1,65	1,625	−5,375	0,05
1,625	1,65	1,6375	0,028	0,025
1,625	1,7375	1,63125	−0,028	0,0125
1,63125	1,7375	1,634375	0,000087	0,00625
1,63125	1,634375	1,6328125	−0,01398	0,003125
1,6328125	1,634375	1,63359375	−0,00698	0,0015625
1,63359375	1,634375	1,633984375	0,0007812	0,00078125

Por tanto, son necesarias ocho iteraciones y el intervalo será (1,63359375; 1,634375) de amplitud $0{,}00078125<0{,}001$.

3.24. Aplicando el método de iteración del *punto fijo*, encontrar una raíz próxima a $x_0=0$ de la ecuación

$$2^x-5x+2=0$$

trabajando con tres decimales redondeados e iterar hasta que se verifique que $|x_i-x_{i-1}|\leqslant 0{,}0005$.

Solución

$$F(x)=2^x-5x+2$$

Despejando x, resulta:

$$x=\frac{2^x+2}{5}=g(x)$$

Analicemos si $g(x)$ es una función de iteración que produce convergencia.

$$g'(x)=\frac{2^x\cdot L_n 2}{5}$$

$$g'(0)=\frac{0{,}69}{5}\simeq 0{,}14$$

Como $0<g'(0)<1$, se producirá convergencia en un mismo sentido o convergencia directa.

Pasemos, pues, a realizar el proceso iterativo.

$$x_0=0$$

$$x_1=g(0)=\frac{2^0+2}{5}=0{,}6 \quad ; \quad |x_1-x_0|=0{,}6$$

$$x_2=g(0{,}6)=\frac{2^{0{,}6}+2}{5}=0{,}703 \quad ; \quad |x_2-x_1|=0{,}103$$

$$x_3=g(0{,}703)=\frac{2^{0{,}703}+2}{5}=0{,}726 \quad ; \quad |x_3-x_2|=0{,}023$$

$$x_4=g(0{,}726)=\frac{2^{0{,}726}+2}{5}=0{,}731 \quad ; \quad |x_4-x_3|=0{,}005$$

$$x_5 = g(0,731) = \frac{2^{0,731}}{5} = 0,732 \quad ; \quad |x_5 - x_4| = 0,001$$

$$x_6 = g(0,732) = \frac{2^{0,732} + 2}{5} = 0,732 \quad ; \quad |x_6 - x_5| = 0$$

Por tanto, la raíz aproximada será

$$\bar{x} = x_6 = 0,732$$

3.25. Mediante el método iterativo del *punto fijo*, encontrar una solución próxima a $x_0 = -1,5$ de la ecuación

$$x^2 - e^{2x} - 1 = 0$$

Utilizar en los cálculos tres decimales redondeados e iterar hasta que se cumpla $|x_i - x_{i-1}| \leqslant 0,1 \cdot 10^{-2}$.

Solución

Despejando x^2 se obtiene

$$x^2 = e^{2x} + 1 \Rightarrow x = \pm\sqrt{e^{2x} + 1}$$

Como la raíz ha de estar próxima a $x_0 = -1,5$, nos quedaremos con el signo negativo. Así,

$$g(x) = -\sqrt{e^{2x} + 1}$$

Veamos si esta función de iteración produce convergencia.

$$g'(x) = -\frac{e^{2x}}{\sqrt{e^{2x} + 1}} \quad \text{y} \quad g'(-1,5) = -\frac{e^{-3}}{\sqrt{e^{-3} + 1}} \simeq -0,049$$

Como $-1 < g'(-1,5) < 0$, se producirá una convergencia oscilante.

Realicemos el proceso iterativo.

$$x_0 = -1{,}5$$

$$x_1 = g(-1{,}5) = -\sqrt{e^{-3}+1} = -1{,}025 \quad ; \quad |x_1 - x_0| = 0{,}475$$

$$x_2 = g(-1{,}025) = -\sqrt{e^{-2{,}05}+1} = -1{,}062 \quad ; \quad |x_2 - x_1| = 0{,}037$$

$$x_3 = g(-1{,}062) = -\sqrt{e^{-2{,}124}+1} = -1{,}058 \quad ; \quad |x_3 - x_2| = 0{,}004$$

$$x_4 = g(-1{,}058) = -\sqrt{e^{-2{,}116}+1} = -1{,}059 \quad ; \quad |x_4 - x_3| = 0{,}001$$

Por tanto, la raíz aproximada será:

$$\bar{x} = x_4 = -1{,}059$$

3.26. La ecuación

$$x^3 - e^x + 3 = 0$$

tiene dos raíces, una próxima a $-1{,}4$ y la otra cerca de 4,6.

Utilizar, según el método iterativo del *punto fijo*, la función de iteración más conveniente para cada caso. Posteriormente realizar dos iteraciones.

Solución

Despejando la x del término e^x, resulta:

$$e^x = x^3 + 3 \Rightarrow x = L_n(x^3+3)$$

es decir,

$$g(x) = L_n(x^3+3) \qquad \text{y} \qquad g'(x) = \frac{3x^2}{x^3+3}$$

$g'(-1{,}4) \approx 22{,}97 > 1$, luego no se garantiza la convergencia.

$g'(4{,}6) \approx 0{,}6327$, y como $0 < g'(4{,}6) < 1$, se produciría convergencia en un mismo sentido.

Así, $g(x) = L_n(x^3+3)$ interesa como función de iteración para encontrar una raíz próxima a $x_0 = 4{,}6$.

Despejando la x del término x^3, resulta:

$$x^3 = e^x - 3 \Rightarrow x = \sqrt[3]{e^x - 3}$$

es decir,

$$h(x) = \sqrt[3]{e^x - 3} \quad \text{y} \quad h'(x) = \frac{e^x}{3\sqrt[3]{(e^x - 3)^2}}$$

$h'(-1{,}4) \approx 0{,}04$, y así $0 < h'(-1{,}4) < 1$, que producirá convergencia en un sentido.

Luego $h(x)$ servirá como función de iteración para encontrar una raíz próxima a $x_0 = -1{,}4$.

Realicemos, por último, dos iteraciones para cada una de ellas, con cuatro decimales redondeados.

Para $x_0 = -1{,}4$.

$$x_1 = h(-1{,}4) = -1{,}4016$$
$$x_2 = h(-1{,}4016) = -1{,}4017$$

Para $x_0 = 4{,}6$

$$x_1 = g(4{,}6) = 4{,}6085$$
$$x_2 = g(4{,}6085) = 4{,}6139$$

3.27. Utilizar el método iterativo del *punto fijo* para hallar una aproximación con tres decimales de

$$\sqrt[3]{25}$$

Solución

Sea $F(x) = x^3 - 25$.

De la ecuación $x^3 - 25 = 0$ se obtiene que

$$x^3 = 25 \Rightarrow x^2 = \frac{25}{x} \Rightarrow x = \frac{5}{\sqrt{x}}$$

Así,

$$g(x)=\frac{5}{\sqrt{x}} \quad \text{y} \quad g'(x)=-\frac{5}{2\cdot x^{3/2}}$$

Y como

$$-1<g'(2)=-0{,}88\ldots<0$$

Comenzando con la aproximación inicial $x_0=2$, se generará un proceso iterativo convergente de forma oscilante.

Por tanto,

$$x_0=2$$

$$x_1=g(2)=\frac{5}{\sqrt{2}}=3{,}536$$

$$x_2=g(3{,}536)=\frac{5}{\sqrt{3{,}536}}=2{,}659$$

$$x_3=g(2{,}659)=\frac{5}{\sqrt{2{,}659}}=3{,}066$$

$$x_4=2{,}856$$
$$x_5=2{,}959$$
$$x_6=2{,}907$$
$$x_7=2{,}933$$
$$x_8=2{,}920$$
$$x_9=2{,}926$$
$$x_{10}=2{,}923$$
$$x_{11}=2{,}925$$
$$x_{12}=2{,}924$$
$$x_{13}=2{,}924$$
$$\bar{x}=x_{13}=2{,}924$$

es la aproximación de la raíz cúbica de 25 con tres decimales.

3.28. Sea la ecuación $x^2+x-1=0$. ¿Cuántas iteraciones son necesarias, mediante el método del *punto fijo*, para obtener una aproximación con cuatro decimales?

Comiéncese con la aproximación inicial $x_0 = 1$ y con la función de iteración

$$g(x) = \frac{1}{x+1}$$

Solución

Compruébese que $-1 < g'(1) < 0$, es decir, que $g(x)$ genera un proceso convergente de forma oscilante.

Por tanto, la fórmula de iteración resulta

$$x_{n+1} = \frac{1}{1+x_n}$$

Y las iteraciones trabajando con cuatro decimales redoneados las siguientes:

$$x_0 = 1$$

$$x_1 = \frac{1}{1+1} = 0{,}5$$

$$x_2 = \frac{1}{1+0{,}5} = 0{,}667$$

$$x_3 = \frac{1}{1{,}667} = 0{,}6000$$

$$x_4 = 0{,}6250$$

$$x_5 = 0{,}6154$$

$$x_6 = 0{,}6190$$

$$x_7 = 0{,}6177$$

$$x_8 = 0{,}6182$$

$$x_9 = 0{,}6180$$

$$x_{10} = 0{,}6180$$

Luego han sido necesarias 10 iteraciones hasta obtener dos iteraciones consecutivas con cuatro decimales iguales.

3.29. Calcular cada una de las raíces reales de la ecuación

$$x^3 - 13x + 13 = 0$$

mediante el método iterativo del *punto fijo* y realizando los cálculos con dos decimales redondeados.

Solución

En primer lugar, acotemos las raíces de la ecuación utilizando, por ejemplo, el método de *Laguerre*.

Así,

	1	0	−13	13
4		4	16	12
	1	4	3	25

Luego $M=4$ es cota superior de las raíces.

Haciendo $x=-y$ resulta

	1	0	−13	−13
5		5	25	60
	1	5	12	47

Luego $M'=-5$ es cota inferior de las raíces.

Por tanto, toda raíz real de la ecuación se encontrará en el intervalo $(-5, 4)$.

Como $f(x)=x^3-13x+13$ es continua en $[-5, 4]$, busquemos los subintervalos enteros dentro de los cuales se encuentran las distintas raíces. Para ello, veamos los distintos cambios de signo de la función.

$$f(-5)=-47<0 \quad , \quad f(-4)=1>0 \quad , \quad f(-3)=25>0$$
$$f(-2)=31>0 \quad , \quad f(-1)=25>0 \quad , \quad f(0)=13>0$$
$$f(1)=1>0 \quad , \quad f(2)=-5<0 \quad , \quad f(3)=1>0$$
$$f(4)=25>0$$

Luego las tres raíces se encuentran en los intervalos $(-5, 4)$, $(1, 2)$ *y* $(2, 3)$.

Si

$$x^3-13x+13=0$$

se deducen las tres siguientes funciones interativas:

$$g_1(x) = \sqrt[3]{13x - 13}$$

$$g_2(x) = \frac{13}{x^3} + 1$$

$$g_3(x) = \sqrt{13 - \frac{13}{x}}$$

cuyas derivadas son:

$$g'_1(x) = \frac{13}{2 \cdot \sqrt[3]{(13x-13)^2}}$$

$$g'_2(x) = \frac{3x^2}{13}$$

$$g'_3(x) = \frac{\frac{13}{x^2}}{2 \cdot \sqrt{13 - \frac{13}{x}}}$$

Comencemos el cálculo de la raíz negativa con la aproximación inicial $x_0 = -5$.

Como

$$0 < g'_1(-5) = 0{,}35 < 1$$

entonces se generan las iteraciones

$$x_1 = \sqrt[3]{13 \cdot (-5) - 13} = -4{,}27$$

$$x_2 = \sqrt[3]{13 \cdot (-4{,}27) - 13} = -4{,}09$$

$$x_3 = \sqrt[3]{13 \cdot (-4{,}09) - 13} = -4{,}04$$

$$x_4 = \sqrt[3]{13 \cdot (-4{,}04) - 13} = -4{,}03$$

$$x_5 = \sqrt[3]{13 \cdot (-4{,}03) - 13} = -4{,}03$$

Luego la raíz negativa de la ecuación es

$$\bar{x}_1 = -4{,}03$$

La función de iteración $g_1(x)$ no produce convergencia en el intervalo (1, 2) (*compruébese*). Entonces utilizaremos $g_2(x)$, que comenzando con la aproximación inicial $x_0=1$ verifica

$$0<g_2'(1)=\frac{3}{13}<1$$

entonces las iteraciones resultan

$$x_1=\frac{1}{13}+1=1{,}08$$

$$x_2=\frac{(1{,}08)^3}{13}+1=1{,}10$$

$$x_3=\frac{(1{,}10)^3}{13}+1=1{,}10$$

y la menor raíz positiva de la ecuación es

$$\bar{x}_2=1{,}10$$

Como las dos funciones utilizadas anteriormente no garantizan un proceso iterativo convergente para encontrar la mayor raíz positiva (*compruébese*), utilizaremos $g_3(x)$ con la aproximación inicial $x_0=2$, verificando

$$0<g_3'(2)=0{,}6<1$$

generando las siguientes iteraciones:

$$x_1=\sqrt{13-\frac{13}{2}}=2{,}55$$

$$x_2=\sqrt{13-\frac{13}{2{,}55}}=2{,}81$$

$$x_3=\sqrt{13-\frac{13}{2{,}81}}=2{,}89$$

$$x_4=\sqrt{13-\frac{13}{2{,}89}}=2{,}92$$

$$x_5=\sqrt{13-\frac{13}{2{,}92}}=2{,}92$$

Y la otra raíz positiva es

$$\bar{x}_3 = 2{,}92$$

3.30. Aplicando el método de *Newton-Raphson*, encontrar una raíz próxima a $x_0 = 0$ para la ecuación

$$f(x) \equiv 3x + \operatorname{sen} x - e^x = 0$$

Redondear los cálculos a cinco cifras significativas e iterar hasta que se cumpla que $|x_i - x_{i-1}| \leqslant 0{,}001$.

Solución

Como

$$f(x) = 3x + \operatorname{sen} x - e^x$$

y

$$f'(x) = 3 + \cos x - e^x$$

La fórmula de iteración resulta:

$$x_{n+1} = x_n - \frac{f(x_n)}{f'(x_n)} = x_n - \frac{3x_n + \operatorname{sen} x_n - e^{x_n}}{3 + \cos x_n - e^{x_n}}$$

Comencemos el proceso iterativo.

$$x_0 = 0$$

$$x_1 = 0 - \frac{3 \cdot 0 + \operatorname{sen} 0 - e^0}{3 + \cos 0 - e^0} = \frac{1}{3} = 0{,}33333$$

$$x_2 = 0{,}33333 - \frac{0{,}99999 + \operatorname{sen}(0{,}33333) - e^{0{,}33333}}{3 + \cos(0{,}33333) - e^{0{,}33333}} = 0{,}36017$$

$$|x_2 - x_1| = 0{,}02684 > 0{,}001$$

$$x_3 = 0{,}36017 - \frac{1{,}0805 + \operatorname{sen}(0{,}36017) - e^{0{,}36017}}{3 + \cos(0{,}36017) - e^{0{,}36017}} = 0{,}36043$$

$$|x_3 - x_2| = 0{,}00026 < 0{,}001$$

Luego la raíz aproximada es

$$\bar{x}=x_3=0{,}36043$$

3.31. Hallar la raíz cuadrada de 10 usando tres iteraciones mediante el método de *Newton-Raphson* y comenzando con el valor inicial $x_0=3$. Utilícense dos decimales redondeados en los cálculos.

Solución

Una ecuación que nos permite encontrar la raíz cuadrada de diez es

$$x^2-10=0$$

Así,

$$f(x)=x^2-10 \quad \text{y} \quad f'(x)=2x$$

La fórmula de iteración utilizada será:

$$x_{n+1}=x_n-\frac{f(x_n)}{f'(x_n)}=x_n-\frac{x_n^2-10}{2x_n}$$

Y comenzando el proceso iterativo.

$$x_0=3$$

$$x_1=3-\frac{3^2-10}{2\cdot 3}=3{,}17$$

$$x_2=3{,}17-\frac{3{,}17^2-10}{2\cdot 3{,}17}=3{,}16$$

$$x_3=3{,}16-\frac{3{,}16^2-10}{2\cdot 3{,}16}=3{,}16$$

Por tanto,

$$\sqrt{10}\simeq 3{,}16$$

3.32. La función

$$f(x)=\frac{4x-7}{x-2}$$

tiene una raíz en $x=1{,}75$. Utilícese el método de *Newton-Raphson* con las siguientes aproximaciones iniciales, estudiando en cada caso, previamente, si se produce un proceso convergente o no a la raíz.

a) $x_0=1{,}6$
b) $x_0=1{,}5$
c) $x_0=3$

Solución

Una condición suficiente de convergencia del método iterativo de *Newton-Raphson* es que se verifique

$$\left|\frac{f(x)\cdot f''(x)}{[f'(x)]^2}\right|<1$$

Como

$$f'(x)=-\frac{1}{(x-2)^2} \quad \text{y} \quad f''(x)=\frac{2}{(x-2)^3}$$

entonces la condición anterior se puede expresar por

$$|8x-14|<1$$

La fórmula iterativa de Newton resulta

$$x_{n+1}=x_n-\frac{f(x_n)}{f'(x_n)}=x_n-\frac{\dfrac{4x_n-7}{x_n-2}}{\dfrac{1}{(x_n-2)^2}}=4x_n^2-14x_n+14$$

a) Si $x_0=1{,}6$, entonces $|-1{,}2|>1$. Con lo cual no se garantiza que el proceso iterativo sea convergente. Sin embargo,

$$x_0=1{,}6 \quad ; \quad x_1=1{,}84 \quad ; \quad x_2=1{,}78\cdot \quad ; \quad x_3=1{,}75$$

da un proceso convergente a la solución.

b) Si $x_0=1,5$, entonces $|-2|>1$. Por tanto, no se garantiza que el proceso iterativo sea convergente. Realizando éste resulta

$$x_0=1,5 \quad ; \quad x_1=2 \quad ; \quad x_2=2$$

que no se puede continuar.

c) Si $x_0=3$, entonces $|10|>1$. Luego no se garantiza un proceso iterativo convergente. Realizando éste resulta

$$x_0=3 \quad ; \quad x_1=8 \quad ; \quad x_2=152 \quad \ldots$$

que obviamente es divergente.

3.33. Mediante el método de *Newton modificado*, encontrar una raíz próxima a $x_0=0$ de la ecuación

$$x-2^{-x}=0$$

Utilizando tres decimales redondeados en cada iteración hasta que se cumpla que $|x_1-x_{i-1}|\leqslant 10^{-3}$.

Solución

$$f(x)=x-2^{-x}$$

$$f'(x)=1+2^{-x}\cdot L_n 2$$

$$f'(0)=1+2^0\cdot L_n 2=1,693$$

La expresión del método de *Newton modificado* es:

$$x_{n+1}=x_n-\frac{f(x_n)}{f'(x_0)}$$

Particularizando,

$$x_{n+1}=x_n-\frac{x_n-2^{-x_n}}{1,693}$$

Realicemos el proceso iterativo hasta que se cumpla la condición $|x_i - x_{i-1}| \leqslant 10^{-3}$.

$$x_0 = 0$$

$$x_1 = 0 - \frac{0 - 2^0}{1,693} = 0,591$$

$$x_2 = 0,591 - \frac{0,591 - 2^{-0,591}}{1,693} = 0,634 \quad ; \quad |x_2 - x_1| = 0,043 > 10^{-3}$$

$$x_3 = 0,634 - \frac{0,634 - 2^{-0,634}}{1,693} = 0,640 \quad ; \quad |x_3 - x_2| = 0,006 > 10^{-3}$$

$$x_4 = 0,640 - \frac{0,640 - 2^{-0,640}}{1,693} = 0,641 \quad ; \quad |x_4 - x_3| = 0,001 \leqslant 10^{-3}$$

Luego,

$$\bar{x} = x_4 = 0,641$$

3.34. La concentración c de una bacteria contaminante en un lago decrece según la expresión:

$$c(t) = 80e^{-2t} + 20e^{-0,5t}$$

siendo t el tiempo en horas. Determinar el tiempo que se necesita para que el número de bacterias se reduzca a 7. (Utilícese el método de *Newton*.)

Solución

Como

$$c(t) = 80e^{-2t} + 20e^{-0,5t}$$

entonces

$$c'(t) = -160e^{-2t} - 10e^{-0,5t}$$

Así, la fórmula de iteración resulta

$$t_{n+1} = t_n + \frac{80e^{-2t_n} + 20e^{-0,5t_n}}{160e^{-2t_n} + 10e^{-0,5t_n}}$$

Y realizando el proceso iterativo,

$$t_0=0 \quad ; \quad c(t_0)=80+20=100 \text{ bacterias había inicialmente}$$

$$t_1=0+\frac{80+20}{160+10}=0{,}59 \quad ; \quad c(t_1)=24{,}58+14{,}89=39{,}47\simeq 39 \text{ bacterias}$$

$$t_2=0{,}59+\frac{39{,}47}{49{,}16+7{,}45}=1{,}29 \quad ; \quad c(t_2)=6{,}06+10{,}49=16{,}55\simeq 17 \text{ bacterias}$$

$$t_3=1{,}29+\frac{16{,}55}{12{,}12+5{,}25}=2{,}24 \quad ; \quad c(t_3)=0{,}91+6{,}53=7{,}44\simeq 7 \text{ bacterias}$$

Por tanto, ha sido necesario que transcurran 2,24 horas para que la concentración de bacterias se reduzca a 7.

3.35. Una determinada sustancia se desintegra según la ecuación $A=P\cdot e^{-0{,}0248t}$, donde P es la cantidad inicial en el tiempo $t=0$ y A la cantidad resultante después de t años. Si inicialmente se depositan 500 miligramos de dicha sustancia, ¿cuánto tiempo habrá de transcurrir para que quede el uno por ciento de ésta? (Utilícese el método de *Newton*.)

Solución

Sustituyendo en la ecuación inicial los datos del ejercicio, resulta

$$0{,}01\cdot 500=500\cdot e^{-0{,}0248t} \Rightarrow F(t)=e^{-0{,}0248t}-0{,}01$$

y

$$F'(t)=-0{,}0248\cdot e^{-0{,}0248t}$$

Por tanto, la fórmula de iteración será:

$$t_{n+1}=t_n+\frac{e^{-0{,}0248t}-0{,}01}{0{,}0248\cdot e^{-0{,}0248t}}$$

Comencemos, pues, el proceso iterativo hasta obtener el uno por ciento de 500 mg, es decir, 5 mg.

$$t_0=0 \quad ; \quad A(0)=500 \text{ mg}$$

$$t_1=0+\frac{1-0{,}01}{0{,}0248}=39{,}92 \text{ años} \quad ; \quad A(1)\simeq 185 \text{ mg}$$

$$t_2=39{,}92+39{,}30=79{,}22 \text{ años} \quad ; \quad A(2)\simeq 70 \text{ mg}$$

$$t_3=79{,}22+37{,}2=116{,}42 \text{ años} \quad ; \quad A(3)=28 \text{ mg}$$

$$t_4=116{,}42+32{,}64=149{,}06 \text{ años} \quad ; \quad A(4)\simeq 12 \text{ mg}$$

$$t_5=149{,}06+24{,}67=173{,}73 \text{ años} \quad ; \quad A(5)=6 \text{ mg}$$

$$t_6=173{,}73+11{,}67=185{,}40\simeq 185 \text{ años} \quad ; \quad A(6)\simeq 5 \text{ mg}$$

En consecuencia, habrán de transcurrir aproximadamente 185 años para que quede una cantidad de 5 mg.

3.36. Aplicar el método de la *secante* para encontrar una raíz de la ecuación $\cos x-x=0$ en el intervalo $[0{,}5;\ \pi/4]$. Trabajando con tres decimales redondeados e iterar hasta que se verifique que $|x_i-x_{i-1}|\leqslant 0{,}005$.

Solución

Sean

$$f(x)=\cos x-x \quad \text{y} \quad x_0=0{,}5 \quad , \quad x_1=\frac{\pi}{4}=0{,}785$$

Entonces $f(0{,}5)=0{,}378$ y $f(0{,}785)=-0{,}078$.

La fórmula iterativa del método de la secante es:

$$x_{n+1}=x_n-f(x_n)\cdot\frac{x_{n-1}-x_n}{f(x_{n-1})-f(x_n)}$$

Por tanto,

$$x_2=x_1-f(x_1)\cdot\frac{x_0-x_1}{f(x_0)-f(x_1)}=0{,}785+0{,}078\cdot\frac{0{,}5-0{,}785}{0{,}376+0{,}078}=0{,}736$$

Como $f(0{,}736)=0{,}005$, entonces

$$x_3=x_2-f(x_2)\cdot\frac{x_1-x_2}{f(x_1)-f(x_2)}=0{,}736-0{,}005\cdot\frac{0{,}785-0{,}736}{-0{,}078-0{,}005}=0{,}739$$

$$|x_3-x_2|=|0{,}739-0{,}736|=0{,}003<0{,}005$$

Así, la aproximación de la raíz en dicho intervalo es

$$\bar{x}=x_3=0{,}739$$

3.37. Hallar una raíz aproximada en el intervalo [1,2] de la ecuación $x^3 - x - 1 = 0$, utilizando en los cálculos cuatro decimales redondeados e iterar hasta que $|x_i - x_{i-1}| \leqslant 0{,}1 \cdot 10^{-2}$. Primero, por el método de *Newton* y luego por el método de la *secante*.

Solución

a) Por el método de *Newton*.

$$f(x)=x^3-x-1 \quad \text{y} \quad f'(x)=3x^2-1$$

La fórmula de iteración de *Newton* particularizada para esta función es:

$$x_{n+1}=x_n-\frac{x_n^3-x_n-1}{3x_n^2-1}$$

Comenzando con $x_0=1$, se tiene

$$x_1=1-\frac{1-1-1}{3-1}=1{,}5$$

$$x_2=1{,}5-\frac{1{,}5^3-1{,}5-1}{3\cdot 1{,}5^2-1}=1{,}3478 \quad ; \quad |x_2-x_1|=0{,}1522>0{,}1\cdot 10^{-2}$$

$$x_3=1{,}3478-\frac{(1{,}3478)^3-1{,}3478-1}{3\cdot(1{,}3478)^2-1}=1{,}3252 \quad ; \quad |x_4-x_3|=0{,}0226$$

$$x_4=1{,}3252-\frac{(1{,}3252)^3-1{,}3252-1}{3\cdot(1{,}3252)^2-1}=1{,}3247 \quad ; \quad |x_4-x_3|=0{,}0005$$

Entonces la solución aproximada es

$$\bar{x}=x_4=1{,}3247$$

b) Por el método de la *secante*.

La fórmula de iteración será:

$$x_{n+1}=x_n-f(x_n)\cdot\frac{x_{n-1}-x_n}{f(x_{n-1})-f(x_n)}$$

donde $f(x)$ es la misma función del apartado anterior.

Tomando como valores iniciales los extremos del intervalo, es decir, $x_0=1$ y $x_1=2$. Entonces $f(1)=-1$ y $f(2)=5$. Así,

$$x_2=2-5\cdot\frac{1-2}{-1-5}=1{,}1667 \quad ; \quad f(1{,}667)=-0{,}5786$$

$$x_3=1{,}1667+0{,}5786\cdot\frac{2-1{,}1667}{5+0{,}5786}=1{,}2531 \quad ; \quad f(1{,}2531)=-0{,}2854$$

$$x_4=1{,}2531+0{,}2854\cdot\frac{1{,}667-1{,}2531}{-0{,}5786+0{,}2854}=1{,}3372 \quad ; \quad f(1{,}3372)=0{,}0539$$

$$x_5=1{,}3372-0{,}0539\cdot\frac{1{,}2531-1{,}3372}{-0{,}2854-0{,}0539}=1{,}3238 \quad ; \quad f(1{,}3238)=-0{,}0039$$

$$|x_5-x_4|=0{,}0134>0{,}001$$

$$x_6=1{,}3238+0{,}0039\cdot\frac{1{,}3372-1{,}3238}{0{,}0539+0{,}0039}=1{,}3247$$

$$|x_6-x_5|=0{,}0004<0{,}001$$

Luego la aproximación por este método es

$$\bar{x}=x_6=1{,}3247$$

Como puede observarse, el método de la secante es más lento en su convergencia que el método de Newton. Tiene, sin embargo, la ventaja de no utilizar derivadas, que en algunas funciones pueden ser complejas en su cálculo y aplicación.

3.38. Demostrar que para encontrar la raíz r-ésima de un número a, la fórmula iterativa de *Newton* se puede expresar como

$$x_{n+1} = \frac{1}{r}\left[(r-1)\cdot x_n + \frac{a}{x_n^{r-1}}\right]$$

Solución

Una función que permite calcular la raíz r-ésima de un número a es

$$f(x) = x^r - a$$

y su derivada

$$f'(x) = r \cdot x^{r-1}$$

Sustituyendo $f(x)$ y $f'(x)$ en la fórmula de *Newton*, y efectuando operaciones, resulta

$$x_{n+1} = x_n - \frac{f(x)}{f'(x)} = x_n - \frac{x_n^r - a}{r \cdot x_n^{r-1}} = r \cdot x_n^r - x_n^{r-1} = \frac{1}{r}\cdot\left[(r-1)x_n + \frac{a}{x_n^{r-1}}\right]$$

3.39. Se considera la función $F(x) = x^5 + 2x$. Mediante el método de *Newton*, hallar el menor número positivo x (con tres decimales) para el cual $F(x) = 4$.

Solución

Igualando las dos funciones del enunciado

$$x^5 + 2x = 4$$

Consideremos la nueva función

$$G(x) = x^5 + 2x - 4$$

Su derivada es

$$G'(x) = 5x^4 + 2$$

La fórmula de iteración de Newton para $G(x)$ resulta

$$x_{n+1}=x_n-\frac{x_n^5+2x_n-4}{5x_n^4+2}=\frac{4x_n^5+4}{5x_n^4+2}$$

Comenzando el proceso iterativo con $x_0=0$,

$$x_1=\frac{4}{2}=2$$

$$x_2=1{,}610$$
$$x_3=1{,}328$$
$$x_4=1{,}169$$
$$x_5=1{,}123$$
$$x_6=1{,}120$$
$$x_7=1{,}120$$

Por tanto, el primer número positivo que verifica $F(x)=4$ es

$$\bar{x}=x_7=1{,}120$$

Nótese que se detiene el proceso iterativo cuando en dos iteraciones consecutivas aparecen tres decimales idénticos.

3.40. Encontrar una raíz de la ecuación

$$\operatorname{sen} x-\frac{x}{2}=0$$

próxima a $x=2$, aplicando el método de *Muller*. Redondear los cálculos a cinco decimales e iterar hasta que $|x_i-x_{i-1}|<0{,}0003$.

Solución

Escojamos dos aproximaciones a $x_0=2$, una mayor $x_1=2{,}2$ y otra menor $x_2=1{,}8$, ambas equidistantes de $x=2$.

$$f(2)=-0{,}9070 \quad , \quad f(2{,}2)=-0{,}29150 \quad \text{y} \quad f(1{,}8)=0{,}07385$$

Calculemos la ecuación de la parábola que pase por los puntos (2; $-0{,}09070$), (2,2; 0,29150) y (1,8; 0,07385).

Utilizando las ecuaciones

$$\begin{aligned} f(x_0) &= ax_0^2 + bx_0 + c \\ f(x_1) &= a(x_1 - x_0)^2 + b(x_1 - x_0) + c \\ f(x_2) &= a(x_2 - x_0)^2 + b(x_2 - x_0) + c \end{aligned}$$

Sustituyendo, resulta el sistema

$$\begin{aligned} -0{,}9070 &= 4a + 2b + c \\ -0{,}29150 &= 0{,}04a + 0{,}2b + c \\ 0{,}07385 &= 0{,}04a - 0{,}2b + c \end{aligned}$$

Que tiene por soluciones: $a = -0{,}45312$, $b = -0{,}91338$ y $c = -0{,}9070$.

Utilizando la expresión

$$x_3 = x_0 - \frac{2c}{b \pm \sqrt{b^2 - 4ac}}$$

y sustituyendo los valores obtenidos

$$x_3 = 2 - \frac{2 \cdot (-0{,}09070)}{-0{,}91338 - \sqrt{(-0{,}91338)^2 - 4(-0{,}45312)\,(-0{,}0907)}} = 1{,}89526$$

Como $x_3 = 1{,}89526$, elegimos $x_0 = 1{,}89526$, $x_1 = 2$ y $x_2 = 1{,}8$.

De nuevo, hallando la ecuación de la parábola que une los tres puntos, resultan $a = -0{,}47280$, $b = 0{,}81826$ y $c = 0{,}00019$.

Así, la iteración siguiente es $x_4 = 1{,}89549$, y como $|x_4 - x_3| = 0{,}00023 < 0{,}0003$.

Luego

$$\bar{x} = x_4 = 1{,}89549$$

3.41. Mediante el método de interpolación (*regula falsi*) encontrar una solución aproximada de la ecuación

$$x^3 + x^2 - 3x - 3 = 0$$

en el intervalo [1,2], realizando los cálculos con cinco decimales redondeados e iterando hasta que se verifique que $|f(x_i)| < 0{,}01$.

Solución

Sea

$$f(x)=x^3+x^2-3x-3$$

entonces

$$f(1)=-4<0 \quad \text{y} \quad f(2)=3>0$$

Comencemos, pues, el proceso iterativo.

$$x_2=x_1-f(x_1)\cdot\frac{x_1-x_0}{f(x_1)-f(x_0)}=2-3\cdot\frac{2-1}{3+4}=1{,}57143$$

Como

$$f(1{,}57143)=-1{,}36442$$

se cambia x_0 por x_2. Así,

$$x_3=x_1-f(x_1)\cdot\frac{x_1-x_2}{f(x_1)-f(x_2)}=2-3\cdot\frac{2-1{,}57143}{3+1{,}36442}=1{,}70541$$

Como

$$f(1{,}70541)=-0{,}24775$$

se cambia x_2 por x_3. Así,

$$x_4=x_1-f(x_1)\cdot\frac{x_1-x_3}{f(x_1)-f(x_3)}=2-3\cdot\frac{2-1{,}70541}{3+0{,}24775}=1{,}72788$$

Al ser

$$f(1{,}72788)=-0{,}03937$$

se cambia x_3 por x_4. Así,

$$x_5=x_1-f(x_1)\cdot\frac{x_1-x_4}{f(x_1)-f(x_4)}=2-3\cdot\frac{2-1{,}72788}{3+0{,}03937}=1{,}73140$$

Al resultar que

$$|f(1{,}73140)|=|-0{,}00616|<0{,}01$$

se tiene que la aproximación buscada, que cumple la condición del enunciado, es

$$\bar{x}=x_5=1{,}73140$$

3.42. Probar que la función $g(x)=2^{-x}$ tiene un punto fijo en el intervalo [1/3, 1]. Utilizar la iteración del *punto fijo* para encontrar una aproximación con cuatro decimales redondeados de dicho punto fijo y hallar una cota del error cometido en dicha aproximación.

Solución

La función $g(x)=2^{-x}$ es una función continua en todos los números reales, en particular en el intervalo [1/3, 1]. Además, su derivada $g'(x)=-2^{-x}\cdot L_n 2$ es tal que

$$|g'(x)|=\left|\frac{L_n 2}{2^x}\right|\leqslant\frac{L_n 2}{2^{1/3}}=0{,}5502<1$$
$$\forall x\in[1/3,\ 1]$$

Por tanto, tendrá un único punto fijo en dicho intervalo.

Comenzaremos el proceso iterativo con la aproximación inicial del extremo superior del intervalo, es decir, con $x_0=1$.

Obteniéndose las siguientes iteraciones:

$$x_0=1 \quad , \quad x_1=0{,}5 \quad , \quad x_2=0{,}7071 \quad , \quad x_3=0{,}6126 \quad , \quad x_4=0{,}6540$$
$$x_5=0{,}6355 \quad , \quad x_6=0{,}6437 \quad , \quad x_7=0{,}6401 \quad , \quad x_8=0{,}6417 \quad , \quad x_9=0{,}6410$$
$$x_{10}=0{,}6413 \quad , \quad x_{11}=0{,}6411 \quad , \quad x_{12}=0{,}6412 \quad , \quad x_{13}=0{,}6412$$

Luego la aproximación buscada es:

$$\bar{x}=x_{13}=0{,}6412$$

Para hallar una cota del error cometido en dicha aproximación, utilizaremos la expresión

$$|x_{13}-x|\leqslant k^{13}\cdot|x_0-x|$$

es decir,

$$|x_{13}-x|\leqslant(0{,}5502)^{13}\cdot\frac{2}{3}\simeq 0{,}28\cdot 10^{-3}$$

EJERCICIOS PROPUESTOS

P.3.1. Hallar las raíces enteras de las siguientes ecuaciones:

a) $2x^4+5x^3-23x^2-38x+24=0$
b) $x^4+3x^2+8=0$
c) $15x^4+7x^3-2x^2=0$
d) $x^3-x^2-17x-15=0$

P.3.2. Encontrar las raíces enteras y fraccionarias de las ecuaciones:

a) $2x^5-7x^4-3x^3+17x^2+5x-6=0$
b) $45x^3+36x^2+x-2=0$

P.3.3. Aplicar *Laguerre* para acotar las raíces positivas y negativas de la ecuación

$$4x^5-20x^4+37x^3-38x^2+33x-18=0$$

P.3.4. ¿Es posible aplicar la cota de *Cardano-Vieta* a la ecuación

$$x^4+5x^2+4=0?$$

Razónese calculando las raíces de dicha ecuación.

P.3.5. Mediante la regla de los signos de *Descartes*, indicar el número de posibles raíces reales positivas y negativas de los siguientes polinomios:

$$P(x)=2x^2+x-4$$
$$Q(x)=2x^3-4x^2+x-3$$
$$T(x)=-3x^2-2x-1$$
$$M(x)=x^3+7x^2-x+2$$

P.3.6. Demostrar que la gráfica de la función

$$f(x)=x^4+3x^2+7$$

no corta al eje de abscisas. (Sugerencia: pruébese que no tiene raíces reales.)

P.3.7. Dada la ecuación

$$2x^3-x^2-8x+4=0$$

Se pide:

a) Acotar las raíces positivas y negativas mediante *Laguerre-Thibault*.
b) Aplicar la regla de *Descartes* para decidir sobre el número de posibles raíces.
c) Aplicar el teorema de *Budan-Fourier* en los intervalos obtenidos en el apartado a).

P.3.8. Separar por el método de *Sturm* las raíces de la ecuación

$$2x^3-5x^2+2x-5=0$$

Utilizando previamente cualquier método para determinar los intervalos de estudio.

P.3.9. Aplicar el método de la *bisección* para alcanzar una raíz de la ecuación $x^5-x+3=0$ en un intervalo de amplitud menor que 0,0001.

P.3.10. Determinar la raíz real de la ecuación $L_n x=0{,}5$.

a) Gráficamente.
b) Utilizando el método de la *bisección* en el intervalo (1,2) y tres iteraciones.
c) Usando el método de *Regula falsi* con tres iteraciones en el intervalo (1,2).

P.3.11. Localizar la raíz de la ecuación $\operatorname{tg} x = 1{,}1x$, sobre el intervalo (0,1; 0,6), mediante *bisección*, hasta encontrar un intervalo de amplitud menor que 0,005.

P.3.12. Encuéntrese la raíz positiva más pequeña de la ecuación

$$x^2 \cdot |\operatorname{sen} x| = 4$$

Utilícese el método de *Regula falsi* en el intervalo (0,4) hasta obtener un intervalo de amplitud inferior a una milésima.

P.3.13. Dada la función $f(x) = 0{,}5x - \operatorname{sen} x$. Calcular tres iteraciones por el método de *Newton*, comenzando con $x_0 = 2$, para calcular una raíz. Repetir los cálculos, pero con un valor inicial de $x_0 = 1$. Analizar los resultados.

P.3.14. La siguiente ecuación tiene una raíz próxima a $x_0 = 1{,}29$.

$$e^{-x} - \cos x = 0$$

Analizar cuál de las siguientes funciones sería preferible utilizar como función de iteración a fin de localizar la raíz por el método iterativo del *punto fijo*.

a) $g_1(x) = \cos^{-1}(e^{-x})$
b) $g_2(x) = -L_n(\cos x)$
c) $g_3(x) = x - 0{,}01(e^{-x} - \cos x)$

P.3.15. Aplicar el método iterativo del *punto fijo* para encontrar una raíz cerca de $x_0 = 1$ de la ecuación

$$\frac{3}{x^2} - 4 = 0$$

Trabajar con tres decimales redondeados e iterar hasta que $|x_i - x_{i-1}| \leqslant 0{,}1 \cdot 10^{-2}$

P.3.16. Utilizar el método de Newton a fin de determinar una raíz próxima a $x_0=1$. Realizar los cálculos con tres decimales redondeados e iterar hasta que se verifique $|x_i - x_{i-1}| \leqslant 0{,}0001$.

P.3.17. Demostrar que si $f(x_0) = -f(x_1)$ y $f'(x_0) = f'(x_1)$, entonces al aplicar el método de *Newton* se obtiene $x_2 = x_0$.

P.3.18. Utilizar el método de *Newton* para encontrar una aproximación con cuatro decimales del número $1+\sqrt{5}$.

P.3.19. Aplicar el método de *Newton modificado* para encontrar la raíz positiva menor (con cuatro decimales) de la ecuación

$$2x = \operatorname{tg} x$$

P.3.20. Determinar, dibujando su gráfica, el número de raíces reales de la ecuación

$$x^3 - x + 1 = 0$$

P.3.21. Analizar si al aplicar el método de *Newton* a la ecuación

$$x^3 - 2x^2 + x - 7 = 0$$

para hallar la raíz real próxima a $x_0 = 1$ converge.

P.3.22. Mediante el método del *punto fijo*, encontrar la menor raíz positiva de la ecuación

$$\left(\frac{\operatorname{sen} x}{x}\right)^2 = \frac{1}{2}$$

Trabajando con cuatro decimales redondeados e iterando hasta que $|x_i - x_{i-1}| \leqslant 0{,}05$.

P.3.23. Mediante el método de *Newton*, encontrar con cuatro decimales redondeados el punto de la curva $y = x^2$ más próximo al punto $P(1{,}0)$.

P.3.24. Encontrar el punto de intersección de las funciones

$$y = x^3 - x + 1 \quad \text{e} \quad y = 2x^2$$

Mediante un gráfico, localizar un intervalo dentro del cual se encuentre la solución, y utilizar el método de la *secante* con cinco decimales redondeados hasta que se cumpla $|x_i - x_{i-1}| \leqslant 0{,}0005$.

P.3.25. Aplicar el método de *Regula falsi* para obtener la raíz de la ecuación

$$x^3 - 0{,}2x^2 - 0{,}2x - 1{,}2 = 0$$

en el intervalo [1,2], realizando los cálculos con tres decimales redondeados y hasta que $|x_i - x_{i-1}| \leqslant 0{,}01$.

P.3.26. Encontrar una aproximación con tres decimales mediante el método de la *bisección* a

$$\sqrt[3]{25}$$

P.3.27. Realizar tres iteraciones mediante el método de Muller, comenzando con las aproximaciones iniciales $x_0 = 1$, $x_1 = 1{,}5$ y $x_2 = 0{,}5$, para encontrar una raíz real de la ecuación

$$16x^4 - 40x^3 + 5x^2 + 20x + 6 = 0$$

P.3.28. Usando el método del *semi-intervalo*, encontrar la menor raíz positiva de la ecuación

$$x^3 - x^2 - 2x + 1 = 0$$

Dibuje la función para comenzar en un intervalo inicial y trabaje con dos decimales redondeados hasta obtener un intervalo de amplitud menor que 0,0005.

P.3.29. Aplicar el método de *Regula falsi* a la ecuación

$$f(x) \equiv x^3 + x^2 - 3x - 3 = 0$$

en el intervalo (1,2) y hasta que $|f(x_n)| < 0{,}007$

4
SISTEMAS DE ECUACIONES

SISTEMAS DE ECUACIONES EN GENERAL. NOTACIONES Y PROPIEDADES

Un sistema de n ecuaciones y n incógnitas se representa por

$$\left.\begin{array}{l} a_{11}x_1+a_{12}x_2+\cdots+a_{1n}x_n=b_1 \\ a_{21}x_1+a_{22}x_2+\cdots+a_{2n}x_n=b_2 \\ \vdots \quad\quad \vdots \quad\quad \vdots \quad\quad \vdots \quad\quad \vdots \\ a_{n1}x_1+a_{n2}x_2+\cdots+a_{nn}x_n=b_n \end{array}\right\} \tag{1}$$

donde a_{ij} son los coeficientes, x_j las incógnitas y b_i los términos independientes. Siendo $1\leqslant i\leqslant n$, $1\leqslant j\leqslant n$.

A la matriz formada por los coeficientes

$$A=\begin{pmatrix} a_{11} & a_{12} & \dots & a_{1n} \\ a_{21} & a_{22} & \dots & a_{2n} \\ \dots & \dots & \dots & \dots \\ a_{n1} & a_{n2} & \dots & a_{nn} \end{pmatrix}$$

la denominaremos *matriz de coeficientes.*

Si a la matriz de coeficientes le ampliamos una columna con los términos independientes, se forma la matriz

$$A^* = \begin{pmatrix} a_{11} & q_{12} & \dots & a_{1n} & \vdots & b_1 \\ a_{21} & a_{22} & \dots & a_{2n} & \vdots & b_2 \\ \dots & \dots & \dots & \dots & \vdots & \dots \\ a_{n1} & a_{n2} & \dots & a_{nn} & \vdots & b_n \end{pmatrix}$$

que denominaremos *matriz ampliada* u *orlada*.

Así, el sistema (1) se puede representar en notación matricial por

$$A \cdot X = B$$

siendo,

$$X = \begin{pmatrix} x_1 \\ x_2 \\ \vdots \\ x_n \end{pmatrix} \quad \text{y} \quad B = \begin{pmatrix} b_1 \\ b_2 \\ \vdots \\ b_n \end{pmatrix}.$$

Recordemos, brevemente, tres transformaciones permitidas en la resolución de ecuaciones.

i) Una ecuación E_i puede multiplicarse (dividirse) por cualquier constante k (distinta de cero), obteniéndose otra ecuación equivalente a la primera. Esta operación la indicaremos por

$$E_i \rightarrow k \cdot E_i$$

ii) La ecuación E_j puede multiplicarse por cualquier constante K y sumársela (restársela) a la ecuación E_i, obteniéndose una ecuación equivalente a ésta. Esta operación la indicaremos por

$$E_i \rightarrow E_i + k \cdot E_j$$

iii) Dos ecuaciones pueden intercambiarse entre sí, obteniéndose un sistema equivalente. Lo indicaremos por

$$E_i \Leftrightarrow E_j$$

METODO DE ELIMINACION DE GAUSS

Dado el sistema general (1), el método de eliminación de *Gauss* consiste en efectuar las transformaciones necesarias, hasta conseguir un sistema equivalente triangular de la forma

$$\left.\begin{array}{r} a_{11}^{*}x_1+a_{12}^{*}x_2+\cdots+a_{1n}^{*}x_n=b_1^{*} \\ a_{22}^{*}x_2+\cdots+a_{2n}^{*}x_n=b_2^{*} \\ \ddots\cdots\cdots\cdots \quad \vdots \qquad \vdots \\ \ddots\cdots\cdots \quad \vdots \qquad \vdots \\ \ddots\cdots \quad \vdots \qquad \vdots \\ a_{nn}^{*}x_n=b_n^{*} \end{array}\right\} \tag{2}$$

obtenido siempre que a_{ii}^{*} sea distinto de cero (elemento pivote) por la transformación

$$E_j \rightarrow E_j - \frac{a_{ji}^{*}}{a_{ii}^{*}}\,E_i$$

para cada $j=i+1,\ i+2,\ \ldots,\ n$.

Efectuando en (2) sustitución regresiva o sustitución hacia atrás, de la última ecuación se obtiene:

$$x_n = \frac{b_n^{*}}{a_{nn}^{*}} \tag{3}$$

Sustituyendo en la $n-1$ ecuación el valor de x_n, se obtiene:

$$x_{n-1} = \frac{b_{n-1}^{*} - a_{n-1,n}^{*}x_n}{a_{n-1,n-1}^{*}}$$

y continuando el proceso, llegamos a que

$$x_i = \frac{b_i^{*} - \displaystyle\sum_{j=i+1}^{n} a_{ij}^{*}x_j}{a_{ii}^{*}} \tag{4}$$

para $i=n-1,\ n-2,\ \ldots,\ 2,\ 1$.

Existe una variante del proceso anterior, que consiste en hacer que todos los pivotes sean iguales a uno, es decir, $a_{ii}^{*}=1$ para todo $i=1,\ 2,\ \ldots,\ n$.

Por simplificación, a la hora de aplicar el método de Gauss, se utilizan unas secuencias de matrices ampliadas de la forma:

$$\begin{pmatrix} a_{11} & a_{12} & \dots & a_{1n} & \vdots & b_1 \\ a_{21} & a_{22} & \dots & a_{2n} & \vdots & b_2 \\ \dots & \dots & \dots & \dots & \vdots & \dots \\ a_{n1} & a_{n2} & \dots & a_{nn} & \vdots & b_n \end{pmatrix} \rightarrow \dots \rightarrow \begin{pmatrix} a_{11}^* & a_{12}^* & \dots & a_{1n}^* & \vdots & b_1^* \\ 0 & a_{22}^* & \dots & a_{2n}^* & \vdots & b_2^* \\ \dots & \dots & \dots & \dots & \vdots & \dots \\ 0 & 0 & \dots & a_{nn}^* & \vdots & b_n^* \end{pmatrix}.$$

METODO DE ELIMINACION DE GAUSS-JORDAN

Dado el sistema general (1), el método de *Gauss-Jordan* consiste en realizar las transformaciones adecuadas, hasta conseguir un sistema equivalente de la forma:

$$\left.\begin{array}{r} a_{11}^* x_1 + 0 + \dots + 0 = b_1^* \\ a_{22}^* x_2 + \dots + 0 = b_2^* \\ \ddots \quad \vdots \quad \vdots \\ a_{nn}^* x_n = b_n^* \end{array}\right\} \tag{5}$$

Así, las soluciones se obtienen directamente de cada ecuación, es decir,

$$x_i = \frac{b_i^*}{a_{ii}^*}, \qquad i = 1, 2, \dots, n. \tag{6}$$

que tiene la ventaja respecto al método de *Gauss*, de evitar la sustitución regresiva y la desventaja de requerir un mayor número de transformaciones.

Existe, al igual que en el método de *Gauss*, una variante que consiste en conseguir que los coeficientes $a_{ii}^* = 1$, para todo $i = 1, 2, \dots,$ n.

De forma análoga al método de *Gauss*, se pueden utilizar las matrices ampliadas sucesivas, para su desarrollo simplificado.

ERRORES DE REDONDEO Y ALGUNAS ESTRATEGIAS DE PIVOTEO

Cuando se apliquen los métodos de eliminación estudiados, *Gauss* y *Gauss-Jordan*, y se obtenga algún elemento pivote $a_{ii}^* = 0$, será necesario intercambiar ecuaciones para proseguir con el algoritmo iniciado. Pues bien, en la práctica no solamente es necesario intercambiar ecuaciones cuando $a^*_{ii} = 0$, sino en otros muchos casos, en los que se producen errores múltiples de redondeo al utilizar un número de dígitos limitado.

Una estrategia muy simple consiste en seleccionar siempre como elemento pivote el elemento de la misma columna (por debajo de la diagonal), que tenga mayor valor absoluto, e intercambiar las ecuaciones, si fuera necesario, antes de realizar las transformaciones. Esta técnica se conoce como *pivotamiento máximo de columna o pivotamiento parcial.*

Aunque la técnica de pivoteo parcial es suficiente en la mayoría de los casos, a veces hay situaciones que resulta inadecuado. Para ello, se utiliza la técnica de *pivotamiento total o máximo*, que consiste en encontrar el elemento de máximo valor absoluto y elegirlo de pivote, intercambiándose tanto ecuaciones como incógnitas si fuera necesario.

CALCULO DE DETERMINANTES

Si $A=(a_{ij})$ es una matriz de orden n triangular o diagonal, entonces el valor del determinante de A es igual al producto de los elementos de la diagonal principal. Es decir,

$$|A| = \prod_{i=1}^{n} a_{ii}$$

Así, dado el determinante siguiente,

$$|A| = \begin{vmatrix} a_{11} & \cdots & a_{1n} \\ a_{21} & \cdots & a_{2n} \\ \cdots & \cdots & \cdots \\ a_{n1} & \cdots & a_{nn} \end{vmatrix}$$

y aplicando el método de eliminación de *Gauss*, se obtiene el determinante de una matriz triangular, de tal forma que

$$\begin{vmatrix} a^*_{11} & a^*_{12} & \cdots & a^*_{1n} \\ 0 & a^*_{22} & \cdots & a^*_{2n} \\ \cdots & \cdots & \cdots & \cdots \\ 0 & 0 & \cdots & a^*_{nn} \end{vmatrix} = a^*_{11} \cdot a^*_{22} \cdot \ldots \cdot a^*_{nn}.$$

Recordemos, brevemente, algunas propiedades de los determinantes:

i) Si se multiplican todos los elementos de una fila (o columna) por un número real k distinto de cero, el valor del determinante queda multiplicado por dicho número.

ii) Si se intercambian entre sí dos filas o dos columnas, el valor del determinante cambia de signo.

iii) Si a una fila (o columna) se le suma otra fila (o columna) multiplicada por un número real, el valor del determinante no varía.

Nota: Al realizar transformaciones con determinantes téngase en cuenta las propiedades anteriores.

INVERSION DE MATRICES

Una matriz A de orden n no singular, $|A| \neq 0$, tiene inversa, y se designa por A^{-1}, a aquella que verifica

$$A \cdot A^{-1} = A^{-1} \cdot A = I$$

(I es la matriz identidad de orden n).

Para el cálculo de la matriz inversa, utilizaremos el algoritmo de *Gauss-Jordan* de la siguiente forma:

Partiendo de la matriz ampliada formada por A e I, es decir, $[A \mid I]$, se realizan las transformaciones necesarias, mediante el método de *Gauss-Jordan*, hasta conseguir la matriz ampliada formada por I y A^{-1}, es decir, $[I \mid A^{-1}]$.

El esquema general es el siguiente:

$$(A \mid I) = \left(\begin{array}{cccc|cccc} a_{11} & a_{12} & \dots & a_{1n} & 1 & 0 & \dots & 0 \\ a_{21} & a_{22} & \dots & a_{2n} & 0 & 1 & \dots & 0 \\ \dots & \dots & \dots & \dots & \dots & \dots & \dots & \dots \\ a_{n1} & a_{n2} & \dots & a_{nn} & 0 & 0 & \dots & 1 \end{array} \right) \to \cdots$$

$$\to \cdots \left(\begin{array}{cccc|cccc} 1 & 0 & \dots & 0 & a_{11}^* & a_{12}^* & \dots & a_{1n}^* \\ 0 & 1 & \dots & 0 & a_{21}^* & a_{22}^* & \dots & a_{2n}^* \\ \dots & \dots & \dots & \dots & \dots & \dots & \dots & \dots \\ 0 & 0 & \dots & 1 & a_{n1}^* & a_{n2}^* & \dots & a_{nn}^* \end{array} \right) = (I \mid A^{-1})$$

TIPOS ESPECIALES DE MATRICES. PROPIEDADES

- Una matriz que coincide con su traspuesta se dice que es *simétrica.*

$$A \text{ es simétrica si y sólo si } A = A^t$$

- Se dice que una matriz $A=(a_{ij})$ de orden n es *estrictamente diagonal dominante*, cuando satisface que

$$|a_{ii}| > \sum_{j=1,\, j\neq i}^{n} |a_{ij}|, \qquad \text{para} \qquad i=1, 2, \ldots, n.$$

  es decir, cuando los elementos de la diagonal principal son mayores en valor absoluto que la suma de los valores absolutos de los elementos de su fila correspondiente.

- Una matriz simétrica A se dice que es *definida positiva*, si todas sus submatrices principales tienen determinantes positivos.

Proposición 1: Si A es una matriz estrictamente diagonal dominante, entonces A es no singular y, además, se puede efectuar el método de eliminación de *Gauss* al sistema $AX=B$, sin intercambiar ni ecuaciones ni incógnitas.

Proposición 2: Si una matriz A es definida positiva, entonces A es no singular y, además, se puede efectuar el método de *Gauss* al sistema $AX=B$, sin intercambio de ecuaciones ni de incógnitas.

Proposición 3: Una matriz A es no singular si y sólo si al sistema $AX=B$ se le puede aplicar eliminación de *Gauss* con solución única.

METODOS $L \cdot U$

Consideremos el sistema $AX=B$, al que se le puede aplicar el método de *Gauss* sin intercambio de ecuaciones ni de incógnitas. Entonces, la matriz A admite una descomposición en el producto de ds matrices, *una triangular inferior* L y otra *triangular superior* U. Es decir, $A=L\cdot U$.

En general,

$$\begin{pmatrix} a_{11} & a_{12} & \ldots & a_{1n} \\ a_{21} & a_{22} & \ldots & a_{2n} \\ \ldots & \ldots & \ldots & \ldots \\ a_{n1} & a_{n2} & \ldots & a_{nn} \end{pmatrix} = \begin{pmatrix} l_{11} & 0 & \ldots & 0 \\ l_{21} & l_{22} & \ldots & 0 \\ \ldots & \ldots & \ldots & \ldots \\ l_{n1} & l_{n2} & \ldots & l_{nn} \end{pmatrix} \cdot \begin{pmatrix} u_{11} & u_{12} & \ldots & u_{1n} \\ 0 & u_{22} & \ldots & u_{2n} \\ \ldots & \ldots & \ldots & \ldots \\ 0 & 0 & \ldots & u_{nn} \end{pmatrix}.$$

Dependiendo de las condiciones exigibles a A, L o U, se pueden considerar los tres métodos siguientes:

a) Método de *Doolittle*

La matriz L posee unos en la diagonal principal, es decir,

$$L=\begin{pmatrix} 1 & 0 & \dots & 0 \\ l_{21} & 1 & \dots & 0 \\ \dots & \dots & \dots & \dots \\ l_{n1} & l_{n2} & \dots & 1 \end{pmatrix}$$

Entonces los valores de L y U se obtienen por las expresiones:

$$u_{ij}=a_{ij}, \quad \text{si} \quad i=1 \quad \text{y para} \quad j=1, 2, 3, \dots, n$$

$$l_{i1}=\frac{a_{i1}}{u_{11}}, \quad \text{si} \quad j=1 \quad \text{y para} \quad i=2, 3, \dots, n$$

$$l_{ij}=\frac{a_{ij}-\sum_{k=1}^{j-1} l_{ik}\cdot u_{kj}}{u_{jj}}, \quad \text{si} \quad i>j \quad \text{para} \quad i=2, 3, \dots, n$$

$$u_{ij}=a_{ij}-\sum_{k=1}^{i-1} l_{ik}\cdot u_{kj}, \quad \text{si} \quad i\leqslant j \quad \text{para} \quad j=2, 3, \dots, n.$$

b) Método de *Crout*

La matriz U tiene unos en la diagonal principal, es decir,

$$U=\begin{pmatrix} 1 & u_{12} & \dots & u_{1n} \\ 0 & 1 & \dots & u_{2n} \\ \dots & \dots & \dots & \dots \\ 0 & 0 & \dots & 1 \end{pmatrix}$$

Entonces las expresiones generales para obtener los elementos de L y U son:

$$l_{i1}=a_{i1}, \quad \text{si} \quad j=1$$

$$u_{1j}=\frac{a_{1j}}{a_{11}}, \quad \text{si} \quad i=1$$

$$u_{ij}=\frac{a_{ij}-\sum_{k=1}^{j-1} l_{ik}\cdot u_{kj}}{l_{ii}},\qquad \text{si}\quad i<j$$

$$l_{ij}=a_{ij}-\sum_{k=1}^{i-1} l_{ik}\cdot u_{kj},\qquad \text{si}\quad i\geqslant j.$$

Tanto en este método como en el de *Dootlittle*, una vez obtenidas L y U, se sustituyen en el sistema inicial

$$A\cdot X=B$$

es decir,

$$L\cdot U\cdot X=B \Leftrightarrow L(U\cdot X)=B$$

llamando $U\cdot X=B'$, resulta el sistema triangular

$$L\cdot B'=B$$

del que se obtiene B'. Y por último el sistema triangular

$$U\cdot X=B'$$

del que se obtiene obviamente X.

c) Método de Cholesky

Se supone que la matriz A es simétrica y definida positiva. Entonces U va a ser la traspuesta de L, es decir

$$A=L\cdot L^t$$

En general,

$$\begin{pmatrix} a_{11} & a_{12} & \dots & a_{1n} \\ a_{21} & a_{22} & \dots & a_{2n} \\ \dots & \dots & \dots & \dots \\ a_{n1} & a_{n2} & \dots & a_{nn} \end{pmatrix} = \begin{pmatrix} l_{11} & 0 & \dots & 0 \\ l_{21} & l_{22} & \dots & 0 \\ \dots & \dots & \dots & \dots \\ l_{n1} & l_{n2} & \dots & l_{nn} \end{pmatrix} \cdot \begin{pmatrix} l_{11} & l_{21} & \dots & l_{n1} \\ 0 & l_{22} & \dots & l_{n2} \\ \dots & \dots & \dots & \dots \\ 0 & 0 & \dots & l_{nn} \end{pmatrix}.$$

Donde los valores de l_{ij} se obtienen por

$$l_{11}=\sqrt{a_{11}}$$

$$l_{j1}=\frac{a_{j1}}{l_{11}},\qquad j=2,3,\dots,n$$

$$l_{ii} = \sqrt{a_{ii} - \sum_{k=1}^{i-1} l_{ik}^2}, \qquad i=2, 3, \ldots, n-1$$

$$l_{ij} = \frac{a_{ij} - \sum_{k=1}^{i-1} l_{ik} \cdot l_{jk}}{l_{jj}}, \qquad j=i+1, i+2, \ldots, n$$

Sustituyendo en el sistema $AX=B$ el valor de A, resulta

$$L \cdot L^t \cdot X = B$$

y llamando $L^t \cdot X = Y$, por sustitución progresiva se halla Y de

$$L \cdot Y = B$$

y por último, de

$$L^t \cdot X = Y$$

por sustitución regresiva se obtiene el valor de X.

NORMAS DE MATRICES

$\|A\|_1 = \text{máx} \sum_{i=1}^{n} |a_{ij}|$ máximo de las sumas de los elementos de cada columna

$\|A\|_\infty = \text{máx} \sum_{j=1}^{n} |a_{ij}|$ idem de cada fila

$\|A\|_e = \sqrt{\sum_{i=1}^{n} \sum_{j=1}^{n} a_{ij}^2}$ norma euclídea

VALORES PROPIOS, VECTORES PROPIOS Y RADIO ESPECTRAL

- Sea A una matriz de orden n, el polinomio definido por

$$P(k) = |A - kI|$$

  se le llama *polinomio característico* de A.

- Los ceros o raíces del polinomio característico se denominan *valores propios o valores característicos* de A. Así, k es un valor propio de A si, y sólo si $p(k)=0$.

- Sea k un valor propio de una matriz A. Llamaremos *vector propio o característico* de la matriz A asociado al valor propio k, a todo vector $\mathbf{u}$ que verifique la ecuación

$$(A-k\cdot I)\cdot \mathbf{u}=\mathbf{0}, \qquad \mathbf{u}\neq\mathbf{0}$$

- Espectro es el conjunto de los valores propios.
- Se denomina *radio espectral* de una matriz A, y se designa por $R(A)$, a

$$R(A)=\text{máx } |k_i|,$$

donde k_i son los valores propios de A. Nótese que están incluidos los valores propios complejos, indicándose su valor por su módulo.

- Una vez conocido el radio espectral, se define la siguiente *norma*:

$$\|A\|_2=\sqrt{R(A^t\cdot A)}.$$

Proposición: El radio espectral de una matriz siempre es menor o igual que cualquier norma natural, es decir,

$$R(A)\leqslant \|A\|.$$

- Diremos que una matriz es convergente, si y sólo si $R(A)<1$.

METODO DE FADDEEV-LEVERRIER

Este método va a permitir calcular los valores propios de una matriz.

Veamos, previamente, lo que se denomina traza de una matriz. Así, dada una matriz cuadrada A, se llama traza de A, y lo designaremos por *tr A*, a la suma de los elementos de la diagonal principal de la matriz A. Es decir,

$$\text{tr } A=\sum_{i=1}^{n} a_{ii}=a_{11}+a_{22}+\cdots+a_{nn}.$$

Pues, bien, escribiendo la ecuación característica de una matriz de orden n de la forma:

$$(-1)^n\cdot(k^n-p_1\cdot k^{n-1}-\cdots-p_n)=0$$

Faddeev-Leverrier asegura que se verifica:

$$\left.\begin{array}{ll} B_1 = A & ; \quad p_1 = \text{tr } B_1 \\ B_2 = A \cdot (B_1 - p_1 \cdot I) & ; \quad p_2 = \dfrac{1}{2} \text{ tr } B_2 \\ \vdots & \\ B_n = A \cdot (B_{n-1} - p_{n-1} \cdot I) & ; \quad p_n = \dfrac{1}{n} \text{ tr } B_n \end{array}\right\}$$

Además, permite calcular la matriz inversa mediante la expresión:

$$A^{-1} = \frac{1}{p_n} \cdot (B_{n-1} - p_{n-1} \cdot I).$$

METODO ITERATIVO DE JACOBI

Una técnica iterativa para resolver el sistema lineal $A \cdot X = B$, comenzando con la aproximación inicial $x^{(0)}$ a la solución x, consiste en generar una sucesión de aproximaciones $x^{(0)}$, $x^{(1)}$, ..., $x^{(n)}$ que convergerán a la solución x, donde

$$x_i^{(1)} = \frac{b_i - \sum_{j=1, j \neq i}^{n} a_{ij} \cdot x_j^{(0)}}{a_{ii}} = \frac{b_i - a_{i1} x_1^{(0)} - \cdots - a_{i,i-1} x_{i-1}^{(0)} - a_{i,i+1} x_{i+1}^{(0)} - \cdots - a_{in} x_n^{(0)}}{a_{ii}}.$$

$$x_i^{(2)} = \frac{b_i - \sum_{j=1, j \neq i}^{n} a_{ij} \cdot x_j^{(1)}}{a_{ii}} = \frac{b_i - a_{i1} x_1^{(1)} - \cdots - a_{i,i-1} x_{i-1}^{(1)} - a_{i,i+1} x_{i+1}^{(1)} - \cdots - a_{in} x_n^{(1)}}{a_{ii}}.$$

$$\vdots$$

en general

$$x_i^{(r+1)} = \frac{b_i - \sum_{j=1, j \neq i}^{n} a_{ij} \cdot x_j^{(r)}}{a_{ii}}, \qquad r = 0, 1, 2, \ldots$$

expresión que se denomina *fórmula de iteración de Jacobi.*

METODO ITERATIVO DE GAUSS-SEIDEL

Esta técnica iterativa se diferencia de la anterior, en que los valores utilizados en las ecuaciones precedentes sí se utilizan en las siguientes. Así,

$$x_i^{(r+1)} = \frac{b_i - \sum_{j=1}^{i-1} a_{ij} \cdot x_j^{(r+1)} - \sum_{j=i+1}^{n} a_{ij} \cdot x_j^{(r)}}{a_{ii}}, \qquad r=0, 1, 2, \ldots$$

es la *fórmula iterativa de Gauss-Seidel.*

CRITERIOS DE PARO Y CONVERGENCIA EN LOS METODOS ITERATIVOS DE JACOBI Y GAUSS-SEIDEL

- El proceso iterativo se detendrá cuando se dé una de las siguientes condiciones:

1) $\|x_i^{(r+1)} - x_i^{(r)}\|_\infty \leqslant \varepsilon$, o

2) $$\left\| \frac{x_i^{(r+1)} - x_i^{(r)}}{x_i^{(r+1)}} \right\|_\infty \leqslant \varepsilon.$$

- Una condición suficiente, para que los dos métodos anteriores sean convergentes, es que la matriz A del sistema $A \cdot X = B$, sea estrictamente diagonal dominante, es decir, que

$$|a_{ii}| > \sum_{j=1,\, j \neq i}^{n} |a_{ij}| \quad \text{para todo} \quad i=1, 2, \ldots, n$$

Nota: Si no se dispone de una aproximación inicial a la solución, escójase

$$x_i^{(0)} = \frac{b_i}{a_{ii}} \quad \text{para cada } i=1, 2, \ldots, n.$$

INESTABILIDAD EN LOS SISTEMAS DE ECUACIONES

- El *número condición* $k(A)$ de una matriz no singular A, relativo a la norma natural $\|\cdot\|$, se define como

$$K(A) = \|A\| \cdot \|A^{-1}\|.$$

- Se espera que la matriz A tenga un buen comportamiento, es decir, sea una matriz bien condicionada, si $K(A)$ está próximo a 1, y un comportamiento defectuoso (*mal condicionada*) cuando $K(A)$ sea significativamente mayor que 1.
- En general, se dirá que un sistema está mal condicionado, si pequeñas variaciones en los coeficientes producen grandes cambios en la solución.

METODO DE REFINAMIENTO ITERATIVO

Así, cuando se sospecha que la matriz A está mal condicionada, es más sencillo manejar el siguiente proceso, llamado *refinamiento iterativo.*

Sea el sistema $A \cdot X = B$.

Resolviéndolo por el método de *Gauss* simple, se obtendrá una solución $X^{(k)}$. A continuación, se calcula el valor residual de dicha aproximación, mediante la expresión:

$$r^{(k)} = B - A \cdot X^{(k)}$$

Posteriormente, se resuelve por Gauss el sistema

$$A \cdot Y = r,$$

obteniendo como solución $Y^{(k)}$.

Finalmente, se obtiene la nueva aproximación por la expresión:

$$X^{(k+1)} = Y^{(k)} + X^{(k)}.$$

llamada *fórmula de refinamiento iterativo.*

METODO DE NEWTON PARA SISTEMAS NO LINEALES

La forma general de un sistema de n ecuaciones no lineales es:

$$\begin{cases} f_1(x_1, x_2, \ldots, x_n) = 0, \\ f_2(x_1, x_2, \ldots, x_n) = 0, \\ \vdots \\ f_n(x_1, x_2, \ldots, x_n) = 0. \end{cases}$$

o bien de la forma,

$$F(X)=F(x_1, x_2, \ldots, x_n)=0.$$

Pues bien, el método de *Newton* requiere encontrar una matriz $A(X)$, tal que

$$G(X)=X-[A(X)]^{-1}\cdot F(X).$$

Se demuestra que la matriz $A(X)$ es precisamente la matriz jacobiana $J(X)$, es decir,

$$J(X)=\begin{pmatrix} \dfrac{\partial f_1}{\partial x_1} & \dfrac{\partial f_1}{\partial x_2} & \cdots & \dfrac{\partial f_1}{\partial x_n} \\ \dfrac{\partial f_2}{\partial x_1} & \dfrac{\partial f_2}{\partial x_2} & \cdots & \dfrac{\partial f_2}{\partial x_n} \\ \cdots & \cdots & \cdots & \cdots \\ \dfrac{\partial f_n}{\partial x_1} & \dfrac{\partial f_n}{\partial x_2} & \cdots & \dfrac{\partial f_n}{\partial x_n} \end{pmatrix}$$

Así, la solución del proceso iterativo será:

$$X^{(k)}=G(X^{(k-1)})=X^{(k-1)}-(J(X^{(k-1)}))^{-1}\cdot F(X^{(k-1)}).$$

Pero, en la práctica, para evitar el cálculo de la matriz inversa en cada iteración, el método se realiza en dos pasos:

1.º Se encuentra ΔX^k tal que

$$J(X^{(k)})\cdot \Delta X^{(k)}=-F(X^{(k)})$$

2.º Se halla la nueva aproximación mediante la expresión:

$$X^{(k+1)}=\Delta X^{(k)}+X^{(k)}.$$

EJERCICIOS RESUELTOS

4.1. Resolver el siguiente sistema de ecuaciones utilizando el método de eliminación de *Gauss*.

$$\left.\begin{array}{r} 3x_1 - x_2 + 2x_3 = 12 \\ x_1 + 2x_2 + 3x_3 = 11 \\ 2x_1 - 2x_2 - x_3 = 2 \end{array}\right\}.$$

Solución

Escribamos la matriz ampliada del sistema y las sucesivas transformaciones.

$$A^* = \left(\begin{array}{ccc:c} 3 & -1 & 2 & 12 \\ 1 & 2 & 3 & 11 \\ 2 & -2 & -1 & 2 \end{array}\right) \longrightarrow$$

$$\xrightarrow{\begin{array}{c} F_2 \to F_2 - \frac{1}{3} F_1 \\ F_3 \to F_3 - \frac{2}{3} F_1 \end{array}} \left(\begin{array}{ccc:c} 3 & -1 & 2 & 12 \\ 0 & \frac{7}{3} & \frac{7}{3} & 7 \\ 0 & -\frac{4}{3} & -\frac{7}{3} & -6 \end{array}\right) \longrightarrow$$

$$\xrightarrow{F_3 \to F_3 + \frac{4}{7} F_2} \left(\begin{array}{ccc:c} 3 & -1 & 2 & 12 \\ 0 & \frac{7}{3} & \frac{7}{3} & 7 \\ 0 & 0 & -12 & -24 \end{array}\right).$$

Y mediante sustitución regresiva se obtiene que,

$$-12x_3 = -24 \Rightarrow x_3 = 2$$

$$\frac{7}{3} x_2 + \frac{7}{3} \cdot 2 = 7 \Rightarrow x_2 = 1$$

$$3x_1 - 1 + 4 = 12 \Rightarrow x_1 = 3.$$

4.2. Resolver el siguiente sistema de ecuaciones mediante el método de eliminación de *Gauss*.

$$\left.\begin{array}{r} 2x_2 \qquad\quad + x_4 = 0 \\ 2x_1 + 2x_2 + 3x_3 + 2x_4 = -2 \\ 4x_1 - 3x_2 \qquad\quad + x_4 = -7 \\ 6x_1 + x_2 - 6x_3 - 5x_4 = 6 \end{array}\right\}.$$

Solución

Escribimos la matriz ampliada

$$A^* = \begin{pmatrix} 0 & 2 & 0 & 1 & \vdots & 0 \\ 2 & 2 & 3 & 2 & \vdots & -2 \\ 4 & -3 & 0 & 1 & \vdots & -7 \\ 6 & 1 & -6 & -5 & \vdots & 6 \end{pmatrix}$$

Como $a_{11} = 0$, deberemos conseguir, intercambiando filas, que el nuevo a_{11}^* no sea cero. Así, por ejemplo, intercambiamos las filas primera y cuarta. Luego.

$$F_1 \leftrightarrow F_4 \longrightarrow \begin{pmatrix} 6 & 1 & -6 & -5 & \vdots & 6 \\ 2 & 2 & 3 & 2 & \vdots & -2 \\ 4 & -3 & 0 & 1 & \vdots & -7 \\ 0 & 2 & 0 & 1 & \vdots & 0 \end{pmatrix} \longrightarrow$$

$$\longrightarrow \begin{array}{l} F_2 \to F_2 - \frac{1}{3} F_1 \\ F_3 \to F_3 - \frac{2}{3} F_1 \end{array} \longrightarrow \begin{pmatrix} 6 & 1 & -6 & -5 & \vdots & 6 \\ 0 & \frac{5}{3} & 5 & \frac{11}{3} & \vdots & -4 \\ 0 & -\frac{11}{3} & 4 & \frac{13}{3} & \vdots & -11 \\ 0 & 2 & 0 & 1 & \vdots & 0 \end{pmatrix} \longrightarrow$$

$$\longrightarrow \begin{array}{l} F_3 \to F_3 + \frac{11}{5} F_2 \\ F_4 \to F_4 - \frac{6}{5} F_2 \end{array} \longrightarrow \begin{pmatrix} 6 & 1 & -6 & -5 & \vdots & 6 \\ 0 & \frac{5}{3} & 5 & \frac{11}{3} & \vdots & -4 \\ 0 & 0 & 15 & \frac{62}{5} & \vdots & -\frac{99}{5} \\ 0 & 0 & -6 & -\frac{17}{5} & \vdots & \frac{24}{5} \end{pmatrix} \longrightarrow$$

$$\longrightarrow F_4 \to F_4 + \frac{2}{5} F_3 \longrightarrow \begin{pmatrix} 6 & 1 & -6 & -5 & \vdots & 6 \\ 0 & \frac{5}{3} & 5 & \frac{11}{3} & \vdots & -4 \\ 0 & 0 & 15 & \frac{62}{5} & \vdots & -\frac{99}{5} \\ 0 & 0 & 0 & \frac{39}{25} & \vdots & -\frac{78}{25} \end{pmatrix}.$$

Efectuando sustitución hacia atrás resulta,

$$\frac{39}{25} x_4 = -\frac{78}{25} \Rightarrow x_4 = -2$$

$$15x_3 + \frac{62}{5} \cdot (-2) = -\frac{99}{5} \Rightarrow x_3 = \frac{1}{3}$$

$$\frac{5}{3} x_2 + 5 \cdot \frac{1}{3} + \frac{11}{3} \cdot (-2) = -4 \Rightarrow x_2 = 1$$

$$6x_1 + 1 - 6 \cdot \frac{1}{3} - 5 \cdot (-2) = 6 \Rightarrow x_1 = -\frac{1}{2}.$$

4.3. Resolver aplicando el método de *Gauss* el siguiente sistema de ecuaciones.

$$\left. \begin{aligned} x_1 + x_2 - x_3 &= 3 \\ -x_1 + x_2 + x_3 &= 2 \\ x_1 + 3x_2 - x_3 &= 8 \end{aligned} \right\}$$

Solución

La matriz ampliada y sucesivas transformaciones, resultan

$$A^* = \begin{pmatrix} 1 & 1 & -1 & \vdots & 3 \\ -1 & 1 & 1 & \vdots & 2 \\ 1 & 3 & -1 & \vdots & 8 \end{pmatrix} \longrightarrow \begin{matrix} F_2 \to F_2 + F_1 \\ F_3 \to F_3 - F_1 \end{matrix} \longrightarrow$$

$$\longrightarrow \begin{pmatrix} 1 & 1 & -1 & \vdots & 3 \\ 0 & 2 & 0 & \vdots & 5 \\ 0 & 2 & 0 & \vdots & 5 \end{pmatrix} \longrightarrow F_3 \to F_3 - F_2 \longrightarrow \begin{pmatrix} 1 & 1 & -1 & \vdots & 3 \\ 0 & 2 & 0 & \vdots & 5 \\ 0 & 0 & 0 & \vdots & 0 \end{pmatrix}.$$

El sistema tiene, pues, infinitas soluciones dependientes de un parámetro. Así,

$$2x_2=5 \Rightarrow x_2=\frac{5}{2}$$

$$x_1-\frac{5}{2}-x_3=3 \Rightarrow x_1=\frac{5}{2}+x_3$$

Si hacemos $x_3=t$, resulta

$$x_1=\frac{5}{2}+t, \qquad x_2=\frac{5}{2} \quad \text{y} \quad x_3=t, \qquad \forall t\in\mathbb{R}.$$

4.4. Resolver por el método de *Gauss* el siguiente sistema de ecuaciones, dando los resultados con un decimal redondeado.

$$\left.\begin{aligned} x_1+2x_2+4x_3&=11\\ 2x_1+5x_2+2x_3&=\ 3\\ 4x_1+\ x_2-\ x_3&=\ 6 \end{aligned}\right\}$$

Solución

Escribamos la matriz ampliada y las sucesivas transformaciones,

$$A^*=\begin{pmatrix} 1 & 2 & 4 & \vdots & 11\\ 2 & 5 & 2 & \vdots & 3\\ 4 & 1 & -1 & \vdots & 6 \end{pmatrix} \longrightarrow \begin{matrix} F_2\to F_2-2F_1\\ F_3\to F_3-4F_1 \end{matrix} \longrightarrow$$

$$\longrightarrow \begin{pmatrix} 1 & 2 & 4 & \vdots & 11\\ 0 & 1 & -6 & \vdots & -19\\ 0 & -7 & -17 & \vdots & -38 \end{pmatrix} \longrightarrow F_3\to F_3+7F_2 \longrightarrow$$

$$\longrightarrow \begin{pmatrix} 1 & 2 & 4 & \vdots & 11\\ 0 & 1 & -6 & \vdots & -19\\ 0 & 0 & -59 & \vdots & -171 \end{pmatrix}.$$

Efectuando sustitución regresiva, se obtiene por solución:

$$-59x_3 = -171 \Rightarrow x_3 = 2{,}9$$

$$x_2 = -1{,}6 \quad \text{y} \quad x_1 = 2{,}6.$$

4.5. Resolver el siguiente sistema de ecuaciones utilizando el método de eliminación de *Gauss-Jordan*.

$$\left.\begin{array}{l} 2x_1 - 2x_2 + 5x_3 = 13 \\ 2x_1 + 3x_2 + 4x_3 = 20 \\ 3x_1 - x_2 + 3x_3 = 10 \end{array}\right\}$$

Solución

$$A^* = \begin{pmatrix} 2 & -2 & 5 & \vdots & 13 \\ 2 & 3 & 4 & \vdots & 20 \\ 3 & -1 & 3 & \vdots & 10 \end{pmatrix} \longrightarrow \begin{array}{l} F_2 \to F_2 - F_1 \\ F_3 \to F_3 - \frac{3}{2} F_1 \end{array} \longrightarrow$$

$$\longrightarrow \begin{pmatrix} 2 & -2 & 5 & \vdots & 13 \\ 0 & 5 & -1 & \vdots & 7 \\ 0 & 2 & -\frac{9}{2} & \vdots & -\frac{19}{2} \end{pmatrix} \longrightarrow \begin{array}{l} F_3 \to F_3 - \frac{2}{5} F_2 \\ F_1 \to F_1 + \frac{2}{5} F_2 \end{array} \longrightarrow$$

$$\longrightarrow \begin{pmatrix} 2 & 0 & \frac{23}{5} & \vdots & \frac{79}{5} \\ 0 & 5 & -1 & \vdots & 7 \\ 0 & 0 & -\frac{41}{10} & \vdots & -\frac{123}{10} \end{pmatrix} \longrightarrow \begin{array}{l} F_1 \to F_1 + \frac{46}{41} F_3 \\ F_2 \to F_2 - \frac{10}{41} F_3 \end{array} \longrightarrow$$

$$\longrightarrow \begin{pmatrix} 2 & 0 & 0 & \vdots & 2 \\ 0 & 5 & 0 & \vdots & 10 \\ 0 & 0 & -\frac{41}{10} & \vdots & -\frac{123}{10} \end{pmatrix}.$$

Por tanto, la solución se obtiene directamente por

$$\begin{aligned} 410x_1 &= 410 \Rightarrow x_1 = 1 \\ 215x_2 &= 410 \Rightarrow x_2 = 2 \\ -41x_3 &= -123 \Rightarrow x_3 = 3. \end{aligned}$$

4.6. Dado el siguiente sistema de ecuaciones

$$\left.\begin{aligned} 2x_1 - 2x_2 + 5x_3 &= 13 \\ 2x_1 + 3x_2 + 4x_3 &= 20 \\ 3x_1 - x_2 + 3x_3 &= 10 \end{aligned}\right\}.$$

Resolverlo haciendo los elementos $a^*_{11} = 1$, mediante:

a) Método de *Gauss.*
b) Método de *Gauss-Jordan.*

Solución:

La matriz ampliada es

$$A^* = \begin{pmatrix} 2 & -2 & 5 & \vdots & 13 \\ 2 & 3 & 4 & \vdots & 20 \\ 3 & -1 & 3 & \vdots & 10 \end{pmatrix}$$

a) **Método de Gauss**

$$F_1 \to \frac{1}{2} F_1 \longrightarrow \begin{pmatrix} 1 & -1 & \frac{5}{2} & \vdots & \frac{13}{2} \\ 2 & 3 & 4 & \vdots & 20 \\ 3 & -1 & 3 & \vdots & 10 \end{pmatrix} \begin{matrix} F_2 \to F_2 - 2F_1 \\ F_3 \to F_3 - 3F_1 \end{matrix} \longrightarrow$$

$$\longrightarrow \begin{pmatrix} 1 & -1 & \frac{5}{2} & \vdots & \frac{13}{2} \\ 0 & 5 & -1 & \vdots & 7 \\ 0 & 2 & -\frac{9}{2} & \vdots & -\frac{19}{2} \end{pmatrix} F_2 \to \frac{1}{5} F_2 \longrightarrow \begin{pmatrix} 1 & -1 & \frac{5}{2} & \vdots & \frac{13}{2} \\ 0 & 1 & -\frac{1}{5} & \vdots & \frac{7}{5} \\ 0 & 2 & -\frac{9}{2} & \vdots & -\frac{19}{2} \end{pmatrix}$$

$$F_3 \to F_3 - 2F_2 \longrightarrow \begin{pmatrix} 1 & -1 & \frac{5}{2} & \vdots & \frac{5}{2} \\ 0 & 1 & -\frac{1}{5} & \vdots & \frac{7}{5} \\ 0 & 0 & -\frac{41}{10} & \vdots & -\frac{123}{10} \end{pmatrix} F_3 \to -\frac{10}{41} F_3 \to$$

$$\longrightarrow \begin{pmatrix} 1 & -1 & \frac{5}{2} & \vdots & \frac{13}{2} \\ 0 & 1 & -\frac{1}{5} & \vdots & \frac{7}{5} \\ 0 & 0 & 1 & \vdots & 3 \end{pmatrix}.$$

Efectuando sustitución regresiva, se obtiene que

$$x_3 = 3, \qquad x_2 = 2 \quad \text{y} \quad x_1 = 1.$$

b) **Método de Gauss-Jordan**

Las tres primeras transformaciones son idénticas a las del método anterior. Continuando,

$$\begin{matrix} F_3 \to F_3 - 2F_2 \\ F_1 \to F_1 + \ F_2 \end{matrix} \longrightarrow \begin{pmatrix} 1 & 0 & \frac{23}{10} & \vdots & \frac{79}{10} \\ 0 & 1 & -\frac{1}{5} & \vdots & \frac{7}{5} \\ 0 & 0 & -\frac{41}{10} & \vdots & -\frac{123}{109} \end{pmatrix} \quad F_3 \to -\frac{10}{41} F_3 \longrightarrow$$

$$\longrightarrow \begin{pmatrix} 1 & 0 & \frac{23}{10} & \vdots & \frac{79}{10} \\ 0 & 1 & -\frac{1}{5} & \vdots & \frac{7}{5} \\ 0 & 0 & 1 & \vdots & 3 \end{pmatrix} \longrightarrow \begin{matrix} F_2 \to F_2 + \frac{1}{5} F_3 \\ F_1 \to F_1 - \frac{23}{10} F_3 \end{matrix} \longrightarrow$$

$$\longrightarrow \begin{pmatrix} 1 & 0 & 0 & \vdots & 1 \\ 0 & 1 & 0 & \vdots & 2 \\ 0 & 0 & 1 & \vdots & 3 \end{pmatrix}$$

Y la solución es $x_1 = 1$, $x_2 = 2$ y $x_3 = 3$.

4.7. Resolver mediante el método de Gauss-Jordan los siguientes sistemas:

$$\text{a)}\quad \left.\begin{array}{r} x_1+\ x_2-\ x_3=\ \ 2 \\ 2x_1+4x_2+5x_3=-1 \\ x_2-\ x_3=\ \ 2 \end{array}\right\} \qquad \text{b)}\quad \left.\begin{array}{r} x_1+\ x_2-\ x_3=-1 \\ 2x_1+4x_2+5x_3=\ 12 \\ x_2-\ x_3=-2 \end{array}\right\}$$

Solución

Como los dos sistemas tienen la misma matriz de coeficientes, ya que lo único que varía son los términos independientes, se puede encontrar la solución de ambos en el mismo algoritmo.

Formemos la matriz ampliada con los dos sistemas.

$$A^*=\begin{pmatrix} 1 & 1 & -1 & \vdots & 2 & -1 \\ 2 & 4 & 5 & \vdots & -1 & 12 \\ 0 & 1 & -1 & \vdots & 2 & -2 \end{pmatrix} \longrightarrow F_2 \to F_2-2F_2 \longrightarrow$$

$$\longrightarrow \begin{pmatrix} 1 & 1 & -1 & \vdots & 2 & -1 \\ 0 & 2 & 7 & \vdots & -5 & 14 \\ 0 & 1 & -1 & \vdots & 2 & -2 \end{pmatrix} \longrightarrow \begin{array}{l} F_1 \to F_1-\frac{1}{2}F_2 \\ F_3 \to F_3-\frac{1}{2}F_2 \end{array} \longrightarrow$$

$$\longrightarrow \begin{pmatrix} 1 & 0 & -\frac{9}{2} & \vdots & \frac{9}{2} & -8 \\ 0 & 2 & 7 & \vdots & -5 & 14 \\ 0 & 0 & -\frac{9}{2} & \vdots & \frac{9}{2} & -9 \end{pmatrix} \longrightarrow \begin{array}{l} F_1 \to F_1-F_3 \\ F_2 \to F_2+\frac{14}{9}F_3 \end{array} \longrightarrow$$

$$\longrightarrow \begin{pmatrix} 1 & 0 & 0 & \vdots & 0 & 1 \\ 0 & 2 & 0 & \vdots & 2 & 0 \\ 0 & 0 & -\frac{9}{2} & \vdots & \frac{9}{2} & -9 \end{pmatrix} \longrightarrow \begin{array}{l} F_2 \to \frac{1}{2}F_2 \\ F_3 \to -\frac{2}{9}F_3 \end{array} \longrightarrow$$

$$\longrightarrow \begin{pmatrix} 1 & 0 & 0 & \vdots & 0 & 1 \\ 0 & 1 & 0 & \vdots & 1 & 0 \\ 0 & 0 & 1 & \vdots & -1 & 2 \end{pmatrix}.$$

Por tanto, la solución del sistema a) es:

$$x_1=0, \qquad x_2=1 \quad \text{y} \quad x_3=-1$$

y la del sistema b):

$$x_1=1, \qquad x_2=0 \quad \text{y} \quad x_3=2.$$

4.8. Una compañía minera trabaja en tres minas, cada una de las cuales produce minerales de tres clases. La primera mina puede producir 4 *Tm* del mineral *A*, 3 *Tm* del *B* y 5 *Tm* del *C*; la segunda mina puede producir 1 *Tm* de cada uno de los minerales y, la tercera mina, 2 *Tm* del *A*, 4 *Tm* del *B* y 3 *Tm* del *C*, por cada hora de funcionamiento. Cuántas horas se debe trabajar en cada mina para satisfacer los tres pedidos siguientes:

	A	*B*	*C*
P_1	19	25	25
P_2	13	16	16
P_3	8	12	10

Solución

Representemos en la siguiente tabla los datos del enunciado.

Minas/Minerales	*A*	*B*	*C*
1.ª	4	3	5
2.ª	1	1	1
3.ª	2	4	3

Llamando x, y, z al número de horas de trabajo en las minas primera, segunda y tercera, respectivamente. Se tienen los siguientes sistemas de ecuaciones, cada uno de ellos para cada pedido.

$$\left.\begin{array}{l}4x+y+2z=19\\3x+y+4z=25\\5x+y+3z=25\end{array}\right\}, \qquad \left.\begin{array}{l}4x+y+2z=13\\3x+y+4z=16\\5x+y+3z=16\end{array}\right\}, \qquad \left.\begin{array}{l}4x+y+2z=8\\3x+y+4z=12\\5x+y+3z=10\end{array}\right\}.$$

Por tanto, se trata de resolver tres sistemas con la misma matriz de coeficientes. Lo haremos utilizando el método de *Gauss-Jordan*.

Así,

$$\begin{pmatrix} 4 & 1 & 2 & \vdots & 19 & 13 & 8 \\ 3 & 1 & 4 & \vdots & 25 & 16 & 12 \\ 5 & 1 & 3 & \vdots & 25 & 16 & 10 \end{pmatrix} \longrightarrow \begin{matrix} F_2 \to F_2 - \frac{3}{4} F_1 \\ F_3 \to F_3 - \frac{5}{4} F_1 \end{matrix} \longrightarrow$$

$$\longrightarrow \begin{pmatrix} 4 & 1 & 2 & \vdots & 19 & 13 & 8 \\ 0 & \frac{1}{4} & \frac{5}{2} & \vdots & \frac{43}{4} & \frac{25}{4} & 6 \\ 0 & -\frac{1}{4} & \frac{1}{2} & \vdots & \frac{5}{4} & -\frac{1}{4} & 0 \end{pmatrix} \longrightarrow \begin{matrix} F_1 \to F_1 - 4F_2 \\ F_3 \to F_3 + F_2 \end{matrix} \longrightarrow$$

$$\longrightarrow \begin{pmatrix} 4 & 0 & -8 & \vdots & -24 & -12 & -16 \\ 0 & \frac{1}{4} & \frac{5}{2} & \vdots & \frac{43}{4} & \frac{25}{4} & 6 \\ 0 & 0 & 3 & \vdots & 12 & 6 & 6 \end{pmatrix} \longrightarrow \begin{matrix} F_1 \to F_1 + \frac{8}{3} F_3 \\ F_2 \to F_2 - \frac{6}{5} F_3 \end{matrix} \longrightarrow$$

$$\longrightarrow \begin{pmatrix} 4 & 0 & 0 & \vdots & 8 & 4 & 0 \\ 0 & \frac{1}{4} & 0 & \vdots & \frac{3}{4} & \frac{5}{4} & 1 \\ 0 & 0 & 3 & \vdots & 12 & 6 & 6 \end{pmatrix} \longrightarrow F_1 \to \frac{1}{4} F_1, \quad F_2 \to 4F_2, \quad F_3 \to \frac{1}{3} F_3 \longrightarrow$$

$$\longrightarrow \begin{pmatrix} 1 & 0 & 0 & \vdots & 2 & 1 & 0 \\ 0 & 1 & 0 & \vdots & 3 & 5 & 4 \\ 0 & 0 & 1 & \vdots & 4 & 2 & 2 \end{pmatrix}.$$

Entonces, para el primer pedido se necesitan 2 horas de trabajo en la primera mina, 3 horas en la segunda y 4 horas en la tercera. Para el segundo pedido, 1, 5 y 2 horas en cada mina, respectivamente. Y para satisfacer el tercer pedido, 4 horas en la segunda mina y 2 horas en la tercera mina.

4.9. Aplicar el método de *Gauss* con *pivotamiento parcial* y redondear los cálculos a dos cifras significativas al sistema:

$$\left.\begin{aligned} x + 2y + 3z &= 1 \\ 2x + 3y + 4z &= -1 \\ 3x + 4y + 6z &= 2 \end{aligned}\right\}.$$

Solución

Calculemos el máximo, en valor absoluto, de los coeficientes de la x, es decir, de la primera columna. Ese valor será precisamente el elemento pivote para la primera transformación. Así,

$$\text{máx}\,\{|1|,\ |2|,\ |3|\}=3$$

Por tanto, se intercambiarán la primera y la tercera ecuación. Luego,

$$\left.\begin{aligned} 3x+4y+6z&=2\\ 2x+3y+4z&=-1\\ x+2y+3z&=1 \end{aligned}\right\}\longrightarrow \begin{aligned} E_2&\to E_2-0{,}67E_1\\ E_3&\to E_3-0{,}33E_1 \end{aligned} \longrightarrow \left.\begin{aligned} 3x+4y+6z&=2\\ 0{,}32y-0{,}02z&=-2{,}34\\ 0{,}68y+1{,}02z&=0{,}34 \end{aligned}\right\}$$

Ahora, calculemos el máximo (en valor absoluto) de los coeficientes de la segunda columna, en la diagonal o por debajo de ella.

Como

$$\text{máx}\,\{|0{,}32|,\ |0{,}68|\}=0{,}68$$

se intercambiarán la segunda y la tercera ecuación. Así,

$$\left.\begin{aligned} 3x+4y+6z&=2\\ 0{,}68y+1{,}02z&=0{,}34\\ 0{,}32y-0{,}02z&=-2{,}34 \end{aligned}\right\}\longrightarrow E_3\to E_3-0{,}47E_2 \longrightarrow \left.\begin{aligned} 3x+4y+6z&=2\\ 0{,}68y+1{,}02z&=0{,}34\\ -0{,}5z&=-2{,}5 \end{aligned}\right\}$$

Obteniéndose por solución:

$$z=\frac{2{,}5}{0{,}5}=5$$

$$y=\frac{0{,}34-1{,}02\cdot 5}{0{,}68}=-7$$

$$x=\frac{2-6\cdot 5-4(-7)}{3}=0.$$

4.10. Realizar el ejercicio anterior mediante el método de *Gauss* con *pivotamiento total.*

Solución

Veamos qué coeficiente es el máximo en valor absoluto. Como resulta ser el 6, deberemos intercambiar la primera y la tercera ecuación y las incógnitas x y z, con el fin de colocar como elemento pivote en la primera transformación, dicho número. Así,

$$\left.\begin{array}{r}6z+4y+3x=2\\4z+3y+2x=-1\\3z+2y+\ \ x=1\end{array}\right\}\longrightarrow\begin{array}{c}E_2\rightarrow E_2-0{,}67E_1\\E_3\rightarrow E_3-0{,}5E_1\end{array}\longrightarrow\left.\begin{array}{r}6z+4y+3x=2\\0{,}32y-0{,}01x=-2{,}3\\-0{,}5x=0\end{array}\right\}.$$

Como ya se tiene un sistema escalonado, resulta la solución:

$$x=0, \qquad y=-7{,}2, \qquad z=5{,}1.$$

4.11. Dado el sistema

$$\left.\begin{array}{r}2x+4y-\ \ z=-5\\x+\ \ y-3z=-9\\4x+\ \ y+2z=9\end{array}\right\}$$

Resolverlo mediante:

a) Método de *Gauss*.

b) Método de *Gauss* con *pivotamiento parcial*.

c) Método de *Gauss* con *pivotamiento total*.

Utilícense dos cifras significativas redondeadas en los cálculos.

Solución

a)

$$\left(\begin{array}{ccc:c}2 & 4 & -1 & -5\\1 & 1 & -3 & -9\\4 & 1 & 2 & 9\end{array}\right)\begin{array}{c}F_2-0{,}5F_1\\F_3-2F_1\end{array}\longrightarrow\left(\begin{array}{ccc:c}2 & 4 & -1 & -5\\0 & -1 & -2{,}5 & -6{,}5\\0 & -7 & 4 & 19\end{array}\right)$$

$$F_3-7F_2\longrightarrow\left(\begin{array}{ccc:c}2 & 4 & -1 & -5\\0 & -1 & -2{,}5 & -6{,}5\\0 & 0 & 22 & 65\end{array}\right)$$

Entonces

$$z=\frac{65}{22}=3$$

$$y=-(-6{,}5+2{,}5\cdot 3)=-1$$

$$x=\frac{-5+3+4}{2}=1.$$

b) Como el máximo valor de los coeficientes de la primera columna es 4, intercambiaremos la primera y la tercera fila. Así,

$$F_1\leftrightarrow F_3 \longrightarrow \begin{pmatrix} 4 & 1 & 2 & \vdots & 9 \\ 1 & 1 & -3 & \vdots & -9 \\ 2 & 4 & -1 & \vdots & -5 \end{pmatrix} \begin{matrix} F_2\to F_2-0{,}25F_1 \\ F_3\to F_3-0{,}5F_1 \end{matrix} \longrightarrow$$

$$\longrightarrow \begin{pmatrix} 4 & 1 & 2 & \vdots & 9 \\ 0 & 0{,}75 & -3{,}5 & \vdots & -11 \\ 0 & 3{,}5 & -2 & \vdots & -9{,}5 \end{pmatrix}$$

Como

$$\text{máx}\,\{0{,}75;\ 3{,}5\}=3{,}5$$

intercambiaremos la segunda y tercera fila,

$$F_2\leftrightarrow F_3 \longrightarrow \begin{pmatrix} 4 & 1 & 2 & \vdots & 9 \\ 0 & 3{,}5 & -2 & \vdots & -9{,}5 \\ 0 & 0{,}75 & -3{,}5 & \vdots & -11 \end{pmatrix} \longrightarrow F_3\to F_3-0{,}21F_2 \longrightarrow$$

$$\longrightarrow \begin{pmatrix} 4 & 1 & 2 & \vdots & 9 \\ 0 & 3{,}5 & -2 & \vdots & -9{,}5 \\ 0 & 0 & -3{,}1 & \vdots & -9 \end{pmatrix}$$

Cuya solución es:

$$z=2{,}9, \qquad y=-1{,}1, \qquad x=1{,}1.$$

c) El máximo valor de todos los coeficientes, en valor absoluto, es 4. Por tanto, como hay dos coeficientes con el máximo valor, se puede elegir cualquiera de ellos. Consideremos como pivote el coeficiente «y» de la primera fila, es decir, intercambiemos las incógnitas «x» e «y».

Así,

$$\begin{pmatrix} y & x & z & & \\ 4 & 2 & -1 & \vdots & -5 \\ 1 & 1 & -3 & \vdots & -9 \\ 1 & 4 & 2 & \vdots & 9 \end{pmatrix} \longrightarrow \begin{matrix} F_2 \to F_2 - 0{,}25F_1 \\ F_3 \to F_3 - 0{,}25F_1 \end{matrix} \longrightarrow \begin{pmatrix} 4 & 2 & -1 & \vdots & -5 \\ 0 & 0{,}5 & -2{,}8 & \vdots & -7{,}8 \\ 0 & 3{,}5 & 2{,}3 & \vdots & 10 \end{pmatrix}$$

Como

$$\text{máx}\,\{0{,}5;\ 2{,}8;\ 3{,}5;\ 2{,}3\} = 3{,}5$$

cambiaremos la fila segunda y tercera entre sí. Luego,

$$F_2 \leftrightarrow F_3 \longrightarrow \begin{pmatrix} 4 & 2 & -1 & \vdots & -5 \\ 0 & 3{,}5 & 2{,}3 & \vdots & 10 \\ 0 & 0{,}5 & -2{,}8 & \vdots & -7{,}8 \end{pmatrix} \longrightarrow F_3 \to F_3 - 0{,}14F_2 \longrightarrow$$

$$\longrightarrow \begin{pmatrix} 4 & 2 & -1 & \vdots & -5 \\ 0 & 3{,}5 & 2{,}3 & \vdots & 10 \\ 0 & 0 & -3{,}1 & \vdots & -9{,}2 \end{pmatrix} \Rightarrow \begin{matrix} z = 3 \\ x = 0{,}89 \\ y = -0{,}95 \end{matrix}$$

4.12. Calcular, aplicando *Gauss-Jordan*, la matriz inversa de

$$A = \begin{pmatrix} 1 & 2 & 3 \\ 2 & 1 & 1 \\ 0 & -1 & 1 \end{pmatrix}.$$

Solución

Escribamos la matriz ampliada formada por A y la matriz identidad de orden tres I y realicemos las sucesivas transformaciones hasta obtener la matriz ampliada formada por la identidad I y la inversa A^{-1}.

$$(A \vdots I) = \begin{pmatrix} 1 & 2 & 3 & \vdots & 1 & 0 & 0 \\ 2 & 1 & 1 & \vdots & 0 & 1 & 0 \\ 0 & -1 & 1 & \vdots & 0 & 0 & 1 \end{pmatrix} \longrightarrow F_2 \to F_2 - 2F_1 \longrightarrow$$

$$\longrightarrow \begin{pmatrix} 1 & 2 & 3 & \vdots & 1 & 0 & 0 \\ 0 & -3 & -5 & \vdots & -2 & 1 & 0 \\ 0 & -1 & 1 & \vdots & 0 & 0 & 1 \end{pmatrix} \longrightarrow \begin{matrix} F_1 \to F_1 + \frac{2}{3} F_2 \\ F_3 \to F_3 - \frac{1}{2} F_2 \end{matrix} \longrightarrow$$

$$\longrightarrow \begin{pmatrix} 1 & 0 & -\frac{1}{3} & \vdots & -\frac{1}{3} & \frac{2}{3} & 0 \\ 0 & -3 & -5 & \vdots & -2 & 1 & 0 \\ 0 & 0 & \frac{8}{3} & \vdots & \frac{2}{3} & -\frac{1}{3} & 1 \end{pmatrix} \longrightarrow \begin{matrix} F_1 \to F_1 + \frac{1}{8} F_3 \\ F_2 \to F_2 + \frac{15}{8} F_3 \end{matrix} \longrightarrow$$

$$\longrightarrow \begin{pmatrix} 1 & 0 & 0 & \vdots & -\frac{1}{4} & \frac{5}{8} & \frac{1}{8} \\ 0 & -3 & 0 & \vdots & -\frac{3}{4} & \frac{3}{8} & \frac{15}{8} \\ 0 & 0 & \frac{8}{3} & \vdots & \frac{2}{3} & -\frac{1}{3} & 1 \end{pmatrix} \longrightarrow F_2 \to -\frac{1}{3} F_2, \quad F_3 \to \frac{3}{8} F_3 \longrightarrow$$

$$\longrightarrow \begin{pmatrix} 1 & 0 & 0 & \vdots & -\frac{1}{4} & \frac{5}{8} & \frac{1}{8} \\ 0 & 1 & 0 & \vdots & \frac{1}{4} & -\frac{1}{8} & -\frac{5}{8} \\ 0 & 0 & 1 & \vdots & \frac{1}{4} & -\frac{1}{8} & \frac{3}{8} \end{pmatrix} = (I \ \vdots \ A^{-1}).$$

Por tanto, la matriz inversa de A es

$$A^{-1} = \begin{pmatrix} -\frac{1}{4} & \frac{5}{8} & \frac{1}{8} \\ \frac{1}{4} & -\frac{1}{8} & -\frac{5}{8} \\ \frac{1}{4} & -\frac{1}{8} & \frac{3}{8} \end{pmatrix}.$$

4.13. Mediante el método de *Gauss-Jordan*, encontrar la inversa de la matriz

$$A=\begin{pmatrix} 2 & 0 & 1 & 2 \\ 1 & 1 & 0 & 2 \\ 2 & -1 & 3 & 1 \\ 3 & -1 & 4 & 3 \end{pmatrix}.$$

Solución

Escribamos la matriz ampliada formada por A e I y las sucesivas transformaciones. Así,

$$(A \vdots I)=\left(\begin{array}{cccc|cccc} 2 & 0 & 1 & 2 & 1 & 0 & 0 & 0 \\ 1 & 1 & 0 & 2 & 0 & 1 & 0 & 0 \\ 2 & -1 & 3 & 1 & 0 & 0 & 1 & 0 \\ 3 & -1 & 4 & 3 & 0 & 0 & 0 & 1 \end{array}\right) \longrightarrow \begin{array}{l} F_2 \to F_2 - \frac{1}{2} F_1 \\ F_3 \to F_3 - F_1 \\ F_4 \to F_4 - \frac{3}{2} F_1 \end{array} \longrightarrow$$

$$\longrightarrow \left(\begin{array}{cccc|cccc} 2 & 0 & 1 & 2 & 1 & 0 & 0 & 0 \\ 0 & 1 & -\frac{1}{2} & 1 & -\frac{1}{2} & 1 & 0 & 0 \\ 0 & -1 & 2 & -1 & -1 & 0 & 1 & 0 \\ 0 & -1 & \frac{5}{2} & 0 & -\frac{3}{2} & 0 & 0 & 1 \end{array}\right) \longrightarrow \begin{array}{l} F_3 \to F_3 + F_2 \\ F_4 \to F_4 + F_2 \end{array} \longrightarrow$$

$$\longrightarrow \left(\begin{array}{cccc|cccc} 2 & 0 & 1 & 2 & 1 & 0 & 0 & 0 \\ 0 & 1 & -\frac{1}{2} & 1 & -\frac{1}{2} & 1 & 0 & 0 \\ 0 & 0 & \frac{3}{2} & 0 & -\frac{3}{2} & 1 & 1 & 0 \\ 0 & 0 & 2 & 1 & -2 & 1 & 0 & 1 \end{array}\right) \longrightarrow \begin{array}{l} F_1 \to F_1 - \frac{2}{3} F_3 \\ F_2 \to F_2 + \frac{1}{3} F_3 \\ F_4 \to F_4 - \frac{4}{3} F_3 \end{array} \longrightarrow$$

$$\longrightarrow \left(\begin{array}{cccc|cccc} 2 & 0 & 0 & 2 & 2 & -\frac{2}{3} & -\frac{2}{3} & 0 \\ 0 & 1 & 0 & 1 & -1 & \frac{4}{3} & \frac{1}{3} & 0 \\ 0 & 0 & \frac{3}{2} & 0 & -\frac{3}{2} & 1 & 1 & 0 \\ 0 & 0 & 0 & 1 & 0 & -\frac{1}{3} & -\frac{4}{3} & 1 \end{array}\right) \xrightarrow{\begin{array}{l} F_1 \to F_1 - F_4 \\ F_2 \to F_2 - F_4 \end{array}}$$

$$\longrightarrow \left(\begin{array}{cccc|cccc} 2 & 0 & 0 & 0 & 2 & 0 & 2 & -2 \\ 0 & 1 & 0 & 0 & -1 & \frac{5}{3} & \frac{5}{3} & -1 \\ 0 & 0 & \frac{3}{2} & 0 & -\frac{3}{2} & 1 & 1 & 0 \\ 0 & 0 & 0 & 1 & 0 & -\frac{1}{3} & -\frac{4}{3} & 1 \end{array}\right) \longrightarrow F_1 \to \frac{1}{2} F_1, \quad F_3 \to \frac{2}{3} F_3 \longrightarrow$$

$$\longrightarrow \left(\begin{array}{cccc|cccc} 1 & 0 & 0 & 0 & 1 & 0 & 1 & -1 \\ 0 & 1 & 0 & 0 & -1 & \frac{5}{3} & \frac{5}{3} & -1 \\ 0 & 0 & 1 & 0 & -1 & \frac{2}{3} & \frac{2}{3} & 0 \\ 0 & 0 & 0 & 1 & 0 & -\frac{1}{3} & -\frac{4}{3} & 1 \end{array}\right) = (I \vdots A^{-1}).$$

Luego,

$$A^{-1} = \begin{pmatrix} 1 & 0 & 1 & -1 \\ -1 & \frac{5}{3} & \frac{5}{3} & -1 \\ -1 & \frac{2}{3} & \frac{2}{3} & 0 \\ 0 & -\frac{1}{3} & -\frac{4}{3} & 1 \end{pmatrix}.$$

4.14. Hallar, si es posible, la matriz inversa de

$$A=\begin{pmatrix} 1 & 2 & -3 \\ 1 & -2 & 1 \\ 5 & -2 & -3 \end{pmatrix},$$

mediante el método de *Gauss-Jordan*.

Solución

Formemos la matriz ampliada compuesta por A y la matriz identidad I de orden tres, es decir, $(A \mid I)$, y realicemos las sucesivas transformaciones hasta obtener la matriz ampliada $(I \mid A^{-1})$. Así,

$$(A \mid I)=\left(\begin{array}{ccc:ccc} 1 & 2 & -3 & 1 & 0 & 0 \\ 1 & -2 & 1 & 0 & 1 & 0 \\ 5 & -2 & -3 & 0 & 0 & 1 \end{array}\right)\longrightarrow$$

$$\longrightarrow \begin{array}{c} F_2 \to F_2 - F_1 \\ F_3 \to F_3 - 5F_1 \end{array} \longrightarrow \left(\begin{array}{ccc:ccc} 1 & 2 & -3 & 1 & 0 & 0 \\ 0 & -4 & 4 & -1 & 1 & 0 \\ 0 & -12 & 12 & -5 & 0 & 1 \end{array}\right)\longrightarrow$$

$$\longrightarrow \begin{array}{c} F_1 \to 2F_1 + F_2 \\ F_3 \to F_3 - 3F_2 \end{array} \longrightarrow \left(\begin{array}{ccc:ccc} 2 & 0 & -2 & 1 & 1 & 0 \\ 0 & -4 & 4 & -1 & 1 & 0 \\ 0 & 0 & 0 & -2 & -3 & 1 \end{array}\right).$$

Como resulta que la matriz de la izquierda, equivalente a A, tiene la tercera fila de ceros, se puede concluir que A es una matriz singular y, por tanto, no posee inversa A^{-1}.

4.15. Calcular el valor del siguiente determinante aplicando el método de eliminación de *Gauss*.

$$\begin{vmatrix} 5 & -3 & 2 \\ 1 & 4 & 0 \\ 5 & 3 & -2 \end{vmatrix}.$$

Solución

$$\begin{vmatrix} 5 & -3 & 2 \\ 1 & 4 & 0 \\ 5 & 3 & -2 \end{vmatrix} \xrightarrow[F'_3=F_3-F_1]{F'_2=F_2-\frac{1}{5}F_1} \begin{vmatrix} 5 & -3 & 2 \\ 0 & \frac{23}{5} & -\frac{2}{5} \\ 0 & 6 & -4 \end{vmatrix} \longrightarrow$$

$$\longrightarrow F''_3=F'_3-\frac{70}{23}F'_2 \longrightarrow \begin{vmatrix} 5 & -3 & 2 \\ 0 & \frac{23}{5} & -\frac{2}{5} \\ 0 & 0 & -\frac{80}{23} \end{vmatrix} = 5\cdot\frac{23}{5}\cdot\left(-\frac{80}{23}\right) = -80.$$

4.16. Aplicando el método de Gauss, calcular el valor del determinante

$$\begin{vmatrix} 1 & 4 & -2 & 1 \\ -1 & 2 & -1 & 1 \\ 3 & 3 & 0 & 4 \\ 4 & -4 & 2 & 3 \end{vmatrix}.$$

Solución

$$\begin{vmatrix} 1 & 4 & -2 & 1 \\ -1 & 2 & -1 & 1 \\ 3 & 3 & 0 & 4 \\ 4 & -4 & 2 & 3 \end{vmatrix} \longrightarrow \begin{matrix} F'_2=F_2+F_1 \\ F'_3=F_3-3F_1 \\ F'_4=F_4-4F_1 \end{matrix} \longrightarrow \begin{vmatrix} 1 & 4 & -2 & 1 \\ 0 & 6 & -3 & 2 \\ 0 & -9 & 6 & 1 \\ 0 & -20 & 10 & -1 \end{vmatrix} \longrightarrow$$

$$\longrightarrow \begin{matrix} F''_3=F'_3+\frac{9}{6}F'_2 \\ F''_4=F'_4+\frac{20}{6}F'_2 \end{matrix} \longrightarrow \begin{vmatrix} 1 & 4 & -2 & 1 \\ 0 & 6 & -3 & 2 \\ 0 & 0 & \frac{3}{2} & 4 \\ 0 & 0 & 0 & \frac{17}{3} \end{vmatrix} = 1\cdot 6\cdot\frac{3}{2}\cdot\frac{17}{3} = 51.$$

4.17. Probar que el sistema

$$\left.\begin{aligned} x-\quad\;\; y&=1\\ x-1{,}01y&=0\end{aligned}\right\}$$

está *mal acondicionado*, resolviéndolo y comparándolo con el sistema

$$\left.\begin{aligned} x-\quad\;\; y&=1\\ x-0{,}99y&=0\end{aligned}\right\}.$$

Solución

Resolvamos el primer sistema:

$$\begin{pmatrix} 1 & -1 & \vdots & 1\\ 1 & -1{,}01 & \vdots & 0\end{pmatrix} \longrightarrow F_2 \to F_2 - F_1 \longrightarrow \begin{pmatrix} 1 & -1 & \vdots & 1\\ 0 & -0{,}01 & \vdots & -1\end{pmatrix}$$

obteniéndose como resultado $x=101$ e $y=100$.

Ahora, resolvamos el segundo sistema:

$$\begin{pmatrix} 1 & -1 & \vdots & 1\\ 1 & -0{,}99 & \vdots & 0\end{pmatrix} \longrightarrow F_2 \to F_2 - F_1 \longrightarrow \begin{pmatrix} 1 & -1 & \vdots & 1\\ 0 & 0{,}01 & \vdots & -1\end{pmatrix}$$

que da por resultado $x=-99$ e $y=-100$.

Por tanto, pequeñas variaciones en los datos del sistema producen grandes variaciones en las soluciones. Se trata, pues, de un sistema mal condicionado.

4.18. Estudiar si las siguientes matrices

$$A=\begin{pmatrix} -2 & 1\\ 1 & -3\end{pmatrix}, \qquad B=\begin{pmatrix} 7 & 2 & 0\\ 3 & 5 & -1\\ 0 & 5 & -6\end{pmatrix}, \qquad C=\begin{pmatrix} 2 & -1 & 0\\ -1 & 4 & 2\\ 0 & 2 & 2\end{pmatrix}$$

son:

i) *simétricas*
ii) *singulares*
iii) *estrictamente diagonal dominantes*
iv) *definidas positivas.*

Solución

i) Una matriz se dice que es simétrica, si coincide con su traspuesta.

Calculemos las traspuestas de A, B y C.

$$A^t = \begin{pmatrix} -2 & 1 \\ 1 & -3 \end{pmatrix}, \qquad B^t = \begin{pmatrix} 7 & 3 & 0 \\ 2 & 5 & 5 \\ 0 & -1 & -6 \end{pmatrix}, \qquad C^t = \begin{pmatrix} 2 & -1 & 0 \\ -1 & 4 & 2 \\ 0 & 2 & 2 \end{pmatrix}$$

Luego A y C son simétricas.

ii) Una matriz se dice que es singular si el valor de su determinante es nulo. Como

$$|A| = 5, \qquad |B| = -139 \quad \text{y} \quad |C| = 6$$

resulta que las tres matrices son no singulares.

iii) Una matriz es estrictamente diagonal dominante si

$$|a_{ii}| > \sum_{\substack{j=1 \\ j \neq i}}^{n} |a_{ij}| \quad , \quad \forall i = 1, 2, \ldots, n$$

En la matriz A,

$$|-2| > |1| \quad \text{y} \quad |-3| > |1|$$

En la matriz B,

$$|7| > |2| + |0| \quad , \quad |5| > |3| + |-1| \quad \text{y} \quad |-6| > |5| + |0|$$

En la matriz C,

$$|2| > |-1| + |0| \quad , \quad |4| > |-1| + |2| \quad \text{y} \quad |2| = |2|$$

Por tanto, A y B son estrictamente diagonal dominantes.

iv) Una matriz simétrica se llama definida positiva si todas sus submatrices principales tienen determinantes positivos.

A es simétrica, pero no cumple la condición anterior. La matriz B no es simétrica, luego no puede ser definida positiva.

Calculemos los determinantes de las submatrices principales de C, ya que sí es simétrica.

$$|2|=2>0 \quad , \quad |4|=4>0 \quad , \quad |2|=2>0$$

$$\begin{vmatrix} 2 & -1 \\ -1 & 4 \end{vmatrix}=7>0 \quad , \quad \begin{vmatrix} 4 & 2 \\ 2 & 2 \end{vmatrix}=4>0 \quad \text{y} \quad |C|=6>0$$

Por tanto, C es la única definida positiva.

4.19. Dadas las matrices

$$A=\begin{pmatrix} 2 & -1 \\ -1 & 2 \end{pmatrix} \quad , \quad B=\begin{pmatrix} 2 & 1 & 0 \\ 1 & 2 & 0 \\ 0 & 0 & 3 \end{pmatrix}$$

Calcular:

a) Los *valores característicos.*

b) El *radio espectral.* ¿Son A y B convergentes?

c) $\|A\|_2$ y $\|B\|_2$.

Solución

a) Calculemos los valores característicos de A y de B.

$$|A-\lambda I|=\begin{vmatrix} 2-\lambda & -1 \\ -1 & 2-\lambda \end{vmatrix}=(2-\lambda)^2-1=\lambda^2-4\lambda+3=0$$

Luego los valores característicos de A son:

$$\lambda_1 = 3 \quad \text{y} \quad \lambda_2 = 1$$

$$|B - \lambda I| = \begin{vmatrix} 2-\lambda & 1 & 0 \\ 1 & 2-\lambda & 0 \\ 0 & 0 & 3-\lambda \end{vmatrix} = (3-\lambda)(\lambda^2 - 4\lambda + 3) = 0$$

Luego los valores característicos de B son:

$$\lambda_1 = 1 \quad \text{y} \quad \lambda_2 = 3 \quad \text{(doble)}$$

b) El radio espectral será el máximo de los valores característicos.

Así,

$$R(A) = R(B) = \text{máx } \{3, 1\} = 3$$

Luego A y B no son convergentes, puesto que su radio espectral no es menor que 1.

c) Se define la norma $\|\cdot\|_2$ de la siguiente forma:

$$\|A\|_2 = \sqrt{k(A^t \cdot A)}$$

Así

$$A^t \cdot A = \begin{pmatrix} 2 & -1 \\ -1 & 2 \end{pmatrix} \cdot \begin{pmatrix} 2 & -1 \\ -1 & 2 \end{pmatrix} = \begin{pmatrix} 5 & -4 \\ -4 & 5 \end{pmatrix} \Rightarrow$$

$$\Rightarrow |A^t \cdot A - \lambda I| = \lambda^2 - 10\lambda + 9 = 0 \Rightarrow \lambda_1 = 1 \quad \text{y} \quad \lambda_2 = 9$$

Luego

$$\|A\|_2 = \sqrt{9} = 3$$

Y para B,

$$B^t \cdot B = \begin{pmatrix} 5 & 4 & 0 \\ 4 & 5 & 0 \\ 0 & 0 & 9 \end{pmatrix}$$

$$\Rightarrow |B^t \cdot B - \lambda I| = (9-\lambda)(\lambda^2 - 10\lambda + 9) = 0 \Rightarrow \lambda_1 = 1 \quad \text{y} \quad \lambda_2 = 9 \quad \text{(doble)}$$

Por tanto,

$$\|B\|_2 = \sqrt{9} = 3$$

4.20. Supóngase que $x^{(1)}=(51 \quad -1 \quad -1)^t$ es una solución aproximada del sistema

$$\left.\begin{array}{l} x+y+z=4 \\ x-y+z=5 \\ x+y-z=6 \end{array}\right\}.$$

Deducir el vector residual asociado y la solución mejorada (*compruébese que es la exacta*).

Solución

El vector residual será igual a

$$r^{(1)}=B-A\cdot x^{(1)}=\begin{pmatrix}4\\5\\6\end{pmatrix}-\begin{pmatrix}1&1&1\\1&-1&1\\1&1&-1\end{pmatrix}\cdot\begin{pmatrix}5\\-1\\-1\end{pmatrix}=\begin{pmatrix}4\\5\\6\end{pmatrix}-\begin{pmatrix}3\\5\\5\end{pmatrix}=\begin{pmatrix}1\\0\\1\end{pmatrix}$$

Calculemos ahora la solución $y^{(1)}$ tal que

$$A\cdot y^{(1)}=r^{(1)}$$

$$\begin{pmatrix}1&1&1\\1&-1&1\\1&1&-1\end{pmatrix}\cdot\begin{pmatrix}x\\y\\z\end{pmatrix}=\begin{pmatrix}1\\0\\1\end{pmatrix}\Rightarrow$$

$$\left(\begin{array}{ccc:c}1&1&1&1\\1&-1&1&0\\1&1&-1&1\end{array}\right)\xrightarrow{\begin{array}{c}F_2\to F_2-F_1\\F_3\to F_3-F_1\end{array}}\left(\begin{array}{ccc:c}1&1&0&1\\0&-2&0&-1\\0&0&-2&0\end{array}\right)\Rightarrow$$

$$\Rightarrow y^{(1)}=\begin{pmatrix}0,5\\0,5\\0\end{pmatrix}$$

Por tanto, la solución mejorada $x^{(2)}$ será

$$x^{(2)}=x^{(1)}+y^{(1)}=\begin{pmatrix}5\\-1\\-1\end{pmatrix}+\begin{pmatrix}0,5\\0,5\\0\end{pmatrix}=\begin{pmatrix}5,5\\-0,5\\-1\end{pmatrix}$$

es decir,

$$x=5{,}5 \quad , \quad y=-0{,}5 \quad , \quad z=-1$$

que, como puede comprobarse, es la solución exacta del sistema.

4.21. Resolver el siguiente sistema mediante *refinamiento iterativo*, utilizando cuatro dígitos significativos redondeados en todos los cálculos.

$$\left.\begin{array}{r} 51x+82y=235 \\ 50{,}33x+81y=232 \end{array}\right\}$$

Solución

Resolvamos, aplicando *Gauss*, el sistema inicial $A \cdot X=B$.

$$\begin{pmatrix} 51 & 82 & \vdots & 235 \\ 50{,}33 & 81 & \vdots & 232 \end{pmatrix} F_2 \to F_2-0{,}9869F_1 \longrightarrow \begin{pmatrix} 51 & 82 & \vdots & 235 \\ 0 & 0{,}07 & \vdots & 0{,}1 \end{pmatrix}$$

de donde, $y=1{,}429$ y $x=2{,}310$.

Luego,

$$X^{(1)}=\begin{pmatrix} 2{,}310 \\ 1{,}429 \end{pmatrix}$$

Calculemos el valor residual.

$$r^{(1)}=B-A \cdot X^{(1)}=\begin{pmatrix} 235 \\ 232 \end{pmatrix}-\begin{pmatrix} 51 & 82 \\ 50{,}33 & 81 \end{pmatrix} \cdot \begin{pmatrix} 2{,}310 \\ 1{,}429 \end{pmatrix}=\begin{pmatrix} 0{,}012 \\ -0{,}019 \end{pmatrix}$$

Resolvamos ahora el sistema $A \cdot Y^{(1)}=r^{(1)}$.

$$\begin{pmatrix} 51 & 82 & \vdots & 0{,}012 \\ 50{,}33 & 81 & \vdots & -0{,}019 \end{pmatrix} \longrightarrow \begin{pmatrix} 51 & 82 & \vdots & 0{,}012 \\ 0 & 0{,}07 & \vdots & -0{,}03084 \end{pmatrix}$$

de donde, $y=-0{,}4406$ y $x=0{,}7086$, es decir,

$$\begin{pmatrix} 0{,}7086 \\ -0{,}4406 \end{pmatrix}$$

Por tanto,

$$X^{(2)}=X^{(1)}+Y^{(1)}=\begin{pmatrix}3{,}019\\0{,}9884\end{pmatrix}$$

Su valor residual será:

$$r^{(2)}=B-A\cdot X^{(2)}=\begin{pmatrix}235\\232\end{pmatrix}-\begin{pmatrix}51 & 82\\50{,}33 & 81\end{pmatrix}\cdot\begin{pmatrix}3{,}019\\0{,}9884\end{pmatrix}=\begin{pmatrix}-0{,}0178\\-0{,}01673\end{pmatrix}$$

Resolvamos el sistema $A\cdot Y^{(2)}=r^{(2)}$. Así,

$$\left(\begin{array}{cc:c}51 & 82 & -0{,}0178\\50{,}33 & 81 & -0{,}01673\end{array}\right)\longrightarrow\left(\begin{array}{cc:c}51 & 82 & -0{,}0178\\0 & 0{,}07 & 0{,}00084\end{array}\right)$$

de donde

$$Y^{(2)}=\begin{pmatrix}-0{,}01965\\0{,}012\end{pmatrix}$$

Luego,

$$X^{(3)}=X^{(2)}+Y^{(2)}=\begin{pmatrix}2{,}999\\1\end{pmatrix}$$

cuyo valor residual es

$$r^{(3)}=B-A\cdot X^{(3)}=\begin{pmatrix}0{,}051\\0{,}05033\end{pmatrix}$$

De nuevo resolvamos el sistema $A\cdot Y^{(3)}=r^{(3)}$, que da por solución

$$Y^{(3)}=\begin{pmatrix}0{,}001\\0\end{pmatrix}$$

Luego,

$$X^{(4)}=X^{(3)}+Y^{(3)}=\begin{pmatrix}3\\1\end{pmatrix}$$

cuyo valor residual, como puede comprobarse, es

$$r^{(4)}=\begin{pmatrix}0\\0\end{pmatrix}$$

En consecuencia, la solución del sistema es

$$x=3 \quad , \quad y=1$$

4.22. Probar que el siguiente sistema está mal condicionado.

$$\left.\begin{aligned} 1{,}01x+0{,}99y=2 \\ 0{,}99x+1{,}01y=2 \end{aligned}\right\}.$$

Solución

Calculemos, en primer lugar, la matriz inversa de la matriz de coeficientes del sistema.

Realizaremos los cálculos con tres decimales redondeados.

$$(A:I)=\begin{pmatrix} 1{,}01 & 0{,}99 & \vdots & 1 & 0 \\ 0{,}99 & 1{,}01 & \vdots & 0 & 1 \end{pmatrix} \longrightarrow F_1 \to \frac{1}{1{,}01} F_1 \longrightarrow$$

$$\longrightarrow \begin{pmatrix} 1 & 0{,}980 & \vdots & 0{,}990 & 0 \\ 0{,}990 & 1{,}01 & \vdots & 0 & 1 \end{pmatrix} \longrightarrow F_2 \to F_2 - 0{,}99F_1 \longrightarrow$$

$$\longrightarrow \begin{pmatrix} 1 & 0{,}980 & \vdots & 0{,}990 & 0 \\ 0 & 0{,}040 & \vdots & 0{,}980 & 1 \end{pmatrix} \longrightarrow F_2 \to \frac{1}{0{,}040} F_2 \longrightarrow$$

$$\longrightarrow \begin{pmatrix} 1 & 0{,}980 & \vdots & 0{,}990 & 0 \\ 0 & 1 & \vdots & 24{,}5 & 25 \end{pmatrix} \longrightarrow F_1 \to F_1 - 0{,}980F_2 \longrightarrow$$

$$\longrightarrow \begin{pmatrix} 1 & 0 & \vdots & -23{,}02 & -24{,}5 \\ 0 & 1 & \vdots & 24{,}5 & 25 \end{pmatrix}$$

Luego la matriz inversa es

$$A^{-1}=\begin{pmatrix} -23{,}02 & -24{,}5 \\ 24{,}5 & 25 \end{pmatrix}$$

Por tanto, para la norma infinita se tiene que

$$\|A\|_\infty=2 \quad \text{y} \quad \|A^{-1}\|_\infty=49{,}5$$

Luego el número condición de la matriz A será:

$$K(A) = \|A\| \cdot \|A^{-1}\| = 99$$

que resulta ser muy grande. Luego A es una matriz mal condicionada.

4.23. Descomponer en el producto de dos matrices triangulares, una inferior y otra superior (LU), aplicando el método de *Doolittle*, la matriz

$$A = \begin{pmatrix} 1 & 1 & 2 \\ -1 & 0 & 1 \\ 2 & 1 & -1 \end{pmatrix}.$$

Solución

Según el método de *Doolittle*, se trata de encontrar dos matrices, una triangular inferior con unos en la diagonal L y otra triangular superior U, tales que $A = L \cdot U$.

Así,

$$L = \begin{pmatrix} 1 & 0 & 0 \\ l_{21} & 1 & 0 \\ l_{31} & l_{32} & 1 \end{pmatrix} \quad \text{y} \quad U = \begin{pmatrix} u_{11} & u_{12} & u_{13} \\ 0 & u_{22} & u_{23} \\ 0 & 0 & u_{33} \end{pmatrix}$$

donde

$$u_{11} = a_{11} = 1 \quad , \quad u_{12} = a_{12} = 1 \quad , \quad u_{13} = a_{13} = 2$$

$$l_{21} = \frac{a_{21}}{u_{11}} = -1 \quad , \quad l_{31} = \frac{a_{31}}{u_{11}} = 2$$

$$u_{22} = a_{22} - l_{21} \cdot u_{12} = 0 - (-1) \cdot 1 = 1$$

$$u_{23} = a_{23} - l_{21} \cdot u_{13} = 1 - (-1) \cdot 2 = 3$$

$$l_{32} = \frac{a_{32} - l_{31} \cdot u_{12}}{u_{22}} = \frac{1 - 2 \cdot 1}{1} = -1$$

$$u_{33} = a_{33} - (l_{31} \cdot u_{13} + l_{32} \cdot u_{23}) = -1 - (2 \cdot 2 + (-1) \cdot 3) = -1 - (4 - 3) = -2$$

Entonces

$$L=\begin{pmatrix} 1 & 0 & 0 \\ -1 & 1 & 0 \\ 2 & -1 & 1 \end{pmatrix} \quad , \quad U=\begin{pmatrix} 1 & 1 & 2 \\ 0 & 1 & 3 \\ 0 & 0 & -2 \end{pmatrix}.$$

4.24. Aplicando el método de *Crout*, resolver el siguiente sistema de ecuaciones

$$\left.\begin{aligned} 2x_1+3x_2-x_3&=4 \\ x_1-x_2+3x_3&=-4 \\ x_2-x_3&=2 \end{aligned}\right\}.$$

Solución

Descompongamos la matriz de coeficientes A, en dos matrices triangulares, una inferior L y otra superior U con la diagonal igual a la unidad, de tal forma que $L \cdot U = A$.

Así,

$$A=\begin{pmatrix} 2 & 3 & -1 \\ 1 & -1 & 3 \\ 0 & 1 & -1 \end{pmatrix}$$

$$L=\begin{pmatrix} l_{11} & 0 & 0 \\ l_{21} & l_{22} & 0 \\ l_{31} & l_{32} & l_{33} \end{pmatrix} \quad , \quad U=\begin{pmatrix} 1 & u_{12} & u_{13} \\ 0 & 1 & u_{23} \\ 0 & 0 & 1 \end{pmatrix}$$

siendo

$$l_{11}=a_{11}=2 \quad , \quad l_{21}=a_{21}=1 \quad , \quad l_{31}=a_{31}=0$$

$$u_{12}=\frac{a_{12}}{l_{11}}=\frac{3}{2} \quad , \quad u_{13}=\frac{a_{13}}{l_{11}}=-\frac{1}{2}$$

$$l_{22}=a_{23}-l_{21}\cdot u_{12}=-1-1\cdot\frac{3}{2}=-\frac{5}{2}$$

$$u_{23}=\frac{a_{23}-l_{21}\cdot u_{13}}{l_{22}}=\frac{3-1\cdot\left(-\frac{1}{2}\right)}{-\frac{5}{2}}=-\frac{7}{5}$$

$$l_{32}=a_{32}-l_{31}\cdot u_{12}=1-0\cdot\frac{3}{2}=1$$

$$l_{33}=a_{33}-(l_{31}\cdot u_{13}+l_{32}\cdot u_{23})=-1-\left[0+1\cdot\left(-\frac{7}{5}\right)\right]=\frac{2}{5}$$

de donde

$$L=\begin{pmatrix} 2 & 0 & 0 \\ 1 & -\frac{5}{2} & 0 \\ 0 & 1 & \frac{2}{5} \end{pmatrix} \quad \text{y} \quad U=\begin{pmatrix} 1 & \frac{3}{2} & -\frac{1}{2} \\ 0 & 1 & -\frac{7}{5} \\ 0 & 0 & 1 \end{pmatrix}$$

El sistema inicial en notación matricial era

$$A\cdot X=B$$

y como $A=L\cdot U$, entonces

$$(L\cdot U)\cdot X=B$$

Multiplicando por la inversa de L, resulta

$$U\cdot X=L^{-1}\cdot B=B'$$

siendo

$$L^{-1}\cdot B=B' \quad \text{o} \quad L\cdot B'=B$$

Resolvamos, pues, el sistema $L\cdot B'=B$.

$$\begin{pmatrix} 2 & 0 & 0 \\ 1 & -\frac{5}{2} & 0 \\ 0 & 1 & \frac{2}{5} \end{pmatrix}\cdot\begin{pmatrix} b'_2 \\ b'_2 \\ b'_3 \end{pmatrix}=\begin{pmatrix} 4 \\ -4 \\ 2 \end{pmatrix}\Rightarrow b'_1=2 \quad , \quad b'_2=\frac{12}{5} \quad \text{y} \quad b'_3=-1$$

Y por último, el sistema $U \cdot X = B'$.

$$\begin{pmatrix} 1 & \frac{3}{2} & -\frac{1}{2} \\ 0 & 1 & -\frac{7}{5} \\ 0 & 0 & 1 \end{pmatrix} \cdot \begin{pmatrix} x_1 \\ x_2 \\ x_3 \end{pmatrix} = \begin{pmatrix} 2 \\ \frac{12}{5} \\ -1 \end{pmatrix} \Rightarrow x_1 = 0 \quad , \quad x_2 - 1 \quad \text{y} \quad x_3 = -1$$

Por tanto, la solución es:

$$x_1 = 0 \quad , \quad x_2 = 1 \quad \text{y} \quad x_3 = -1$$

4.25. Aplicar el método de *Doolittle* para resolver el siguiente sistema de ecuaciones:

$$\left.\begin{aligned} -x_1 + 2x_2 - x_3 &= 0 \\ 2x_1 - x_2 &= 1 \\ x_2 + 2x_3 - x_4 &= 0 \\ -x_3 + 2x_4 &= 1 \end{aligned}\right\}.$$

Solución

Descompongamos la matriz de coeficientes A en dos matrices triangulares, una inferior L con unos en la diagonal y otra superior U, de tal forma que $L \cdot U = A$.

Así,

$$A = \begin{pmatrix} -1 & 2 & -1 & 0 \\ 2 & -1 & 0 & 0 \\ 0 & -1 & 2 & -1 \\ 0 & 0 & -1 & 2 \end{pmatrix} \quad , \quad L = \begin{pmatrix} 1 & 0 & 0 & 0 \\ l_{21} & 1 & 0 & 0 \\ l_{31} & l_{32} & 1 & 0 \\ l_{41} & l_{42} & l_{43} & l_{44} \end{pmatrix}$$

$$U = \begin{pmatrix} u_{11} & u_{12} & u_{13} & u_{14} \\ 0 & u_{22} & u_{23} & u_{24} \\ 0 & 0 & u_{33} & u_{34} \\ 0 & 0 & 0 & u_{44} \end{pmatrix}.$$

Siendo

$$u_{11}=a_{11}=-1 \quad , \quad u_{12}=a_{12}=2 \quad , \quad u_{13}=a_{13}=-1$$

$$u_{14}=a_{14}=0 \quad , \quad l_{21}=\frac{a_{21}}{u_{11}}=-2$$

$$l_{31}=\frac{a_{31}}{u_{11}}=0 \quad , \quad l_{41}=\frac{a_{41}}{u_{11}}=0$$

$$u_{22}=a_{22}-l_{21}\cdot u_{12}=-1-(-2)\cdot(2)=3$$

$$u_{23}=a_{23}-l_{21}\cdot u_{13}=0-(-2)(-1)=-2$$

$$u_{24}=a_{24}-l_{21}\cdot u_{14}=0-(-2)(0)=0$$

$$l_{32}=\frac{a_{32}-l_{31}\cdot u_{12}}{u_{22}}=\frac{-1-0}{3}=-\frac{1}{3}$$

$$u_{33}=a_{33}-(l_{31}\cdot u_{13}+l_{32}\cdot u_{23})=2-\left[0+\left(-\frac{1}{2}\right)(-2)\right]=2-\frac{2}{3}=\frac{4}{3}$$

$$u_{34}=a_{34}-(l_{31}\cdot u_{14}+l_{32}\cdot u_{24})=-1-\left[0+\left(-\frac{1}{3}\right)\cdot 0\right]=-1$$

$$l_{42}=\frac{a_{42}-l_{41}\cdot u_{12}}{u_{22}}=\frac{0-0}{3}=0$$

$$l_{43}=\frac{a_{43}-(l_{41}\cdot u_{13}+l_{42}\cdot u_{23})}{u_{33}}=-\frac{3}{4}$$

$$u_{44}=a_{44}-(l_{41}\cdot u_{14}+l_{42}\cdot u_{24}+l_{43}\cdot u_{34})=\frac{5}{4}$$

De donde

$$L=\begin{pmatrix} 1 & 0 & 0 & 0 \\ -2 & 1 & 0 & 0 \\ 0 & -\frac{1}{3} & 1 & 0 \\ 0 & 0 & -\frac{3}{4} & 1 \end{pmatrix} \quad \text{y} \quad U=\begin{pmatrix} -1 & 2 & -1 & 0 \\ 0 & 3 & -2 & 0 \\ 0 & 0 & \frac{4}{3} & -1 \\ 0 & 0 & 0 & \frac{5}{4} \end{pmatrix}$$

Resolviendo el sistema $L \cdot B' = B$

$$\begin{pmatrix} 1 & 0 & 0 & 0 \\ -2 & 1 & 0 & 0 \\ 0 & -\frac{1}{3} & 1 & 0 \\ 0 & 0 & -\frac{3}{4} & 1 \end{pmatrix} \cdot \begin{pmatrix} b'_1 \\ b'_2 \\ b'_3 \\ b'_1 \end{pmatrix} = \begin{pmatrix} 0 \\ 1 \\ 0 \\ 1 \end{pmatrix} \Rightarrow B' = \begin{pmatrix} 0 \\ 1 \\ \frac{1}{3} \\ \frac{5}{4} \end{pmatrix}$$

Y, por último, el sistema $U \cdot X = B'$,

$$\begin{pmatrix} -1 & 2 & -1 & 0 \\ 0 & 3 & -2 & 0 \\ 0 & 0 & \frac{4}{3} & -1 \\ 0 & 0 & 0 & \frac{5}{4} \end{pmatrix} \cdot \begin{pmatrix} x_1 \\ x_2 \\ x_3 \\ x_4 \end{pmatrix} = \begin{pmatrix} 0 \\ 1 \\ \frac{1}{3} \\ \frac{5}{4} \end{pmatrix}$$

que da como resultado

$$x_1 = x_2 = x_3 = x_4 = 1$$

4.26. Resolver, aplicando el método de *Cholesky*, el siguiente sistema:

$$\left.\begin{aligned} x_1 - x_2 + x_3 &= 1 \\ -x_1 + 5x_2 + x_3 &= 1 \\ x_1 + x_2 + 3x_3 &= 0 \end{aligned}\right\}.$$

Solución

Para que se pueda aplicar el método de Cholesky, la matriz de coeficientes debe ser simétrica y definida positiva.

Compruébese que efectivamente lo es.

Se trata, pues, de descomponer la matriz A de coeficientes en el producto de una matriz triangular inferior L y otra matriz triangular superior L^t. Es decir,

$$A = L \cdot L^t$$

Así,

$$A=\begin{pmatrix} 1 & -1 & 1 \\ -1 & 5 & 1 \\ 1 & 1 & 3 \end{pmatrix}, \quad L=\begin{pmatrix} l_{11} & 0 & 0 \\ l_{21} & l_{22} & 0 \\ l_{31} & l_{32} & l_{33} \end{pmatrix} \quad \text{y} \quad L^t=\begin{pmatrix} l_{11} & l_{21} & l_{31} \\ 0 & l_{22} & l_{32} \\ 0 & 0 & l_{33} \end{pmatrix}$$

donde

$$l_{11}=\sqrt{a_{11}}=1 \quad , \quad l_{21}=\frac{a_{21}}{l_{11}}=-\frac{1}{1}=-1$$

$$l_{31}=\frac{a_{31}}{l_{11}}=\frac{1}{1}=1 \quad , \quad l_{22}=\sqrt{a_{22}-(l_{21})^2}=\sqrt{5-(-1)^2}=2$$

$$l_{32}=\frac{a_{32}-l_{31}\cdot l_{21}}{l_{22}}=\frac{1-1\cdot(-1)}{2}=1$$

$$l_{33}=\sqrt{a_{33}-(l_{31}^2+l_{32}^2)}=\sqrt{3-(1+1)}=1$$

Luego

$$L=\begin{pmatrix} 1 & 0 & 0 \\ -1 & 2 & 0 \\ 1 & 1 & 1 \end{pmatrix} \quad \text{y} \quad L^t=\begin{pmatrix} 1 & -1 & 1 \\ 0 & 2 & 1 \\ 0 & 0 & 1 \end{pmatrix}$$

Si $A\cdot X=B$ y $L\cdot L^t=A$, entonces

$$(L\cdot L^t)\cdot X=B \quad \text{o} \quad L\cdot(L^t\cdot X)=B$$

Llamando $L^t\cdot X=Y$, resolvemos el sistema

$$L\cdot Y=B$$

$$\begin{pmatrix} 1 & 0 & 0 \\ -1 & 2 & 0 \\ 1 & 1 & 1 \end{pmatrix}\cdot\begin{pmatrix} y_1 \\ y_2 \\ y_3 \end{pmatrix}=\begin{pmatrix} 1 \\ 1 \\ 0 \end{pmatrix} \Rightarrow \begin{matrix} y_1=1 \\ y_2=1 \\ y_3=-2 \end{matrix}$$

Y, por último, el sistema triangular $L^t\cdot X=Y$, es decir,

$$\begin{pmatrix} 1 & -1 & 1 \\ 0 & 2 & 1 \\ 0 & 0 & 1 \end{pmatrix}\cdot\begin{pmatrix} x_1 \\ x_2 \\ x_3 \end{pmatrix}=\begin{pmatrix} 1 \\ 1 \\ -2 \end{pmatrix}$$

que tiene por solución

$$x_1=\frac{9}{2} \quad , \quad x_2=\frac{3}{2} \quad \text{y} \quad x_3=-2$$

4.27. Aplicando el método de *Cholesky*, resolver el siguiente sistema:

$$\left.\begin{aligned} x_1+2x_2-x_3&=2\\ 2x_1+5x_2+x_3+x_4&=6\\ -x_1+x_2+14x_3+5x_4&=6\\ x_2+5x_3+3x_4&=2 \end{aligned}\right\}$$

Solución

La matriz de coeficientes

$$A=\begin{pmatrix} 1 & 2 & -1 & 0\\ 2 & 5 & 1 & 1\\ -1 & 1 & 14 & 5\\ 0 & 1 & 5 & 3 \end{pmatrix}$$

es simétrica y definida positiva como puede comprobarse.

Por tanto, se trata de encontrar una matriz L triangular inferior, tal que

$$L\cdot L^t=A$$

Donde

$$L=\begin{pmatrix} l_{11} & 0 & 0 & 0\\ l_{21} & l_{22} & 0 & 0\\ l_{31} & l_{32} & l_{33} & 0\\ l_{41} & l_{42} & l_{43} & l_{44} \end{pmatrix}.$$

Siendo

$$l_{11}=\sqrt{a_{11}}=1 \quad , \quad l_{21}=\frac{a_{21}}{l_{11}}=2$$

$$l_{31}=\frac{a_{31}}{l_{11}}=-1 \quad , \quad l_{41}=\frac{a_{41}}{l_{11}}=0$$

$$l_{22}=\sqrt{a_{22}-l_{21}^2}=\sqrt{5-4}=1$$

$$l_{32}=\frac{a_{32}-l_{31}\cdot l_{21}}{l_{22}}=\frac{1-(-1)\cdot 2}{1}=3$$

$$l_{33}=\sqrt{a_{33}-(l_{31}^2+l_{32}^2)}=\sqrt{14-(1+9)}=2$$

$$l_{42}=\frac{a_{42}-l_{41}\cdot l_{21}}{l_{22}}=\frac{1-0}{1}=1$$

$$l_{43}=\frac{a_{43}-l_{41}\cdot l_{31}-l_{42}\cdot l_{32}}{l_{33}}=\frac{5-0-3}{2}=1$$

$$l_{44}=\sqrt{a_{44}-l_{41}^2-l_{42}^2-l_{43}^2}=\sqrt{3-0-1-1}=1$$

Entonces

$$L=\begin{pmatrix} 1 & 0 & 0 & 0 \\ 2 & 1 & 0 & 0 \\ -1 & 3 & 2 & 0 \\ 0 & 1 & 1 & 1 \end{pmatrix} \quad \text{y} \quad L^t=\begin{pmatrix} 1 & 2 & -1 & 0 \\ 0 & 1 & 3 & 1 \\ 0 & 0 & 2 & 1 \\ 0 & 0 & 0 & 1 \end{pmatrix}$$

Resolvamos la ecuación $L\cdot Y=B$,

$$\begin{pmatrix} 1 & 0 & 0 & 0 \\ 2 & 1 & 0 & 0 \\ -1 & 3 & 2 & 0 \\ 0 & 1 & 1 & 1 \end{pmatrix}\cdot\begin{pmatrix} y_1 \\ y_2 \\ y_3 \\ y_4 \end{pmatrix}\begin{pmatrix} 2 \\ 6 \\ 6 \\ 2 \end{pmatrix} \Rightarrow y_1=2 \quad , \quad y_2=2 \quad , \quad y_3=1 \quad , \quad y_4=-1$$

Y, por último, la ecuación $L^t\cdot X=Y$,

$$\begin{pmatrix} 1 & 2 & -1 & 0 \\ 0 & 1 & 3 & 1 \\ 0 & 0 & 2 & 1 \\ 0 & 0 & 0 & 1 \end{pmatrix}\cdot\begin{pmatrix} x_1 \\ x_2 \\ x_3 \\ x_4 \end{pmatrix}=\begin{pmatrix} 2 \\ 2 \\ 1 \\ -1 \end{pmatrix} \Rightarrow x_1=3 \quad , \quad x_2=0 \quad , \quad x_3=1 \quad , \quad x_4=-1$$

que es la solución definitiva del sistema.

4.28. Dada la matriz

$$A=\begin{pmatrix} 5 & -5 & -7 \\ -4 & 2 & -4 \\ 7 & -4 & 5 \end{pmatrix}$$

Hallar las normas $\|A\|_1$, $\|A\|_\infty$ y $\|A\|_e$.

Solución

La norma $\|A\|_1$ es igual al valor máximo de las sumas de las columnas, considerados los elementos en valor absoluto. Así,

$$\|A\|_1 = \text{máx}\,\{16,\ 11,\ 16\} = 16$$

La norma $\|A\|_\infty$ es el máximo de las sumas de las filas, considerados los elementos en valor absoluto. Así,

$$\|A\|_\infty = \text{máx}\,\{17,\ 10,\ 16\} = 17$$

Por último, la norma $\|A\|_\infty$, llamada norma *euclidea*, se define por

$$\|A\|_e = \sqrt{\sum_{i=1}^{n}\sum_{j=1}^{n} a_{ij}^2}$$

Particularizando,

$$\|A\|_e = \sqrt{25+25+49+16+4+\cdots+25} = \sqrt{225} = 15$$

4.29. Dada la matriz

$$A=\begin{pmatrix} 1 & 0 & 1 \\ 2 & 2 & 1 \\ -1 & 0 & 0 \end{pmatrix}.$$

Se pide:

a) Los valores propios de A.
b) El radio espectral $R(A)$.
c) La norma $\|A\|_2$.

Solución

a) Los valores propios de A son las raíces del polinomio característico, es decir, los valores de α que verifican la ecuación $|A-\alpha\cdot I|=0$.

Así,

$$|A-\alpha\cdot I|=\begin{vmatrix} 1-\alpha & 0 & 1 \\ 2 & 2-\alpha & 1 \\ -1 & 0 & -\alpha \end{vmatrix}=(2-\alpha)\,(\alpha^2-\alpha+1)=0$$

que tiene por raíces

$$\alpha_1=2 \quad , \quad \alpha_2=\frac{1}{2}+\frac{\sqrt{3}}{2}\,i \quad \text{y} \quad \alpha_3=\frac{1}{2}-\frac{\sqrt{3}}{2}\,i$$

b) El radio espectral se define como el máximo de los valores característicos, es decir,

$$R(A)=\text{máx}\,\{|\alpha_1|,\ |\alpha_2|,\ |\alpha_3|\}$$

Como

$$|\alpha_1|=2$$

$$|\alpha_2|=\sqrt{\frac{1}{4}+\frac{3}{4}}=1$$

$$|\alpha_3|=\sqrt{\frac{1}{4}+\frac{3}{4}}=1$$

Entonces $R(A)=2$.

c) Calculemos, en primer lugar, $A^t\cdot A$. Es decir,

$$A^t\cdot A=\begin{pmatrix} 6 & 4 & 3 \\ 4 & 4 & 2 \\ 3 & 2 & 2 \end{pmatrix}$$

Y, después, los valores característicos de dicha matriz. Así,

$$\begin{vmatrix} 6-\lambda & 4 & 3 \\ 4 & 4-\lambda & 2 \\ 3 & 2 & 2-\lambda \end{vmatrix} = -\lambda^3+12\lambda^2-15\lambda+4=0 \Rightarrow$$

$$\Rightarrow \lambda_1=1 \quad , \quad \lambda_2=\frac{11-\sqrt{105}}{2} \quad \text{y} \quad \lambda_3=\frac{11+\sqrt{105}}{2}$$

Por tanto,

$$R(A^t \cdot A)=\text{máx}\left\{1, \sqrt{\frac{113}{2}}\right\}=\sqrt{\frac{113}{2}}$$

y

$$\|A\|_2=\sqrt{\sqrt{\frac{113}{2}}}\simeq 2{,}74$$

4.30. Aplicar el método iterativo de *Jacobi* para resolver el sistema

$$\left.\begin{aligned} 7x_1-x_2+4x_3&=8 \\ 3x_1-8x_2+2x_3&=-4 \\ -4x_1+x_2-6x_3&=3 \end{aligned}\right\}.$$

Realizar los cálculos con tres decimales redondeados e iterar hasta que se cumpla que

$$\|x_i^{(r+1)}-x_i^{(r)}\|_\infty < 0{,}03$$

Solución

Analicemos previamente si la matriz de coeficientes es estrictamente diagonal dominante, ya que es condición suficiente para que el proceso iterativo sea convergente

$$|7|>|-1|+|4| \quad , \quad |-8|>|3|+|2| \quad \text{y} \quad |-6|>|-4|+|1|$$

Luego, efectivamente, cumple la condición suficiente de convergencia.

Las fórmulas de iteración de *Jacobi* para este sistema serán:

$$\left.\begin{aligned} x_1^{(r+1)} &= \frac{1}{7}\,(8+x_2^{(r)}-4x_3^{(r)}) \\ x_2^{(r+1)} &= \frac{1}{8}\,(4+3x_1^{(r)}+2x_3^{(r)}) \\ x_3^{(r+1)} &= -\frac{1}{6}\,(3+4x_1^{(r)}-x_2^{(r)}) \end{aligned}\right\}$$

Comencemos con la aproximación inicial

$$x_1^{(0)}=x_2^{(0)}=x_3^{(0)}=0$$

Entonces, la primera iteración resulta

$$\left\{\begin{aligned} x_1^{(1)} &= \frac{8}{7}=1{,}143 \\ x_2^{(1)} &= \frac{4}{8}=0{,}5 \\ x_3^{(1)} &= -\frac{3}{6}=-0{,}5 \end{aligned}\right.$$

y la segunda

$$\left\{\begin{aligned} x_1^{(2)} &= \frac{1}{7}\,(8+0{,}5+4\cdot 0{,}5)=1{,}5 \\ x_2^{(2)} &= \frac{1}{8}\,(4+3\cdot 1{,}143-2\cdot 0{,}5)=0{,}804 \\ x_3^{(2)} &= -\frac{1}{6}\,(3+4\cdot 1{,}143-0{,}5)=-1{,}179 \end{aligned}\right.$$

Así sucesivamente hasta que se cumpla la condición de paro establecida. En la siguiente tabla se muestran las iteraciones necesarias, que resultan ser diez.

r	0	1	2	3	4	5
x_1	0	1,143	1,5	1,931	2,033	2,217
x_2	0	0,5	0,804	0,768	0,883	0,848
x_3	0	−0,5	−1,179	−1,366	−1,659	−1,708

r	6	7	8	9	10
x_1	2,240	2,322	2,322	2,359	2,354
x_2	0,904	0,881	0,910	0,896	0,911
x_3	−1,837	−1,843	−1,901	−1,896	−1,923

$$\|x_i^{(10)} - x_i^{(9)}\| = \text{máx}\,\{0{,}005,\ 0{,}015,\ 0{,}027\} = 0{,}027 < 0{,}03$$

Compruébese que en las iteraciones anteriores no se cumple esta condición.

Por tanto, la solución aproximada de este sistema es:

$$x_1 = 2{,}354 \quad , \quad x_2 = 0{,}911 \quad \text{y} \quad x_3 = -1{,}923$$

4.31. Aplicando el método iterativo de *Gauss-Seidel*, resolver el sistema del ejercicio 30.

Solución

La condición suficiente de convergencia está probada en el ejercicio anterior. Comencemos, pues, escribiendo las ecuaciones iterativas del algoritmo de *Gauss-Seidel.*

$$\begin{cases} x_1^{(r+1)} = \dfrac{1}{7}\,(8 + x_2^{(r)} - 4x_3^{(r)}) \\[2ex] x_2^{(r+1)} = \dfrac{1}{8}\,(4 + 3x_1^{(r+1)} + 2x_3^{(r)}) \\[2ex] x_3^{(r+1)} = -\dfrac{1}{6}\,(3 + 4x_1^{(r+1)} - x_2^{(r+1)}) \end{cases}$$

Si la aproximación inicial es

$$x_1^{(0)} = x_2^{(0)} = x_3^{(0)} = 0$$

la primera iteración resulta

$$\begin{cases} x_1^{(1)} = \dfrac{1}{7} \cdot 8 = 1{,}143 \\[2ex] x_2^{(1)} = \dfrac{1}{8}\,(4 + 2 \cdot 1{,}143) = 0{,}929 \\[2ex] x_3^{(1)} = -\dfrac{1}{6}\,(3 + 4 \cdot 1{,}143 - 0{,}929) = -1{,}107 \end{cases}$$

y la segunda,

$$\left\{\begin{aligned} x_1^{(2)} &= \frac{1}{7}\,(8+0{,}929-4\cdot(-1{,}107))=1{,}908 \\ x_2^{(2)} &= \frac{1}{8}\,(4+3\cdot 1{,}908+2\cdot(-1{,}107))=0{,}939 \\ x_3^{(2)} &= -\frac{1}{6}\,(3+4\cdot 1{,}908-0{,}939)=-1{,}616 \end{aligned}\right.$$

Continuando el proceso sucesivamente hasta que se cumpla la condición establecida, se obtienen los siguientes resultados:

r	0	1	2	3	4	5	6
x_1	—	1,143	1,908	2,200	2,310	2,352	2,368
x_2	0	0,929	0,939	0,921	0,913	0,910	0,909
x^3	0	−1,107	−1,616	−1,813	−1,888	−1,916	−1,927

$$\|x_i^{(6)}-x_i^{(5)}\|=\text{máx}\,\{0{,}016,\ 0{,}001,\ 0{,}011\}=0{,}016<0{,}03$$

Luego la solución aproximada del sistema es:

$$x_1=2{,}368 \quad , \quad x_2=0{,}909 \quad \text{y} \quad x_3=-1{,}923$$

Obsérvese cómo el método de *Gauss-Seidel* requiere solamente seis iteraciones, mientras que el método de *Jacobi* requería diez para la misma precisión.

4.32. Aplicar el método iterativo de *Gauss-Seidel* para encontrar una solución aproximada del sistema:

$$\left.\begin{aligned} -x_2+6x_3&=-40 \\ 8x_1-5x_3&=16 \\ x_1+3x_2&=0 \end{aligned}\right\}.$$

Realizando todos los cálculos con tres decimales redondeados e iterar hasta que se cumpla $|x_i^{(r+1)}-x_i^{(r)}|\leqslant 0{,}1\cdot 10^{-2}$, para todo i.

Solución

Comprobemos primero si la matriz de coeficientes es estrictamente diagonal dominante.

$$|0|<|-1|+|6| \quad , \quad |0|<|8|+|-5| \quad \text{y} \quad |0|<|1|+|3|$$

No lo es. Pero intercambiando las ecuaciones se puede conseguir tal condición. En efecto, reordenando el sistema, resulta de la forma:

$$\left.\begin{aligned} 8x_1-5x_3&=16 \\ x_1+3x_2&=0 \\ -x_2+6x_3&=-40 \end{aligned}\right\}$$

que ya cumple la condición de estrictamente diagonal dominante.

Por tanto, las fórmulas iterativas son:

$$\left\{\begin{aligned} x_1^{(r+1)}&=\frac{1}{8}\,(16+5x_3^{(r)}) \\ x_2^{(r+1)}&=-\frac{1}{3}\,(x_1^{(r+1)}) \\ x_3^{(r+1)}&=\frac{1}{6}\,(-40+x_2^{(r+1)}) \end{aligned}\right.$$

Hasta conseguir la condición de paro, son necesarias cinco iteraciones, cuyos resultados vienen expresados en la siguiente tabla:

r	0	1	2	3	4	5
x_1	—	2	$-2{,}236$	$-2{,}089$	$-2{,}094$	$-2{,}094$
x_2	0	$-0{,}667$	0,745	0,696	0,698	0,698
x_3	0	$-6{,}778$	$-6{,}543$	$-6{,}551$	$-6{,}550$	$-6{,}550$

Por tanto, la solución aproximada de este sistema es:

$$x_1=-2{,}094 \quad , \quad x_2=0{,}698 \quad \text{y} \quad x_3=-6{,}550$$

4.33. Encontrar una solución aproximada del sistema siguiente:

$$\left.\begin{aligned} 3x_1+x_2-x_4&=4\\ 3x_2-x_3&=-2\\ 2x_1+4x_3&=5\\ 5x_4&=2{,}5 \end{aligned}\right\}$$

utilizando el método iterativo de *Gauss-Seidel* y realizando los cálculos con dos decimales redondeados.

Solución

Como puede comprobarse, la matriz de coeficientes es estrictamente diagonal dominante, lo que garantiza un proceso iterativo convergente hacia la solución.

Las ecuaciones iterativas son:

$$\left\{\begin{aligned} x_1^{(r+1)}&=\frac{1}{3}\,(4-x_2^{(r)}+x_4^{(r)})\\ x_2^{(r+1)}&=\frac{1}{3}\,(-2+x_3^{(r)})\\ x_3^{(r+1)}&=\frac{1}{4}\,(5-2x_1^{(r+1)})\\ x_4^{(r+1)}&=0{,}5 \end{aligned}\right.$$

Como no se indica ningún criterio de terminación para el proceso iterativo, se entiende que el proceso concluye cuando en dos iteraciones consecutivas se obtengan los mismo valores para cada incógnita.

Los resultados obtenidos vienen reflejados en la siguiente tabla:

r	0	1	2	3	4	5
x_1	—	1,33	1,72	1,66	1,68	1,68
x_2	0	−0,67	−0,47	−0,54	−0,53	−0,53
x_3	0	0,59	0,39	0,42	0,41	0,41
x_4	0	0,5	0,5	0,5	0,5	0,5

Luego han sido necesarias cinco iteraciones, y la solución aproximada es:

$$x_1 = 1{,}68 \quad , \quad x_2 = -0{,}53 \quad , \quad x_3 = 0{,}41 \quad \text{y} \quad x_4 = 0{,}5$$

4.34. Aplicar el método de *Gauss-Seidel* para obtener la solución exacta del sistema

$$\left.\begin{aligned} x_1 + 6x_2 + 2x_3 &= 15 \\ x_1 + x_2 - 6x_3 &= -3 \\ 6x_1 + x_2 + x_3 &= 9 \end{aligned}\right\}$$

realizando los cálculos con tres decimales redondeados.

Solución

Reordenando las ecuaciones para que la matriz de coeficientes sea estrictamente diagonal dominante, resulta el sistema:

$$\left.\begin{aligned} 6x_1 + x_2 + x_3 &= 9 \\ x_1 + 6x_2 + 2x_3 &= 15 \\ x_1 + x_2 - 6x_3 &= -3 \end{aligned}\right\}.$$

Las fórmulas iterativas son:

$$\left\{\begin{aligned} x_1^{(r+1)} &= \frac{1}{6}\,(9 - x_2^{(r)} - x_3^{(r)}) \\ x_2^{(r+1)} &= \frac{1}{6}\,(15 - x_1^{(r+1)} - 2x_3^{(r)}) \\ x_3^{(r+1)} &= -\frac{1}{6}\,(-3 - x_1^{(r+1)} - x_2^{(r+1)}) \end{aligned}\right.$$

y los resultados obtenidos vienen dados en la tabla siguiente:

r	0	1	2	3	4	5
x_1	—	1,5	0,938	1,008	0,999	1
x_2	0	2,25	1,969	2,004	2	2
x_3	0	1,125	0,985	1,002	1	1

Por tanto, han sido necesarias cinco iteraciones para obtener la solución exacta:

$$x_1=1 \quad , \quad x_2=2 \quad \text{y} \quad x_3=1$$

4.35. Se consideran los sistemas

$$(1) \quad \left.\begin{aligned} 2x+4y&=8 \\ x-y&=-5 \end{aligned}\right\} \quad , \qquad (2) \quad \left.\begin{aligned} 2x-y&=-8 \\ x+y&=-1 \end{aligned}\right\}$$

Ambos tienen matriz de coeficientes no estrictamente diagonal dominante. Probar que al aplicar el método de Gauss-Seidel, (1) es divergente y, sin embargo, (2) es convergente. (Utilícense seis iteraciones.)

Solución

Para el sistema (1) las fórmulas iterativas de Gauss-Seidel son:

$$\left.\begin{aligned} x^{(r+1)}&=4-2y^{(r)} \\ y^{(r+1)}&=5+x^{(r+1)} \end{aligned}\right\}$$

cuyas seis primeras iteraciones vienen representadas en la siguiente tabla:

r	0	1	2	3	4	5	6
x	–	4	−14	22	−50	94	−184
y	0	9	−9	27	−45	99	−179

Obviamente se genera un algoritmo divergente, ya que la solución exacta del sistema es $x=-2$ e $y=3$.

Para el sistema (2), las fórmulas de iteración de *Gauss-Seidel* son:

$$\left.\begin{aligned} x^{(r+1)}&=-4+\frac{1}{2}y^{(r)} \\ y^{(r+1)}&=-1-x^{(r+1)} \end{aligned}\right\}.$$

y sus seis primeras iteraciones, las siguientes:

r	0	1	2	3	4	5	6
x	–	-4	$-2,5$	$-3,25$	$-2,875$	$-3,0625$	$-2,96875$
y	0	3	1,5	2,25	1,875	2,0625	1,96875

que converge a la solución exacta $x=-3$ e $y=2$.

Obsérvese, pues, que la condición de estrictamente diagonal dominante para la matriz de coeficientes del sistema es suficiente, pero no necesaria, para que el proceso iterativo de Gauss-Seidel sea convergente hacia la solución.

4.36. Probar que la matriz

$$A=\begin{pmatrix} 1 & 2 & 3 \\ 2 & 4 & -1 \\ 0 & 1 & 1 \end{pmatrix},$$

no admite una descomposición LU.

Solución

En efecto, veamos qué ocurre si consideramos la matriz A como la matriz de coeficientes de un sistema genérico $A \cdot X=B$, e intentamos aplicar el método de eliminación de Gauss sin intercambio de ecuaciones ni de incógnitas.

$$\left(\begin{array}{ccc:c} 1 & 2 & 3 & b_1 \\ 2 & 4 & -1 & b_2 \\ 0 & 1 & 1 & b_3 \end{array}\right) \longrightarrow F_2 \to F_2 - 2F_1 \longrightarrow \left(\begin{array}{ccc:c} 1 & 2 & 3 & b_1 \\ 0 & 0 & -7 & b_2 \\ 0 & 1 & 1 & b_3 \end{array}\right)$$

Resulta, pues, que el elemento pivote de la segunda fila es nulo, y no se puede continuar el algoritmo de *Gauss* sin intercambiar ecuaciones. En consecuencia, no se cumple el requisito previo para la descomposición LU.

Compruébese que si se intenta aplicar cualquiera de los dos métodos, *Doolittle* o *Crout*, es imposible (resulta una devisión por cero) encontrar todos los elementos de las matrices L y U.

4.37. Dado el sistema de ecuaciones no lineales

$$\left.\begin{aligned} e^x - y = 0 \\ xy - e^x = 0 \end{aligned}\right\}$$

aplicar el método de *Newton* para encontrar una solución aproximada, trabajando con dos decimales redondeados, e iterar hasta que la diferencia, en valor absoluto, entre las variables en dos iteraciones consecutivas sea inferior o igual a 0,03. Comenzando el proceso con la aproximación inicial $x^0 = 0{,}95$ e $y^0 = 2{,}7$.

Solución

Las dos funciones a considerar son:

$$f(x, y) = e^x - y \quad , \quad g(x, y) = xy - e^x$$

y la matriz *jacobiana*,

$$J(x, y) = \begin{pmatrix} \dfrac{\partial f}{\partial x} & \dfrac{\partial f}{\partial y} \\ \dfrac{\partial g}{\partial x} & \dfrac{\partial g}{\partial y} \end{pmatrix} = \begin{pmatrix} e^x & -1 \\ y - e^x & x \end{pmatrix}$$

Por tanto, el primer paso consiste en encontrar la matriz Δ, tal que $J \cdot \Delta = -F$, es decir,

$$\begin{pmatrix} e^x & -1 \\ y - e^x & x \end{pmatrix} \cdot \begin{pmatrix} \Delta_x \\ \Delta_y \end{pmatrix} = -\begin{pmatrix} e^x - y \\ xy - e^x \end{pmatrix}$$

que da lugar al sistema:

$$\left.\begin{aligned} e^x \Delta_x - \Delta_y = -e^x + y \\ (y - e^x)\Delta_x - \Delta_y x = -xy + e^x \end{aligned}\right\} \quad (1)$$

Sustituyendo la aproximación inicial, resulta

$$\left.\begin{aligned} e^{0,95} \cdot \Delta_x - \Delta_y = -e^{0,95} + 2{,}7 \\ (2{,}7 - e^{0,95}) \cdot \Delta_x - 0{,}95 \cdot \Delta_y = -0{,}95 \cdot 2{,}7 + e^{0,95} \end{aligned}\right\}$$

que tiene por solución

$$\Delta_x = 0{,}04 \quad \text{y} \quad \Delta_y = -0{,}01$$

El segundo paso trata de encontrar la aproximación de la primera iteración, de la siguiente forma:

$$x^{(1)}=0{,}95+0{,}04=0{,}99 \quad \text{e} \quad y^{(1)}=2{,}7+(-0{,}01)=2{,}69$$

Sustituyendo en el sistema (1) los nuevos valores $x^{(1)}$, $y^{(1)}$, resulta,

$$\left.\begin{aligned} e^{0,99}\cdot\Delta_x-\Delta_y &= -e^{0,99}+2{,}69 \\ (2{,}69-e^{0,99})\Delta_x-(0{,}99)\cdot\Delta_x &= -(0{,}99)\,(2{,}69)+e^{0,99} \end{aligned}\right\}$$

cuya solución es

$$\Delta_x=-0{,}01 \quad \text{y} \quad \Delta_y=-0{,}03$$

Así, la segunda iteración resulta,

$$x^{(2)}=-0{,}01+0{,}99=0{,}98 \quad \text{e} \quad y^{(2)}=-0{,}03+2{,}69=2{,}66$$

que cumple la condición para detener el proceso. Por tanto, la solución aproximada del sistema es:

$$x=0{,}98 \quad \text{e} \quad y=2{,}66$$

4.38. Una empresa se dedica a la fabricación de cuatro tipos de jabón. Desde la compra de materias primas hasta la disposición para la distribución se realizan las siguientes fases: I) se mezclan los dos tipos de materias primas utilizadas, grasa vegetal y sosa cáustica; II) se introduce la mezcla obtenida en unos moldes preparados al efecto; III) los bloques obtenidos en la fase anterior se cortan y troquelan, y IV) las pastillas así obtenidas se envasan en cajas de cartón de doscientas unidades.

Los recursos necesarios para producir los cuatro tipos de jabones, por caja fabricada, vienen dados en la siguiente tabla:

Jabón	*S. mezclado*		*S. moldeado*	*S. troquelado*
	Kg grasa	*Kg sosa*	*Hora/máquina*	*Hora/máquina*
J_1	20	10	10	3
J_2	25	15	8	4
J_3	40	20	10	7
J_4	50	22	15	20

Si se dispone durante una semana de 1.970 *kg* de grasa vegetal, 970 *kg* de sosa cáustica, 601 *hora/máquina* en la sección de moldeados y de 504 *horas/máquina* en la sección de troquelado, ¿cuántas cajas de jabones de cada tipo se pueden producir, utilizando todos los recursos disponibles, en una semana?

Solución

Llamando x, y, z y t al número de cajas de cada tipo que se pueden fabrican durante una semana, se tiene el siguiente sistema:

$$\left.\begin{array}{r} 20x+25y+40z+50t=1.970 \\ 10x+15y+20z+22t=970 \\ 10x+8y+10z+15t=601 \\ 3x+4y-7z+20t=504 \end{array}\right\}$$

Como la matriz de coeficientes no es estrictamente diagonal dominante, no utilizaremos el método iterativo de *Gauss-Seidel*. Aplicaremos el método de eliminación de *Gauss* simple. Así,

$$\left(\begin{array}{cccccc} 20 & 25 & 40 & 50 & \vdots & 1.970 \\ 10 & 15 & 20 & 22 & \vdots & 970 \\ 10 & 8 & 10 & 15 & \vdots & 601 \\ 3 & 4 & 7 & 20 & \vdots & 504 \end{array}\right) \longrightarrow \begin{array}{l} F_2 \rightarrow F_2 - 0{,}5F_1 \\ F_3 \rightarrow F_3 - 0{,}5F_1 \\ F_4 \rightarrow F_4 - 0{,}15F_1 \end{array}$$

$$\left(\begin{array}{cccccc} 20 & 25 & 40 & 50 & \vdots & 1.970 \\ 0 & 2{,}5 & 0 & -3 & \vdots & -15 \\ 0 & -4{,}5 & -10 & -10 & \vdots & -384 \\ 0 & 0{,}25 & 1 & 12{,}5 & \vdots & 208{,}5 \end{array}\right) \longrightarrow \begin{array}{l} F_3 \rightarrow F_3 + 1{,}8F_2 \\ F_4 \rightarrow F_4 - 0{,}1F_2 \end{array} \longrightarrow$$

$$\longrightarrow \left(\begin{array}{cccccc} 20 & 25 & 40 & 50 & \vdots & 1.970 \\ 0 & 2{,}5 & 0 & -3 & \vdots & -15 \\ 0 & 0 & -10 & -15{,}4 & \vdots & -411 \\ 0 & 0 & 1 & 12{,}8 & \vdots & 210 \end{array}\right) \longrightarrow F_4 \rightarrow F_4 + 0{,}1F_3 \longrightarrow$$

$$\longrightarrow \left(\begin{array}{cccccc} 20 & 25 & 40 & 50 & \vdots & 1.970 \\ 0 & 2{,}5 & 0 & -3 & \vdots & -15 \\ 0 & 0 & -10 & -15{,}4 & \vdots & -411 \\ 0 & 0 & 0 & 11{,}26 & \vdots & 168{,}9 \end{array}\right)$$

que tiene por solución:

$$x=10 \quad , \quad y=12 \quad , \quad z=18 \quad , \quad t=15$$

Por tanto, utilizando todos los recursos disponibles, se podrán fabricar en una semana 10, 12, 17 y 15 cajas de los jabones J_1, J_2, J_3 y J_4, respectivamente.

4.39. Calcular los valores y vectores propios de la matriz

$$A=\begin{pmatrix} 3 & -2 & 0 \\ -2 & 3 & 0 \\ 0 & 0 & 5 \end{pmatrix}$$

Solución

Calculemos la ecuación característica $|A-kI|=0$.

$$\begin{vmatrix} 3-k & -2 & 0 \\ -2 & 3-k & 0 \\ 0 & 0 & 5-k \end{vmatrix} = (k-1)\cdot(k-5)^2=0$$

Que tiene por soluciones $k_1=1$ y $k_2=5$ (*doble*), y que son precisamente los valores propios de la matriz A.

A continuación calculemos los vectores propios asociados al valor propio $k_1=1$. Para ello resolvamos el sistema

$$(A-k_1\cdot I)\cdot \mathbf{u}=\mathbf{o}$$

es decir,

$$\begin{pmatrix} 2 & -2 & 0 \\ -2 & 2 & 0 \\ 0 & 0 & 4 \end{pmatrix}\cdot\begin{pmatrix} x \\ y \\ z \end{pmatrix}=\begin{pmatrix} 0 \\ 0 \\ 0 \end{pmatrix} \Leftrightarrow \left.\begin{array}{r} 2x-2y=0 \\ -2x+2y=0 \\ 4z=0 \end{array}\right\} \Leftrightarrow \begin{array}{l} x=y \\ z=0 \end{array}$$

Por tanto,

$$\mathbf{u}=(\lambda,\ \lambda,\ 0)^t \quad , \quad \lambda\in\mathbb{R}^*$$

es la expresión de los vectores propios de A asociados al valor propio $k=1$.

Por último, hallemos los vectores propios asociados a $k_2=5$. Así,

$$\begin{pmatrix} -2 & -2 & 0 \\ -2 & -2 & 0 \\ 0 & 0 & 0 \end{pmatrix} \cdot \begin{pmatrix} x \\ y \\ z \end{pmatrix} = \begin{pmatrix} 0 \\ 0 \\ 0 \end{pmatrix} \Leftrightarrow \left.\begin{matrix} -2x-2y=0 \\ -2x-2y=0 \end{matrix}\right\} \Leftrightarrow y=-x$$

Luego

$$\mathbf{u}=(\lambda,\ -\lambda,\ \mu)^t \quad , \quad \lambda,\ \mu \in \mathbb{R} \quad (\lambda \text{ y } \mu \textit{ no} \text{ nulos simultáneamente})$$

es la expresión de los vectores propios de la matriz A asociados a $k=5$.

4.40. Dada la matriz

$$A=\begin{pmatrix} 3 & 2 & 4 \\ 2 & 0 & 2 \\ 4 & 2 & 3 \end{pmatrix}$$

aplicar el método de *Faddeev-Leverrier* para obtener los valores y vectores propios. Hállese, si existe, la matriz inversa A^{-1}.

Solución

$$B_1=A \quad , \quad p_1=\operatorname{tr} B_1=3+0+3=6$$

$$B_2=A\cdot(B_1-p_1\cdot I)=\begin{pmatrix} 11 & 2 & 4 \\ 2 & 8 & 2 \\ 4 & 2 & 11 \end{pmatrix}$$

$$p_2=\frac{1}{2}\operatorname{tr} B_2=\frac{1}{2}\cdot(11+8+11)=15$$

$$B_3=A\cdot(B_2-p_2\cdot I)=\begin{pmatrix} 8 & 0 & 0 \\ 0 & 8 & 0 \\ 0 & 0 & 8 \end{pmatrix}$$

$$p_3=\frac{1}{3}\operatorname{tr} B_3=\frac{1}{3}\cdot(8+8+8)=8$$

Así, la ecuación característica resulta:

$$(-1)^3\cdot(k^3-6k^2-15k-8)=0 \Leftrightarrow k^3-6k^2-15k-8=0$$

y los valores propios

$$k_1 = -1(\text{doble}) \quad \text{y} \quad k_2 = 8$$

Calculemos los vectores propios asociados a $k_1 = -1$.

$$\begin{pmatrix} 4 & 2 & 4 \\ 2 & 1 & 2 \\ 4 & 2 & 4 \end{pmatrix} \cdot \begin{pmatrix} x \\ y \\ z \end{pmatrix} = \begin{pmatrix} 0 \\ 0 \\ 0 \end{pmatrix} \Leftrightarrow \left.\begin{array}{r} 4x+2y+4z=0 \\ 2x+y+2z=0 \\ 4x+2y+4z=0 \end{array}\right\} \Leftrightarrow y = -2-2z$$

Luego

$$\mathbf{u} = (\lambda, \ -2\lambda - 2\mu, \ \mu)^t \quad , \quad \lambda, \mu \in \mathbb{R} \quad (\lambda \text{ y } \mu \textit{ no} \text{ nulos simultáneamente})$$

son los vectores propios de A asociados a $k_1 = -1$.

Veamos ahora cúales son los vectores propios asociados a $k_2 = 8$. Así,

$$\begin{pmatrix} -5 & 2 & 4 \\ 2 & -8 & 2 \\ 4 & 2 & -5 \end{pmatrix} \cdot \begin{pmatrix} x \\ y \\ z \end{pmatrix} = \begin{pmatrix} 0 \\ 0 \\ 0 \end{pmatrix} \Leftrightarrow \left.\begin{array}{r} -5x+2y+4z=0 \\ 2x-8y+2z=0 \\ 4x+2y-6z=0 \end{array}\right\} \Leftrightarrow \left.\begin{array}{r} x=z \\ y=\dfrac{1}{2}z \end{array}\right\}$$

Luego

$$\mathbf{v} = (2\lambda, \ \lambda, \ 2\lambda)^t \quad , \quad \lambda \in \mathbb{R}^*$$

son los vectores propios.

Calculemos, por último, la matriz inversa utilizando los resultados anteriores.

Así,

$$A^{-1} = \frac{1}{8} \cdot \left[\begin{pmatrix} 11 & 2 & 4 \\ 2 & 8 & 2 \\ 4 & 2 & 11 \end{pmatrix} - \begin{pmatrix} 15 & 0 & 0 \\ 0 & 15 & 0 \\ 0 & 0 & 15 \end{pmatrix} \right] = \begin{pmatrix} -\dfrac{1}{2} & \dfrac{1}{4} & \dfrac{1}{2} \\ \dfrac{1}{4} & -\dfrac{7}{8} & \dfrac{1}{4} \\ \dfrac{1}{2} & \dfrac{1}{4} & -\dfrac{1}{2} \end{pmatrix}$$

4.41. Calcular siguiendo el método de *Leverrier* los valores y vectores propios de la matriz

$$A=\begin{pmatrix}10 & 0 & 0\\ 1 & -3 & -7\\ 0 & 2 & 6\end{pmatrix}$$

Solución

Calculemos los componentes de la ecuación característica.

$$p_1=\text{tr } B_1=\text{tr } A=13$$

$$B_2=a\cdot(B_1-p_1\cdot I)=\begin{pmatrix}-30 & 0 & 0\\ -6 & 34 & 70\\ 2 & -20 & -56\end{pmatrix}$$

$$p_2=\frac{1}{2}\text{ tr } B_2=\frac{1}{2}\cdot(-30+34-56)=-26$$

$$B_3=A\cdot(B_2-p_2\cdot I)=\begin{pmatrix}-40 & 0 & 0\\ 0 & -40 & 0\\ 0 & 0 & -40\end{pmatrix}$$

$$p_3=\frac{1}{3}\text{ tr } B_3=\frac{1}{3}\cdot(-40-40-40)=-40$$

Por tanto, la ecuación característica es:

$$k^3-13k^2+26k+40=0$$

que tiene por raíces y, en consecuencia, como valores propios a

$$k_1=10 \quad , \quad k_2=4 \quad , \quad k_3=-1$$

Calculemos los vectores propios asociados a $k_1=10$.

$$\begin{pmatrix}0 & 0 & 0\\ 1 & -13 & -7\\ 0 & 2 & -4\end{pmatrix}\cdot\begin{pmatrix}x\\ y\\ z\end{pmatrix}=\begin{pmatrix}0\\ 0\\ 0\end{pmatrix} \Leftrightarrow \left.\begin{matrix}x-13y-7z=0\\ 2y-4z=0\end{matrix}\right\} \Leftrightarrow y=2z \quad , \quad x=33z$$

Luego

$$\mathbf{u}=(33\lambda,\ 2\lambda,\ \lambda)^t \quad , \quad \lambda\in\mathbb{R}^*$$

Para $k_2=4$, resulta

$$\begin{pmatrix} 6 & 0 & 0 \\ 1 & -7 & -7 \\ 0 & 2 & 2 \end{pmatrix}\cdot\begin{pmatrix} x \\ y \\ z \end{pmatrix}=\begin{pmatrix} 0 \\ 0 \\ 0 \end{pmatrix} \Leftrightarrow \left.\begin{array}{r} x-7y-7z=0 \\ 2y-2z=0 \end{array}\right\} \Leftrightarrow x=0 \quad , \quad y=-z$$

Luego

$$\mathbf{v}=(0,\ -\lambda,\ \lambda)^t \quad , \quad \lambda\in\mathbb{R}^*$$

Para $k_3=-1$

$$\begin{pmatrix} 11 & 0 & 0 \\ 1 & -2 & -7 \\ 0 & 2 & 7 \end{pmatrix}\cdot\begin{pmatrix} x \\ y \\ z \end{pmatrix}=\begin{pmatrix} 0 \\ 0 \\ 0 \end{pmatrix} \Leftrightarrow \left.\begin{array}{r} 11x=0 \\ x-2y-7z=0 \\ 2y+7z=0 \end{array}\right\} \Leftrightarrow x=0 \quad , \quad y=-\frac{7}{2}z$$

Luego

$$\mathbf{w}=\left(0,\ -\frac{7}{2}\lambda,\ \lambda\right)^t \quad , \quad \lambda\in\mathbb{R}^*$$

EJERCICIOS PROPUESTOS

P.4.1. Resolver mediante el método de eliminación de *Gauss* los siguientes sistemas de ecuaciones:

a)

$$\begin{aligned} 5x_1-x_2&=9\\ -x_1+5x_2-x_3&=4\\ -x_2+5x_3&=-6 \end{aligned}$$

b)

$$\left.\begin{aligned} 3x_1+2x_2-x_3-4x_4&=10\\ x_1-x_2+3x_3-x_4&=-4\\ 2x_1+x_2-3x_3&=16\\ -x_2+8x_3-5x_4&=3 \end{aligned}\right\}.$$

P.4.2. Dado el siguiente sistema:

$$\left.\begin{aligned} x_1+3x_2+x_3-x_4&=3\\ 2x_1+x_3+x_4&=1\\ -x_2+4x_3+x_4&=6\\ x_2+x_3-5x_4&=16 \end{aligned}\right\}.$$

resolverlo mediante el método de eliminación de *Gauss-Jordan*, dando los resultados con cuatro decimales redondeados.

P.4.3. Determinar el valor de k, utilizando el método de *Gauss*, para que el siguiente sistema no tenga solución.

$$\left.\begin{aligned} 4x_1+2x_2+kx_3&=2\\ x_2+x_3&=0\\ 2x_1-x_2+x_3&=3 \end{aligned}\right\}.$$

P.4.4. Una empresa necesita 4.800 unidades del material A, 5.810 unidades del material B y 5.690 unidades del material C para la construcción de un determinado proyecto. Existen en la actualidad tres localizaciones donde se pueden obtener esos materiales. La composición en cada localización, en tanto por ciento, viene dada por la siguiente tabla:

Localización \ *Material*	*A*	*B*	*C*
1	52	30	18
2	20	50	30
3	25	20	55

¿Cuántas unidades de cada material se deben elegir en cada localizacion para cumplir con las necesidades de la empresa?

P.4.5. Calcular, si es posible, las matrices inversas de

$$A=\begin{pmatrix} 1 & 3 & 2 \\ 0 & -1 & 5 \\ 4 & 3 & 2 \end{pmatrix} \quad , \quad B=\begin{pmatrix} 5 & 1 & 3 & 0 \\ -1 & 2 & 0 & 2 \\ 1 & 3 & 0 & 2 \\ 4 & 1 & -1 & 3 \end{pmatrix}$$

mediante el método de *Gauss-Jordan*.

P.4.6. Aplicar el algoritmo de *Gauss* para calcular el valor de los siguientes determinantes:

$$\text{a)} \quad \begin{vmatrix} 2 & 3 & 0 & 1 \\ -1 & 9 & 2 & 0 \\ -1 & -2 & 0 & 4 \\ 0 & 2 & 3 & -4 \end{vmatrix} \qquad \text{b)} \quad \begin{vmatrix} 1 & \frac{1}{2} & \frac{1}{3} & \frac{1}{4} \\ \frac{1}{2} & \frac{1}{3} & \frac{1}{4} & \frac{1}{5} \\ \frac{1}{3} & \frac{1}{4} & \frac{1}{5} & \frac{1}{6} \\ \frac{1}{4} & \frac{1}{5} & \frac{1}{6} & \frac{1}{7} \end{vmatrix}$$

P.4.7. ¿Es cierto que una matriz simétrica tiene por inversa otra matriz simétrica? Compruébese, aplicando el algoritmo de *Gauss-Jordan*, a la matriz

$$M = \begin{pmatrix} -1 & 3 & 5 \\ 3 & 2 & 0 \\ 5 & 0 & -1 \end{pmatrix}.$$

P.4.8. Resolver, utilizando tres decimales redondeados en los cálculos, el sistema

$$\left.\begin{aligned} 1{,}003x + 58{,}09y &= 68{,}12 \\ 5{,}55x + 321{,}8y &= 377{,}3 \end{aligned}\right\}$$

mediante: a) método de *Gauss*; b) método de *Gauss-Jordan*; c) método de *Gauss* haciendo los elementos $a_{ii} = 1$.

P.4.9. Dada la matriz

$$C = \begin{pmatrix} -2 & 5 & 1 \\ 3 & 2 & 4 \\ 1 & 0 & -2 \end{pmatrix}.$$

Calcular las normas $\|C\|_1$, $\|C\|_\infty$ y $\|C\|_e$.

P.4.10. Descomponer en el producto de dos matrices triangulares, una inferior y otra superior, aplicando el método de *Crout*, la matriz

$$A = \begin{pmatrix} 2 & -1 & 1 \\ 3 & 3 & 9 \\ 3 & 3 & 5 \end{pmatrix}.$$

P.4.11. Aplicar el método de *Gauss* con *pivotamiento parcial* y redondeando los cálculos a dos decimales para resolver el sistema:

$$\left.\begin{aligned} -1{,}41x+2y&=1 \\ x-1{,}41y+z&=1 \\ 2y-1{,}41z&=1 \end{aligned}\right\}$$

P.4.12. Resolver el siguiente sistema mediante *refinamiento iterativo*. Estimar $k(A)$ y extraer consecuencias sobre el condicionamiento de A.

$$\left.\begin{aligned} 3{,}9x+1{,}6y&=5{,}5 \\ 6{,}8x+2{,}9y&=9{,}7 \end{aligned}\right\}$$

Utilícense dos cifras significativas redondeadas en los cálculos.

P.4.13. Resolver el siguiente sistema:

$$\left.\begin{aligned} 14x+2y+4z&=-10 \\ 16x+40y-4z&=55 \\ -2x+4y-16z&=-38 \end{aligned}\right\}$$

mediante el método de *Gauss* con *pivotamiento total* y realizando los cálculos sin utilizar números decimales.

P.4.14. Aplicar el método de *Doolittle* para encontrar la solución del sistema

$$\left.\begin{aligned} 2x_1-x_2+x_3&=0 \\ 3x_1+3x_2+9x_3&=16{,}5 \\ 3x_1+3x_2+5x_3&=12{,}5 \end{aligned}\right\}$$

P.4.15. Aplicar el método de *Crout* para resolver el sistema

$$\left.\begin{array}{r} 2x_1-x_2=1 \\ -x_2+2x_3-x_4=0 \\ -x_3+2x_4=1 \\ -x_1+2x_2-x_3=0 \end{array}\right\}.$$

P.4.16. Dado el sistema

$$\left.\begin{array}{r} 4x_1-x_2+x_3=4 \\ -x_1+4{,}25x_2+2{,}75x_3=-1 \\ x_1+2{,}75x_2+3{,}5x_3=1 \end{array}\right\}.$$

Aplicar el método de *Cholesky* para su resolución.

P.4.17. Dado el sistema, resolverlo mediante: a) método de *Gauss*; b) método de *Cholesky*.

$$\left.\begin{array}{r} x_1+x_2-3x_3+x_4=-1 \\ x_2-x_4=1 \\ 2x_1+x_3=3 \\ x_2+x_4=1 \end{array}\right\}.$$

P.4.18. Se considera la siguiente matriz:

$$T=\begin{pmatrix} 2{,}7 & 3{,}5 & -4{,}2 & -2 \\ 0 & 5{,}9 & 3{,}2 & -1{,}6 \\ 3{,}4 & 6{,}2 & -3 & 1 \\ 0 & 2 & 3 & 5 \end{pmatrix}.$$

Aplicar *Gauss* o *Gauss-Jordan*, según proceda, para calcular el valor del determinante de T, $|T|$, y la matriz inversa de T, T^{-1}.

P.4.19. Resolver el sistema

$$\left.\begin{aligned} 4x_1+0{,}24x_2-0{,}08x_3&=8\\ 0{,}09x_1+3x_2-0{,}15x_3&=9\\ 0{,}04x_1-0{,}08x_2+4x_3&=20 \end{aligned}\right\},$$

mediante el método iterativo de *Jacobi*, realizando los cálculos con dos decimales redondeados y hasta que se cumpla

$$\|x_i^{(r+1)}-x_i^{(r)}\|_\infty \leqslant 0{,}01$$

P.4.20. Resolver el ejercicio 19 mediante el método iterativo de *Gauss-Seidel.*

P.4.21. Aplicar el método iterativo de Jacobi para encontrar una solución aproximada del sistema

$$\left.\begin{aligned} 3x_1+x_2+x_3&=10\\ x_1+5x_2+2x_3&=21\\ x_1+2x_2+5x_3&=30 \end{aligned}\right\},$$

trabajando con tres decimales redondeados en todos los cálculos e iterar hasta que

$$\left|\frac{x_i^{(r+1)}-x_i^{(r)}}{x_i^{(r+1)}}\right| \leqslant 0{,}3\cdot 10^{-2}, \quad \text{para cada } i$$

P.4.22. Calcular una solución aproximada del sistema

$$\left.\begin{aligned} x_1+7x_2-3x_3&=-51\\ 4x_1-4x_2+9x_3&=61\\ 12x_1-x_2+3x_3&=8 \end{aligned}\right\},$$

utilizando: a) el método de *Jacobi*; b) el método de *Gauss-Seidel.* Realizando los cálculos con dos decimales redondeados e iterando hasta que cumple que

$$|x_i^{(r+1)}-x_i^{(r)}|<0{,}05, \quad \text{para cada una de las variables}$$

P.4.23. Una matriz A se dice que es ortogonal si su traspuesta A^t coincide con su inversa A^{-1}, es decir, $A^t = A^{-1}$.

Analícese si la matriz A es ortogonal, calculando A^{-1} mediante el algoritmo de *Gauss-Jordan*.

$$A = \begin{pmatrix} 0 & 1 & 2 \\ 1 & 2 & 0 \\ 2 & 0 & 1 \end{pmatrix}$$

P.4.24. Al siguiente sistema

$$\left.\begin{array}{r} x_1 + 2x_2 = 3 \\ 3x_1 + x_2 = 4 \end{array}\right\}$$

aplíquese el método iterativo de *Jacobi*, comenzando con la aproximación inicial (1,01; 1,01).

P.4.25. Dada la matriz

$$A = \begin{pmatrix} 2 & -1 & 0 \\ -1 & 2 & -1 \\ 0 & -1 & 2 \end{pmatrix}$$

analícese si es posible encontrar una matriz triangular inferior, L, tal que: $A = L \cdot L^t$. En caso afirmativo, hállense L y L^t.

P.4.26. Se considera el sistema

$$\left.\begin{array}{r} 3{,}01x + 6{,}03y + 1{,}99z = 1 \\ 1{,}27x + 4{,}16y - 1{,}23z = 1 \\ 0{,}987x - 4{,}81y + 9{,}34z = 1 \end{array}\right\}.$$

Se pide:

a) Aplicando el método de *Gauss*, encontrar una solución del sistema, realizando los cálculos con tres decimales redondeados.

b) Utilizando el método de *Gauss-Seidel*, encontrar una solución aproximada, realizando los cálculos con tres decimales redondeados.

c) Compárense los resultados obtenidos en a) y en b).

P.4.27. Utilizar el método de *Newton* para encontrar una solución aproximada del sistema

$$\left.\begin{aligned} x^3+3y^2&=21 \\ x^2+2y&=-2 \end{aligned}\right\}$$

comenzando con $(x_0, y_0)=(1, 0)$ y realizando dos iteraciones.

P.4.28. Aplicar el método de *Crout* para encontrar la solución del sistema

$$\left.\begin{aligned} 2x_1+x_2&=8 \\ x_1+3x_2&=-1 \\ 2x_1+4x_3&=11 \end{aligned}\right\}.$$

P.4.29. Mediante el método de *Dootlittle* factorizar la matriz

$$M=\begin{pmatrix} 2 & 1 & 0 \\ 1 & 3 & 0 \\ 2 & 0 & 4 \end{pmatrix}$$

P.4.30. Dada la matriz

$$C=\begin{pmatrix} 1 & \frac{1}{2} & \frac{1}{3} \\ \frac{1}{2} & \frac{1}{3} & \frac{1}{4} \\ \frac{1}{3} & \frac{1}{4} & \frac{1}{5} \end{pmatrix}$$

hallar su inversa empleando el método de *Gauss-Jordan* y utilizando fracciones.

P.4.31. Dado el sistema

$$\left.\begin{aligned} 3x+2y+z&=2\\ 4x+2y+2z&=8\\ x-y+z&=0 \end{aligned}\right\}$$

resolverlo mediante el método de eliminación de *Gauss* con *pivotamiento parcial*, realizando los cálculos sin utilizar números decimales.

P.4.32. Calcular los valores y vectores propios de la matriz

$$A=\begin{pmatrix} 3 & 2\\ 1 & -1 \end{pmatrix}$$

P.4.33. Mediante el método de *Faddeev-Leverrier* hallar los valores y vectores propios de la matriz D.

$$D=\begin{pmatrix} 2 & 1 & 1\\ 1 & 2 & 1\\ 1 & 1 & 2 \end{pmatrix}$$

¿Cuál es la expresión de su inversa D^{-1}?

P.4.34. Aplicando el método de *Leverrier* encontrar los valores y vectores propios de la matriz

$$A=\begin{pmatrix} 1 & 0 & 0 & 0\\ 1 & 1 & 0 & 0\\ 5 & 7 & 2 & 0\\ 1 & 2 & 3 & 4 \end{pmatrix}.$$

¿Cuáles son los valores propios de A^2? Extraer consecuencias.

5
INTERPOLACION Y APROXIMACION

POLONOMIOS DE TAYLOR

Si $f(x)$ es una función con derivadas de orden n en un punto $x=a$, existe un polinomio $P(x)$ de grado menor o igual que n que cumple las condiciones:

$$P(a)=f(a) \quad , \quad P'(a)=f'(a) \quad , \quad \ldots, \quad P^{(n)}(a)=f^{(n)}(a)$$

Este polinomio es:

$$P(x)=f(a)+f'(a)\cdot(x-a)+\frac{f''(a)}{2!}\cdot(x-a)^2+\cdots+\frac{f^{(n)}(a)}{n!}\cdot(x-a)^n$$

llamado polinomio de *Taylor*.

Si $a=0$, el polinomio se llama de Mac-Laurin.

INTERPOLACION LINEAL

El problema general resuelto por la interpolación polinominal es: dado un conjunto de $n+1$ puntos (x_i, y_i), encontrar un polinomio p con el menor grado posible, tal que $p(x_i)=y_i$, para $0 \leqslant i \leqslant n$.

La interpolación lineal consiste en encontrar el polinomio de primer grado que una dos puntos cualesquiera.

Así, dado los puntos $(x_0, f(x_0))$ y $(x_1, f(x_1))$, se trata de encontrar el polinomio de primer grado que pase por ellos.

Por geometría elemental, bastaría hallar la recta que pase por los dos puntos (fig. 5.1) dados, es decir,

$$\frac{f(x)-f(x_0)}{x-x_0}=\frac{f(x_1)-f(x_0)}{x_1-x_0} \Rightarrow f(x)=f(x_0)+\frac{f(x_1)-f(x_0)}{x_1-x_0}\cdot(x-x_0)$$

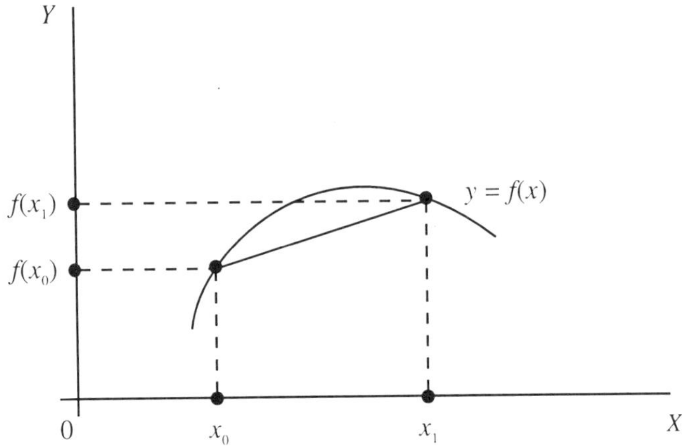

Figura 5.1.

Por tanto,

$$P(x)=f(x_0)+\frac{f(x_1)-f(x_0)}{x_1-x_0}\cdot(x-x_0)$$

La cota del error Δ cometido por la interpolación lineal es:

$$\Delta=\frac{1}{8}\,(x_0-x_1)\max_{[x_0,\,x_1]}|f''|$$

INTERPOLACION DE LAGRANGE

Dados $n+1$ puntos $(x_0, f(x_0)), (x_1, f(x_1)), \ldots, (x_n, f(x_n))$, el polinomio interpolador de *Lagrange* que pasa por ellos se calcula mediante la expresión

$$P(x) = \sum_{i=0}^{n} L_i(x) \cdot f(x_i)$$

en donde los términos $L_i(x)$ son polinomios de grado n, que se denominan *coeficientes de Lagrange*, y que vienen definidos por

$$L_i(x) = \prod_{j=0,\, j\neq i}^{n} \frac{x-x_j}{x_i-x_j} = \frac{(x-x_0)\cdot(x-x_1)\ldots(x-x_{i-1})\cdot(x-x_{i+1})\ldots(x-x_n)}{(x_i-x_0)\cdot(x_i-x_1)\cdots(x_i-x_{i-1})\cdot(x_i-x_{i+1})\cdots(x_i-x_n)}$$

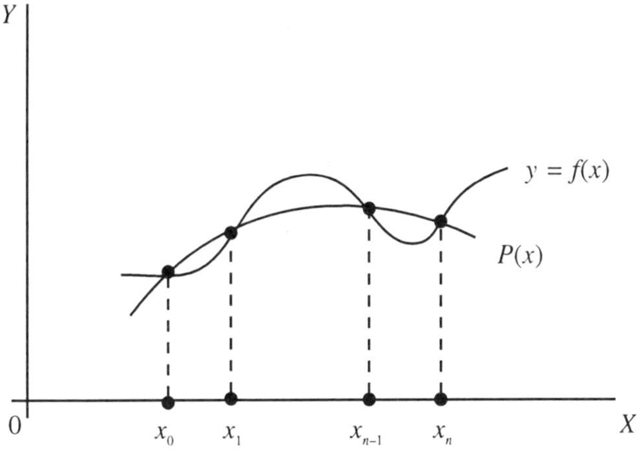

Figura 5.2.

La figura 5.2 esquematiza la interpolación polinominal de los puntos (x_i, y_i) mediante la construcción del polinomio de Lagrange $P(x)$ en sustitución de la función $y=f(x)$.

METODO DE NEVILLE-AITKEN

La ventaja de este método radica en poder añadir nuevos puntos sin necesidad de rehacer los cálculos para obtener el nuevo polinomio interpolador que pase por todos ellos.

La tabla patrón para realizar la interpolación de *Neville* (por ejemplo, con cinco puntos iniciales) sería la siguiente:

x_k	f_k	$x_k - x$	*Polinomio 1.er grado*	*Polinomio 2.º grado*	*Polinomio 3.er grado*	*Polinomio 4.º grado*
x_0	f_0	$x_0 - x$	$p_{01}(x)$	$p_{02}(x)$	$p_{03}(x)$	$p_{04}(x)$
x_1	f_1	$x_1 - x$	$p_{12}(x)$	$p_{13}(x)$	$p_{14}(x)$	
x_2	f_2	$x_2 - x$	$p_{23}(x)$	$p_{24}(x)$		
x_3	f_3	$x_3 - x$	$p_{34}(x)$			
x_4	f_4	$x_4 - x$				

donde cada uno de los polinomios sirven para calcular los siguientes. Así,

$$P_{01}(x) = \frac{\begin{vmatrix} f(x_0) & x_0 - x \\ f(x_1) & x_1 - x \end{vmatrix}}{x_1 - x_0} \quad ; \quad P_{12}(x) = \frac{\begin{vmatrix} f(x_1) & x_1 - x \\ f(x_2) & x_2 - x \end{vmatrix}}{x_2 - x_1}$$

$$P_{02}(x) = \frac{\begin{vmatrix} p_{01}(x) & x_0 - x \\ p_{12}(x) & x_2 - x \end{vmatrix}}{x_2 - x_0} \quad ; \quad P_{13}(x) = \frac{\begin{vmatrix} p_{12}(x) & x_1 - x \\ p_{23}(x) & x_3 - x \end{vmatrix}}{x_3 - x_1}$$

Siendo el polinomio resultante $p_{04}(x)$, de grado cuatro o menor, el polinomio interpolador de *Neville* con cinco puntos.

METODO DE DIFERENCIAS DIVIDIDAS DE NEWTON

Dados $n+1$ puntos, se puede obtener el polinomio de grado n (o menor) que los contenga de la siguiente forma:

$$p(x) = a_0 + a_1 \cdot (x - x_0) + a_2 \cdot (x - x_0) \cdot (x - x_1) + \cdots + a_n \cdot (x - x_0) \cdot (x - x_1)$$

donde los coeficientes son:

$$a_0 = f(x_0)$$

$$a_1 = f[x_0, x_1] = \frac{f[x_1] - f[x_0]}{x_1 - x_0}$$

$$a_2 = f[x_0, x_1, x_2] = \frac{f[x_1, x_2] - f[x_0, x-1]}{x_2 - x_0}$$

$$\vdots$$

$$a_n = f[x_0, x_1, \ldots, x_n] = \frac{f[x_1, x_2, \ldots, x_n] - f[x_0, x_1, \ldots, x_{n-1}]}{x_n - x_0}$$

y se llaman *diferencias divididas.*

El polinomio obtenido de esta forma se denomina *polinomio de Newton de diferencias divididas.*

INTERPOLACION ENTRE PUNTOS IGUALMENTE ESPACIADOS. DIFERENCIAS PROGRESIVAS

Diremos que $n+1$ puntos $(x_0, f(x_0))$, $(x_1, f(x_1))$, ..., $(x_n, f(x_n))$ están igualmente espaciados si tienen sus abscisas igualmente espaciadas, es decir,

$$x_1 = x_0 + h \quad , \quad x_2 = x_0 + 2h, \quad \ldots, \quad x_n = x_0 + nh$$

A h lo llamaremos longitud de paso.

Se definen las *diferencias progresivas* primeras o diferencias hacia adelante, por la siguiente expresión:

$$\Delta f_k = f_{k+1} - f_k$$

Por ejemplo,

$$\Delta f_0 = f_1 - f_0$$
$$\Delta f_1 = f_2 - f_1$$
$$\vdots$$

Al símbolo Δ se le denomina operador de las diferencias hacia adelante o progresivas.

De forma análoga, las diferencias progresivas segundas se definen por

$$\Delta^2 f_k = \Delta(\Delta f_k) = \Delta(f_{k+1} - f_k) = \Delta f_{k+1} - \Delta f_k$$

En general,

$$\Delta^n f_k = \sum_{i=0}^{n} (-1)^i \cdot \binom{\mathrm{n}}{\mathrm{i}} \cdot f_{n-i+k}$$

Y en particular,

$$\Delta^n f_0 = \sum_{i=0}^{n} (-1)^i \cdot \binom{n}{i} \cdot f_{n-i}$$

Para facilitar los cálculos, se disponen los datos en la *tabla de diferencias progresivas* de la siguiente forma:

x_k	f_k	Δf_k	$\Delta^2 f_k$	$\Delta^3 f_k$
x_0	f_0	Δf_0	$\Delta^2 f_0$	...
x_1	f_1	Δf_1	$\Delta^2 f_1$	
x_2	f_2	Δf_2		
x_3	f_3			

Siendo

$$\begin{array}{lcl} \Delta f_0 = f_1 - f_0 & ; & \Delta^2 f_0 = \Delta f_1 - \Delta f_0 \\ \Delta f_1 = f_2 - f_1 & ; & \Delta^2 f_1 = \Delta f_2 - \Delta f_1 \\ \vdots & & \vdots \end{array}$$

FORMULA DE NEWTON-GREGORY PARA DIFERENCIAS PROGRESIVAS

Este método va a permitir encontrar un polinomio interpolar, basándose en la tabla de diferencias progresivas.

Así,

$$p(x) = \sum_{k=0}^{n} \binom{t}{k} \Delta^k f_0 = f_0 + \binom{t}{1} \Delta f_0 + \binom{t}{2} \Delta^2 f_0 + \cdots + \binom{t}{n} \Delta^n f_0$$

donde $t=\dfrac{x-x_0}{h}$ (h: longitud de paso) es la expresión que se conoce como fórmula de *Newton-Gregory para diferencias progresivas.* Y se utiliza cuando se desea interpolar en algún punto próximo al comienzo de la tabla.

DIFERENCIAS REGRESIVAS

Se denomina operador en diferencias hacia atrás o *diferencias regresivas*, y se designa por ∇, a la siguiente expresión:

$$\nabla f_k = f_k - f_{k-1}$$

Por ejemplo,

$$\begin{aligned} \nabla f_1 &= f_1 - f_0 \\ \nabla f_2 &= f_2 - f_1 \\ &\vdots \end{aligned}$$

De forma análoga, las diferencias regresivas segundas serían:

$$\nabla^2 f_k = \nabla(\nabla f_k) = \nabla(f_k - f_{k-1}) = \nabla f_k - \nabla f_{k-1}$$

En general, las diferencias n-ésimas regresivas se expresan por

$$\nabla^n f_k = \Delta^n f_{k-n}$$

La *tabla de diferencias regresivas* es similar a la tabla de diferencias progresivas, salvo que a partir de la tercera columna restamos al valor presente el valor anterior.

x_k	f_k	∇f_k	$\nabla^2 f_k$
x_0	f_0		
x_1	f_1	∇f_1	
x_2	f_2	∇f_2	$\nabla^2 f_2$
x_3	f_3	∇f_3	$\nabla^2 f_3$

FORMULA DE NEWTON-GREGORY PARA DIFERENCIAS REGRESIVAS

Haciendo uso de las diferencias regresivas, el polinomio interpolador resultante se obtiene por

$$p(x)=\sum_{k=0}^{n}\binom{t+k-1}{k}\nabla^k f_n=f_n+\binom{t}{1}\nabla f_n+\binom{t}{2}\nabla^2 f_n+\cdots+\binom{t+n-1}{n}\nabla^n f_n$$

siendo $t=\dfrac{x-x_n}{h}$.

Que se denomina fórmula de *Newton-Gregory para diferencias regresivas*. Se utiliza cuando se desee interpolar en un punto próximo al final de la tabla.

RECTA DE MINIMOS CUADRADOS

La recta $y=p(x)=a+bx$, donde a y b se determinan de manera que la expresión

$$\sum_{i=1}^{n}(a+b\cdot x_i-f_i)^2$$

sea mínimo la llamaremos *recta de mínimos cuadrados* (véase fig. 5.3).

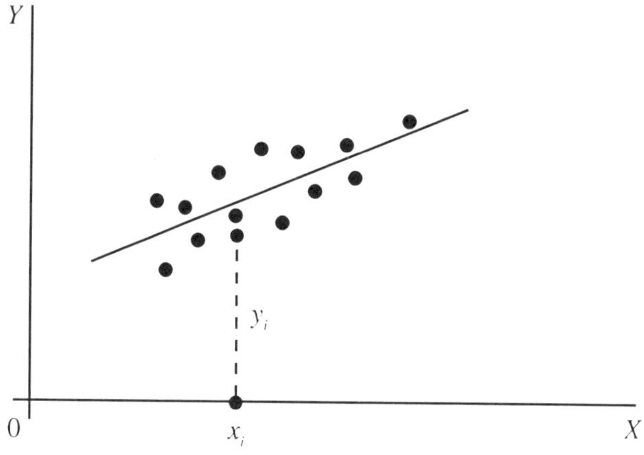

Figura 5.3.

Imponiendo las condiciones de mínimo, resultan las ecuaciones:

$$\left.\begin{aligned} a \cdot n + b \cdot \sum_{i=1}^{n} x_i &= \sum_{i=1}^{n} f_i \\ a \cdot \sum_{i=1}^{n} x_i + b \cdot \sum_{i=1}^{n} x_i^2 &= \sum_{i=1}^{n} x_i \cdot f_i \end{aligned}\right\}.$$

(siendo n el número total de datos), y resolviéndolas se obtienen los valores de a y de b.

La bondad del ajuste, es decir, la aproximación de la recta a los datos, se halla mediante la expresión

$$\sum_{i=1}^{n} [p(x_i) - f_i]^2$$

que cuanto más próximo a cero sea, mejor será la aproximación.

PARABOLA DE MINIMOS CUADRADOS

Se trata de encontrar la parábola de ecuación $y = a_0 + a_1 x + a_2 x^2$ que se ajuste a una serie de datos (x_i, y_i), con la condición de que sea mínimo el valor

$$\sum_{i=1}^{n} (a_0 + a_1 x_i + a_2 x_i^2 - y_i)^2$$

Pues bien, imponiendo las condiciones de mínimo se obtienen las ecuaciones:

$$\left.\begin{aligned} \sum_{i=1}^{n} y_i &= a_0 \cdot n + a_1 \cdot \sum_{i=1}^{n} x_i + a_2 \cdot \sum_{i=1}^{n} x_i^2 \\ \sum_{i=1}^{n} x_i \cdot y_i &= a_0 \cdot \sum_{i=1}^{n} x_i + a_1 \cdot \sum_{i=1}^{n} x_i^2 + a_2 \cdot \sum_{i=1}^{n} x_i^3 \\ \sum_{i=1}^{n} x_i^2 \cdot y_i &= a_0 \cdot \sum_{i=1}^{n} x_i^2 + a_1 \cdot \sum_{i=1}^{n} x_i^3 + a_2 \cdot \sum_{i=1}^{n} x_i^4 \end{aligned}\right\}.$$

a partir de las cuales se hallan a_0, a_1 y a_2. Fig. 5.4.

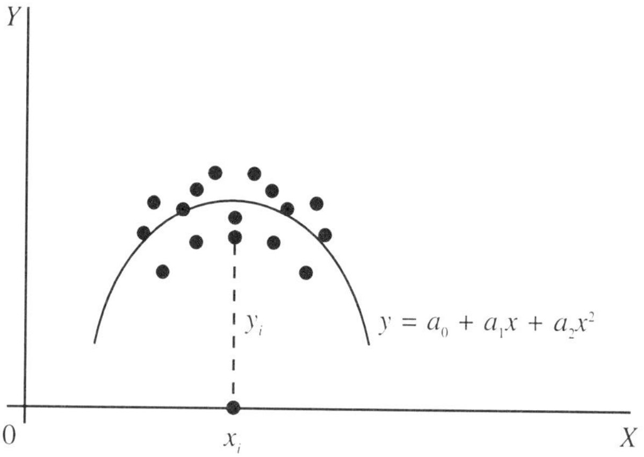

Figura 5.4.

AJUSTE DE OTRAS FUNCIONES REDUCIBLES A LINEALES

- *Tipo potencial:* $y = a \cdot x^b$.

Tomando logaritmos decimales en los dos miembros, se obtiene que:

$$\log y = \log (a \cdot x^b) = \log a + \log x^b = \log a + b \cdot \log x$$

y realizando el cambio

$$Y = \log y \quad , \quad A = \log a \quad , \quad X = \log x$$

se tiene la ecuación lineal

$$Y = A + b \cdot X$$

- *Tipo exponencial:* $y = a \cdot b^x$.

De forma análoga, se toman logaritmos decimales en los dos miembros y se obtiene que:

$$\log y = \log (a \cdot b^x) = \log a + x \cdot \log b$$

y efectuando el cambio

$$Y = \log y \quad , \quad A = \log a \quad , \quad B = \log b$$

se tiene la ecuación lineal

$$Y = A + B \cdot x$$

En particular si $b = e$, basta tomar logaritmos neperianos.

• *Tipo* $y = a \cdot f_0(x) + b \cdot f_1(x)$, donde $f_0(x)$ y $f_1(x)$ son funciones *exponenciales*, *trigonométricas*, etc.

Imponiendo la condición de mínimos cuadrados se obtiene el siguiente sistema, a partir del cual se hallan a y b.

$$a \cdot \sum [f_0(x_i)]^2 + b \cdot \sum f_0(x_i) \cdot f_1(x_i) = \sum y_i \cdot f_0(x_i)$$
$$a \cdot \sum f_0(x_i) \cdot f_2(x_i) + b \cdot \sum [f_1(x_i)]^2 = \sum y_i \cdot f_1(x_i)$$

INTERPOLACION CUBICA SEGMENTARIA (SPLINE)

Dados $n+1$ puntos, la interpolación cúbica segmentaria consiste en hallar la función de tercer grado que pase por cada dos nudos consecutivos, es decir,

$$f_i(x) = a_i x^3 + b_i x^2 + c_i x + d_i$$

para cada $i = 1, 2, \ldots, n$.

Con $n+1$ puntos (nodos) existen n intervalos y, por tanto, $4n$ incógnitas por evaluar y $4n$ condiciones. A saber:

1) Los valores de las funciones deben ser iguales en los nodos interiores ($2n-2$ condiciones).

2) La primera y la última función han de pasar por los nodos exteriores (2 condiciones).

3) Las primeras derivadas en los nodos interiores deben ser iguales ($n-1$ condiciones).

4) Las segundas derivadas en los nodos interiores han de ser iguales ($n-1$ condiciones).

5) Las segunda derivadas en los nodos exteriores son iguales a cero (2 condiciones).

Se deduce que las condiciones vienen expresadas por:

$$(x_i - x_{i-1}) \cdot f''(x_{i-1}) + 2(x_{i+1} - x_{i-1}) \cdot f''(x_i) + (x_{i+1} - x_i) \cdot f''(x_{i+1}) =$$
$$= \frac{6}{x_{i+1} - x_i} \cdot [f(x_{i+1}) - f(x_i)] - \frac{6}{x_i - x_{i-1}} \cdot [f(x_i) - f(x_{i-1}]$$

Y las funciones cúbicas en cada intervalo $[x_{i-1}, x_i]$, con $i = 1, \ldots, n+1$, vienen dadas por:

$$f_i(x) = \frac{f''(x_{i-1})}{6(x_i - x_{i-1})} \cdot (x_i - x)^3 + \frac{f''(x_i)}{6(x_i - x_{i-1})} \cdot (x - x_{i-1})^3 +$$
$$+ \left[\frac{f(x_{i-1})}{x_i - x_{i-1}} - \frac{f''(x_{i-1}) \cdot (x_i - x_{i-1})}{6} \right] (x_i - x) +$$
$$+ \left[\frac{f(x_i)}{x_i - x_{i-1}} - \frac{f''(x_i) \cdot (x_i - x_{i-1})}{6} \right] (x - x_{i-1})$$

EJERCICIOS RESUELTOS

5.1. Hallar el polinomio de *Taylor* de tercer grado para la función $f(x)=1/(1+x)^2$ alrededor de $a=0$. Utilícese para aproximar $f(0{,}05)$. ¿Qué error se comete en esta aproximación?

Solución

Tomando $x = 0{,}4$, este valor se encuentra en el intervalo $[0,1]$ y serán sus extremos los que habrá que utilizar. Por tanto,

$$f(x)=\frac{1}{(1+x)^2} \quad , \quad f'(x)=-\frac{2}{(1+x)^3}$$

$$f''(x)=\frac{6}{(1+x)^4} \quad , \quad f'''(x)=-\frac{24}{(1+x)^5}$$

Particularizando en $x=0$, resulta

$$f(0)=1 \quad ; \quad f'(0)=-2 \quad ; \quad f''(0)=6 \quad ; \quad f'''(0)=-24$$

Por tanto, el polinomio de Taylor de orden tres alrededor de $x=0$ es:

$$P(x)=f(0)+f'(0)\cdot x+\frac{f''(0)}{2!}\cdot x^2+\frac{f'''(0)}{3!}\cdot x^3=1-2x+3x^2-6x^3$$

Así, $P(0{,}05)=1-2\cdot(0{,}05)+3\cdot(0{,}05)^2-6\cdot(0{,}05)^3=0{,}90675.$

Luego el error cometido en esta aproximación será:

$$|e_{0,05}|=|p(0{,}05)-f(0{,}05)|=|0{,}90675-0{,}90703|=0{,}00028$$

5.2. Calcular $e^{0,1}$ mediante polinomios de *Taylor* de orden uno, dos y tres.

Solución

Como $f(x)=f'(x)=f''(x)=f'''(x)=e^x$, particularizando en $x=0$, resulta

$$f(0)=f'(0)=f''(0)=f'''(0)=1$$

Por tanto,

$$P_1(x)=1+x \quad ; \quad P_1(0,1)=1+0,1=1,1$$

$$P_2(x)=1+x+\frac{x^2}{2} \quad ; \quad P_2(0,1)=1+0,1+\frac{(0,1)^2}{2}=1,105$$

$$P_3(x)=1+x+\frac{x^2}{2}+\frac{x^3}{6} \quad ; \quad P(0,1)=1+0,1+\frac{(0,1)^2}{2}+\frac{(0,1)^3}{6}=1,10516$$

5.3. Calcular el polinomio interpolador lineal que se ajusta a los datos de la tabla siguiente:

x_k	2	5
$f(x_k)$	4	8

Solución

Si $x_0=2$ y $x_1=5$, el polinomio lineal interpolador se calcula mediante la expresión:

$$P(x)=f(x_0)+\frac{f(x_1)-f(x_0)}{x_1-x_0}\cdot(x-x_0)$$

Sustituyendo,

$$P(x)=4+\frac{8-4}{5-2}\cdot(x-2)=\frac{4}{3}x+\frac{4}{3}$$

5.4. Calcular el logaritmo neperiano de $2(L_n 2)$, usando la interpolación lineal y conocidos los datos: $L_n 1=0$ y $L_n 6=1,7918$. Si $L_n 2=0,693147$, ¿cuál es el error absoluto y el error relativo que se comete al realizar dicha interpolación?

Solución

El polinomio interpolador lineal será:

$$P(x)=0+\frac{1{,}7918-0}{6-1}\cdot(x-1)=0{,}35836x-0{,}35836$$

Sustituyendo en $x=2$, resulta $L_n\,2=P(2)=0{,}35836$.

Por tanto, el error absoluto que se comete es:

$$|e_x|=|0{,}35836-0{,}693147|=0{,}334787$$

y el error relativo

$$r_x=0{,}4830, \quad \text{es decir,} \quad 48{,}3\,\%$$

que obviamente es muy elevado, debido a los extremos elegidos al realizar la interpolación.

5.5. Dada la función $f(x)=e^x$ y los valores

x	3,70	3,71	3,72	...
$f(x)$	40,447	40,854	41,264	...

Calcular mediante interpolación lineal el valor de $e^{3{,}706}$.

Solución

Como 3,706 se encuentra entre los dos primeros valores de la tabla, son éstos precisamente los que se deben utilizar para realizar la interpolación.

Así,

$$P(3{,}706)=40{,}447+\frac{40{,}854-40{,}447}{3{,}71-3{,}70}\cdot(3{,}706-3{,}70)=40{,}6912$$

5.6. Dada la tabla siguiente:

x	0	1	2
$\sqrt{x+1}$	1	1,4142	1,7321

Realizar una interpolación lineal para calcular el valor de $\sqrt{1{,}4}$.

Solución

Tomando $x = 0{,}4$, este valor se encuentra en el intervalo $[0,1]$ y serán sus extremos los que habrá que utilizar. Por tanto,

$$\sqrt{1{,}4}=P(0{,}4)=f(0)+\frac{f(1)-f(0)}{1-0}\cdot(0{,}4-0)=1+\frac{1{,}4142-1}{1}\cdot(0{,}4)=1{,}1657$$

5.7. Dados los tres puntos del plano $P_0(0, -2)$, $P_1(1,6)$ y $P_2(3,40)$. Encontrar el polinomio interpolador de *Lagrange* que pase por ellos.

Solución

El polinomio interpolador cuadrático de *Lagrange* será:

$$P(x)=f(x_0)\cdot L_0(x)+f(x_1)\cdot L_1(x)+f(x_2)\cdot L_2(x)=$$
$$=-2\cdot L_0(x)+6\cdot L_1(x)+40\cdot L_2(x)$$

Calculemos los *coeficientes de Lagrange.*

$$L_0(x)=\frac{(x-x_1)\cdot(x-x_2)}{(x_0-x_1)\cdot(x_0-x_2)}=\frac{(x-1)\cdot(x-3)}{(0-1)\cdot(0-3)}=\frac{x^2-4x+3}{3}$$

$$L_1(x)=\frac{(x-x_0)\cdot(x-x_2)}{(x_1-x_0)\cdot(x_1-x_2)}=\frac{(x-0)\cdot(x-3)}{(1-0)\cdot(1-3)}=\frac{x^2-3x}{-2}$$

$$L_2(x)=\frac{(x-x_0)\cdot(x-x_1)}{(x_2-x_0)\cdot(x_2-x_1)}=\frac{(x-0)\cdot(x-1)}{(3-0)\cdot(3-1)}=\frac{x^2-x}{6}$$

Luego,

$$P(x) = -\frac{2}{3}(x^2-4x+3) - 3(x^2-3x) + \frac{20}{3}(x^2-x) = \frac{9x^2+15x-6}{3} = 3x^2+5x-2$$

5.8. Dada la tabla siguiente:

x_k	-1	0	3	7
$f(x_k)$	2	0	4	7

Estimar $f(4)$ utilizando interpolación de *Lagrange*.

Solución

El polinomio interpolador de *Lagrange* particularizado para $x=4$ es:

$$P(4) = 2 \cdot L_0(4) + 4 \cdot L_2(4) + 7 \cdot L_3(4)$$

Calculemos los *coeficientes de Lagrange*.

$$L_0(4) = \frac{4(4-3)(4-7)}{(-1)(-1-3)(-1-7)} = \frac{3}{8}$$

$$L_2(4) = \frac{(4+1)(4)(4-7)}{(3+1)(3)(3-7)} = \frac{5}{4}$$

$$L_3(4) = \frac{(4+1)(4)(4-3)}{(7+1)(7)(7-3)} = \frac{5}{56}$$

Luego,

$$P(4) = f(4) = 2 \cdot \frac{3}{8} + 4 \cdot \frac{5}{4} + 7 \cdot \frac{5}{56} = \frac{51}{8} = 6{,}375$$

5.9. Sea la función $f(x) = e^x$ y los valores siguientes:

x_k	0	0,5	1	2
$f(x_k)$	1	1,64872	2,71828	7,38906

Efectuar los siguientes cálculos:

a) Aproximar $f(0{,}25)$ usando interpolación lineal.
b) Aproximar $f(0{,}75)$ usando interpolación lineal.
c) Aproximar $f(0{,}25)$ y $f(0{,}75)$ utilizando el polinomio interpolador *Lagrange* de segundo grado con $x_0=0$, $x_1=1$ y $x_2=2$.
d) ¿Cuáles de las aproximaciones anteriores son mejores? ¿Por qué?

Solución

a) Utilizando $x_0=0$ y $x_1=0{,}5$, el polinomio interpolador lineal en $x=0{,}25$ es:

$$f(0{,}25)=1+\frac{1{,}6872-1}{0{,}5-0}\cdot(0{,}25-0)=1{,}32436$$

b) Utilizando $x_0=0{,}5$ y $x_1=1$, el polinomio interpolador lineal en $x=0{,}75$ es:

$$f(0{,}75)=1{,}64872+\frac{2{,}71828-1{,}64872}{1-0{,}5}\cdot(0{,}75-0{,}5)=2{,}18350$$

c) Calculemos el polinomio de *Lagrange* que pasa por los puntos $x_0=0$, $x_1=1$ y $x_2=2$.

Así,

$$P(x)=1\cdot L_0(x)+2{,}71828\cdot L_1(x)+7{,}38906\cdot L_2(x)$$

Siendo los *coeficientes de Lagrange*,

$$L_0(x)=\frac{(x-1)\,(x-2)}{(0-1)\,(0-2)}=\frac{x^2-3x+2}{2}$$

$$L_1(x)=\frac{x(x-2)}{1(1-2)}=\frac{x^2-2x}{-1}$$

$$L_2(x)=\frac{x(x-1)}{2(2-1)}=\frac{x^2-x}{2}$$

será

$$P(x)=\frac{x^2-3x+2}{2}-2{,}71828(x^2-2x)+\frac{7{,}38906}{2}(x^2-x)=$$
$$=1{,}47625x^2+0{,}24203x+1$$

Luego,

$$f(0{,}25)=1{,}152773$$
$$f(0{,}75)=2{,}011913$$

d) Las aproximaciones de los apartados a) y b) son mucho mejores, ya que los puntos utilizados en ellas están más próximos de los valores interpolados.

5.10. El número, en miles de habitantes, de una determinada ciudad ha evolucionado según los datos de la siguiente tabla:

Años	*1987*	*1988*	*1990*
Población	53	71	91

Ajustar por *Lagrange* un polinomio cuadrático a los datos y estimar la población que tenía esa ciudad en el año 1989.

Solución

Para simplificar los cálculos, consideremos el año 1987 como año 0. Así, el año 1988 será el año 1, y el año 1990 el año 3.

El polinomio de *Lagrange* será:

$$P(x)=53\cdot L_0(x)+71\cdot L_1(x)+91L_2(x)$$

y los *coeficientes de Lagrange* (según ejercicio 7) serán:

$$L_0(x)=\frac{x^2-4x+3}{3}$$

$$L_1(x)=\frac{x^2-3x}{-2}$$

$$L_2(x)=\frac{x^2-x}{6}$$

Luego,

$$P(x)=\frac{53}{3}(x^2-4x+3)-\frac{71}{2}(x^2-3x)+\frac{91}{6}(x^2-x)=\frac{-8x^2+62x+159}{3}$$

Para estimar la población en el año 1989 sustituiremos la x por 2. Así,

$$P(2)=\frac{251}{3}=83{,}667$$

Por tanto, en el año 1989 había en dicha ciudad 83.667 habitantes.

5.11. Dada la información siguiente: $f(-2)=f(2)=0$ y $f(-1)=f(1)=1$. Obtener el polinomio interpolador de *Lagrange* que pase por dichos puntos y utilizarlo para estimar $f(0)$.

Solución

Dispongamos los datos de una tabla.

x	-2	-1	1	2
$f(x)$	0	1	1	0

Los *coeficientes de Lagrange* son:

$$L_1(x)=\frac{(x+2)(x-1)(x-2)}{(-1+2)(-1-1)(-1-2)}=\frac{x^3-x^2-4x+4}{6}$$

$$L_2(x)=\frac{(x+2)(x+1)(x-2)}{(1+2)(1+1)(1-2)}=\frac{x^3+x^2-4x-4}{-6}$$

Y el polinomio,

$$P(x)=L_1(x)+L_2(x)=\frac{1}{6}(x^3-x^2-4x+4)-\frac{1}{6}(x^3+x^2-4x-4)=\frac{-x^2+4}{3}$$

Obsérvese que, en este caso, el polinomio que pasa por los cuatro puntos es de grado dos.

La estimación de $f(0)$, en contra de lo que aparentemente se podía deducir, es 4/3 y no 1/2.

5.12. Dada la tabla de una función

x	1	2	3	4
$f(x)$	3	-5	-6	-2

Calcular el error cometido cuando se calcula $f(3)$ mediante interpolación cuadrática de *Lagrange* de los otros tres valores.

Solución

$$P(3)=f(1)\cdot L_0(3)+f(2)\cdot L_1(3)+f(4)\cdot L_2(3)$$

Calculemos los *coeficientes de Lagrange.*

$$L_0(3)=\frac{(3-2)\,(3-4)}{(1-2)\,(1-4)}=-\frac{1}{3}$$

$$L_1(3)=\frac{(3-1)\,(3-4)}{(2-1)\,(2-4)}=1$$

$$L_3(3)=\frac{(3-1)\,(3-2)}{(4-1)\,(4-2)}=\frac{1}{3}$$

Luego

$$P(3)=3\cdot\left(-\frac{1}{3}\right)-5\cdot 1-2\cdot\frac{1}{3}=-\frac{20}{3}$$

Y el error cometido será:

$$|e_3|=\left|-6-\left(-\frac{20}{3}\right)\right|=\frac{2}{3}\simeq 0{,}67 \quad \text{(error absoluto)}$$

$$|r_3|=\left|\frac{\frac{2}{3}}{-6}\right|=\frac{1}{9}\simeq 0{,}11 \quad \text{(es decir, un error relativo del 11 \%)}$$

5.13. Calcular el polinomio interpolador que une los puntos $(-2, 0)$, $(0, 1)$ y $(3, -1)$, utilizando el método de *Neville-Aitken*.

Solución

Construyamos la tabla modelo del algoritmo adaptada a los tres datos.

x_k	f_k	$x_k - x$	*Polinomio primer grado*	*Polinomio segundo grado*
-2	0	$-2-x$	$(x+2)/2$	(*)
0	1	$-x$	$(-2x+3)/3$	
3	-1	$3-x$		

$$P_{01}(x) = \frac{\begin{vmatrix} 0 & -2-x \\ 1 & -x \end{vmatrix}}{0-(-2)} = \frac{x+2}{2}$$

$$P_{12}(x) = \frac{\begin{vmatrix} 1 & -x \\ -1 & 3-x \end{vmatrix}}{3-0} = \frac{-2x+3}{3}$$

$$P_{02}(x) = \frac{\begin{vmatrix} \dfrac{x+2}{2} & -2-x \\ \dfrac{-2x+3}{3} & 3-x \end{vmatrix}}{3-(2)} = \frac{-7}{30}\,x^2 + \frac{1}{30}\,x + 1 \ (*)$$

Por tanto,

$$P(x) = \frac{-7}{30}\,x^2 + \frac{1}{30}\,x + 1$$

es el polinomio de grado mínimo que pasa por dichos puntos.

5.14. Dada la siguiente tabla:

x_k	-2	1	2
f_k	$-8{,}52$	3	$7{,}48$

Utilizar el método de *Neville* para obtener una aproximación en $x=1{,}5$.

Solución

Al darnos inicialmente tres puntos, la tabla es análoga a la del ejercicio anterior. La única diferencia radica a la hora de obtener la aproximación en un punto, que no es necesario calcular el polinomio interpolador.

Sustituyendo los datos del enunciado y el valor de x por 1,5, resulta:

x_k	f_k	$x_k - x$	*Polinomio primer grado*	*Polinomio segundo grado*
-2	$-8{,}52$	$-3{,}5$	4,92	5,2
1	3	$-0{,}5$	5,24	
2	$7{,}48$	$0{,}5$		

Siendo

$$P_{01}(1{,}5)=\frac{\begin{vmatrix}-8{,}52 & -3{,}5\\ 3 & -0{,}5\end{vmatrix}}{1-(-2)}=4{,}92$$

$$P_{12}(1{,}5)=\frac{\begin{vmatrix}3 & -0{,}5\\ 7{,}48 & 0{,}5\end{vmatrix}}{2-1)}=5{,}24$$

$$P_{02}(1{,}5)=\frac{\begin{vmatrix}4{,}92 & -3{,}5\\ 5{,}24 & -0{,}5\end{vmatrix}}{2-(-2)}=5{,}2$$

Luego $f(1{,}5)=5{,}2$.

5.15. Dada la tabla

x_k	-1	0	2	3
f_k	3	3	1	6

Estimar $f(1)$ mediante el método de *Neville*.

Solución

Construyamos la tabla adecuada a estos cuatro puntos.

x_k	f_k	$x_k - 1$	*Polinomio primer grado*	*Polinomio segundo grado*	*Polinomio tercer grado*
-1	3	-2	3	$7/3$	$7/6$
0	3	-1	2	0	
2	1	1	-4		
3	6	2			

Donde,

$$P_{01}(1) = \frac{\begin{vmatrix} 3 & -2 \\ 3 & -1 \end{vmatrix}}{1} = 3 \quad ; \quad P_{12}(1) = \frac{\begin{vmatrix} 3 & -1 \\ 1 & 1 \end{vmatrix}}{2} = 2$$

$$P_{13}(1) = \frac{\begin{vmatrix} 1 & 1 \\ 6 & 2 \end{vmatrix}}{1} = -4 \quad ; \quad P_{02}(1) = \frac{\begin{vmatrix} 3 & -2 \\ 2 & 1 \end{vmatrix}}{3} = \frac{7}{3}$$

$$P_{03}(1) = \frac{\begin{vmatrix} \frac{7}{3} & -2 \\ 0 & 2 \end{vmatrix}}{4} = \frac{7}{6}$$

Luego $f(1) = 7/6$.

5.16. Se consideran los tres puntos del plano P_0 (–1, 2), P_1 (0, 0) y P_2 (2, 3). Se pide:

a) Emplear el método de *Neville* para estimar la ordenada del punto cuya abscisa es $x=1$.

b) Si añadimos el punto $P_3(5, 3)$, ¿cuál sería ahora la ordenada para $x=1$.

Solución

a) Construyamos la tabla para estimar $f(1)$ con los puntos P_0, P_1 y P_3.

x_k	f_k	x_k-1			
-1	2	-2	-2	1/3	*37/45*
0	*0*	-1	3/2	*9/5*	
2	3	1	*3*		
5	*3*	*4*			

Donde,

$$P_{01}(1)=\frac{\begin{vmatrix}2 & -2\\ 0 & -1\end{vmatrix}}{0-(-1)}=-2 \quad ; \quad P_{12}(1)=\frac{\begin{vmatrix}0 & -1\\ 3 & 1\end{vmatrix}}{2-0}=\frac{3}{2}$$

$$P_{02}(1)=\frac{\begin{vmatrix}-2 & -2\\ \frac{3}{2} & 1\end{vmatrix}}{2-(-1)}=\frac{1}{3}$$

Así, $f(1)=1/3$.

b) Al añadir un nuevo punto, no es necesario rehacer los cálculos, basta incluir la información adicional. Así, en la tabla anterior incluimos en *cursiva* los nuevos datos y los resultados obtenidos mediante:

$$P_{23}(1)=\frac{\begin{vmatrix}3 & 1\\ 3 & 4\end{vmatrix}}{5-2} \quad ; \quad P_{13}(1)=\frac{\begin{vmatrix}\frac{3}{2} & -1\\ 3 & 4\end{vmatrix}}{5}=\frac{9}{5}$$

$$P_{03}(1)=\frac{\begin{vmatrix}\frac{1}{3} & -2 \\ \frac{9}{5} & 4\end{vmatrix}}{5-(-1)}=\frac{37}{45}$$

Por tanto, $f(1)=37/45$.

5.17. Aproximar $\sqrt{3}$ usando el método de *Neville* en la función $f(x)=3^x$ para los puntos $x_0=-2$, $x_1=-1$, $x_2=0$ y $x_3=1$.

Solución

Confeccionemos la tabla del algoritmo de *Neville*.

x_k	f_k	$x_k-1/2$			
-2	$1/9$	$-5/2$	$2/3$	$3/2$	$16/9$
-1	$1/3$	$-3/2$	$4/3$	$11/6$	
0	1	$-1/2$	2		
1	3	$1/2$			

Obsérvese que $3^{1/2}=\sqrt{3}$. Luego se trata de interpolar en el punto $x=1/2$. Así, $f(1/2)=\sqrt{3}=16/9\approx 1{,}7777$.

5.18. Calcular el polinomio interpolador que se ajuste a los datos de la siguiente tabla, utilizando el método de diferencias divididas de *Newton*.

x_k	0	1	3
f_k	1	2	3

Solución

La tabla modelo para los tres datos, no necesariamente ordenados, es la siguiente:

x_k	f_k	$f[x_k, x_{k+1}]$	$f[x_k, x_{k+1}, x_{k+2}]$
0	1	1	$-1/6$
1	2	1/2	
3	3		

Calculados de la siguiente forma:

$$f[x_0, x_1]=\frac{f(x_1)-f(x_0)}{x_1-x_0}=\frac{2-1}{1-0}=1$$

$$f[x_1, x_2]=\frac{f(x_2)-f(x_1)}{x_1-x_0}=\frac{3-2}{3-1}=\frac{1}{2}$$

$$f[x_0, x_1, x_2]=\frac{f[x_1, x_2]-f[x_0, x_1]}{x_2-x_0}=\frac{\frac{1}{2}-1}{3-0}=-\frac{1}{6}$$

Luego, el polinomio interpolador será:

$$P(x)=1+1\cdot(x-0)+\left(-\frac{1}{6}\right)\cdot(x-0)\cdot(x-1)=-\frac{1}{6}x^2+\frac{7}{6}x+1$$

5.19. Dada la siguiente tabla de valores

x_k	3,2	2,7	1
f_k	22,0	17,8	14,2

Se pide:

a) Mediante el método de diferencias divididas y, redondeando los cálculos a tres decimales, obtener el polinomio interpolador para los datos de la tabla.

b) Si se añade el punto (4,8; 38,3), en las mismas condiciones que en a), encontrar el nuevo polinomio interpolador.

Solución

a) Construyamos la tabla modelo para aplicar el método de diferencias divididas a esos tres puntos.

x_k	f_k	$f[x_k, x_{k+1}]$	$f[x_k, x_{k+2}]$	$f[x_k, x_{k+3}]$
3,2	22,0	8,4	2,855	*−0,528*
2,7	17,8	2,118	*2,011*	
1	14,2	*6,342*		
4,8	*38,3*			

Obtenida de la siguiente forma:

$$f[x_0, x_1] = \frac{f(x_1) - f(x_0)}{x_1 - x_0} = \frac{17{,}8 - 22{,}0}{2{,}7 - 3{,}2} = 8{,}4$$

$$f[x_1, x_2] = \frac{f(x_2) - f(x_1)}{x_2 - x_1} = \frac{14{,}2 - 17{,}8}{1 - 2{,}7} = 2{,}118$$

$$f[x_0, x_1, x_2] = \frac{f[x_1, x_2] - f[x_0, x_1]}{x_2 - x_0} = \frac{2{,}118 - 8{,}4}{1 - 3{,}2} = 2{,}855$$

Luego, el polinomio interpolador por diferencias divididas que se ajusta a esos tres datos es:

$$P(x) = 22 + 8{,}4(x - 3{,}2) + 2{,}855(x - 3{,}2)\,(x - 2{,}7)$$

b) Añadiendo el nuevo dato a la tabla (en *cursiva*), no es necesario rehacer los cálculos, basta calcular $f[x_2, x_3]$, $f[x_1, x_2, x_3]$ y $f[x_0, x_1, x_2, x_3]$.

Así,

$$f[x_2, x_3] = \frac{f(x_3) - f(x_2)}{x_3 - x_2} = \frac{38{,}3 - 14{,}2}{4{,}8 - 1} = 6{,}342$$

$$f[x_1, x_2, x_3] = \frac{f[x_2, x_3] - f[x_1, x_2]}{x_3 - x_1} = \frac{6{,}342 - 2{,}118}{4{,}8 - 2{,}7} = 2{,}011$$

$$f[x_0, x_1, x_2, x_3] = \frac{f[x_1, x_2, x_3] - f[x_0, x_1, x_2]}{x_3 - x_0} = \frac{2{,}011 - 2{,}2855}{4{,}8 - 3{,}2} = -0{,}528$$

Por tanto,

$$P(x)=22+8{,}4(x-3{,}2)+2{,}855(x-3{,}2)\,(x-2{,}7)+$$
$$+(-0{,}528)\,(x-3{,}2)\,(x-2{,}7)\,(x-1)$$

5.20. Calcular la tabla de diferencias progresivas para los datos siguientes:

x_k	0	1	2	3	4	5
f_k	0	1	8	27	64	125

Solución

La tabla de diferencias progresivas para los seis datos será:

x_k	f_k	Δf_k	$\Delta^2 f_k$	$\Delta^3 f_k$	$\Delta^4 f_k$
0	0	1	6	6	0
1	1	7	12	6	0
2	8	19	18	6	
3	27	37	24		
4	64	61			
5	125				

Siendo,

$$\Delta f_0=f_1-f_0=1-0=1$$
$$\Delta f_1=f_2-f_1=8-1=7$$
$$\vdots$$
$$\Delta f_4=f_5-f_4=125-64=61$$
$$\Delta^2 f_0=\Delta f_1-\Delta f_0=7-1=6$$
$$\vdots$$
$$\Delta^2 f_3=\Delta f_4-\Delta f_3=61-37=24$$
$$\Delta^3 f_0=\Delta^2 f_1-\Delta^2 f_0=12-6=6$$
$$\vdots$$

5.21. ¿Existe algún polinomio de segundo grado, tal que si x toma los valores 1, 3, 5 y 7, entonces $P(x)$ tome los valores 0, 2, 4 y 50, respectivamente?

Solución

Como los valores 1, 3, 5 y 7 están igualmente espaciados, calculemos la tabla de diferencias progresivas.

Así,

x_k	f_k	Δf_k	$\Delta^2 f_k$	$\Delta^3 f_k$
1	0	2	0	44
3	2	2	44	
5	4	46		
7	50			

Como las diferencias de tercer orden no son nulas, no existe ningún polinomio de segundo grado con esas características. Además, se puede asegurar que es de orden tres el mínimo orden del polinomio que verifica esos datos.

5.22. Se considera la siguiente tabla de valores:

x	-3	-1	1	3	5	7
$f(x)$	14	4	2	8	22	44

Se pide:

a) ¿Existe una parábola que verifique todos los datos de la tabla? En caso afirmativo, encuéntrese.

b) Obténgase, en cualquier caso, el polinomio de grado menor o igual que cinco que pasa por los seis puntos de la tabla y utilícese para estimar $f(-2)$ y $f(0)$.

Solución

a) Los datos están igualmente espaciados, luego calculemos la tabla de diferencias progresivas.

x	$f(x)$	Δf	$\Delta^2 f$	$\Delta^3 f$
-3	14	-10	8	0
-1	4	-2	8	0
1	2	6	8	0
3	8	14	8	
5	22	22		
7	44			

Como las diferencias de tercer orden son nulas, existirá un polinomio de orden dos (parábola) que verifique los datos de la tabla.

Para encontrar el polinomio utilizaremos la expresión de Newton-Gregory con diferencias progresivas.

Así,

$$P(x)=14+t\cdot(-10)+\frac{t\cdot(t-1)}{2}\cdot 8=14+\frac{x+3}{2}\cdot(-10)+$$

$$+\frac{\frac{x+3}{2}\cdot\left(\frac{x+3}{2}-1\right)}{2^2}\cdot 8=x^2-x+2$$

b) Como los puntos a interpolar están al comienzo de la tabla, nos sirve el polinomio anterior. Por tanto,

$$f(-2)=8 \quad \text{y} \quad f(0)=2$$

5.23. Cinco niñas de 2, 3, 5, 7 y 8 años de edad pesan, respectivamente, 14, 20, 30, 42 y 44 kilos. ¿Es aceptable la hipótesis de que el peso varía linealmente con la edad para este colectivo?

Solución

Sean

$$x_0 = 2 \quad , \quad x_1 = 3 \quad , \quad x_2 = 5 \quad , \quad x_3 = 7 \quad , \quad x_4 = 8$$
$$f_0 - 14 \quad , \quad f_1 - 20 \quad , \quad f_2 = 30 \quad , \quad f_3 = 42 \quad , \quad f_4 = 44$$

Calculemos los cocientes incrementales para cada dos datos consecutivos.

$$\frac{f_1 - f_0}{x_1 - x_0} = \frac{20 - 14}{3 - 2} = 6 \quad ; \quad \frac{f_2 - f_1}{x_2 - x_1} = \frac{30 - 20}{5 - 3} = 5$$

$$\frac{f_3 - f_2}{x_3 - x_2} = \frac{42 - 30}{7 - 5} = 6 \quad ; \quad \frac{f_4 - f_3}{x_4 - x_3} = \frac{44 - 42}{8 - 7} = 2$$

Si la variación fuera lineal, los cocientes incrementales anteriores serían iguales. Por tanto, no es aceptable la hipótesis de linealidad.

5.24. Hallar mediante la fórmula de *Newton-Gregory* progresiva el polinomio interpolador que une los puntos $P_0(0, 0)$, $P_1(1, 1)$, $P_2(2, 8)$, $P_3(3, 27)$ y $P_4(4, 64)$.

Solución

Construyamos la tabla de diferencias progresivas para los cinco puntos P_0, P_1, P_2, P_3 y P_4.

x_k	f_k	Δf_k	$\Delta^2 f_k$	$\Delta^3 f_k$	$\Delta^4 f_k$
0	0	1	6	6	0
1	1	7	12	6	
2	8	19	18		
3	27	37			
4	64				

La expresión de *Newton-Gregory* progresiva viene dada por:

$$P(x) = \sum_{k=0}^{4} \binom{t}{k} \Delta^k f_0$$

Siendo,

$$t=\frac{x-x_0}{h}=\frac{x-0}{1}=x \quad (h=\text{longitud de paso})$$

Entonces,

$$P(x)=\binom{x}{0}\Delta^0 f_0+\binom{x}{1}\Delta f_0+\binom{x}{2}\Delta^2 f_0+\binom{x}{3}\Delta^3 f_0+\binom{x}{4}\Delta^4 f_0=$$

$$=\binom{x}{0}\cdot 0+\binom{x}{1}\cdot 1+\binom{x}{2}\cdot 6+\binom{x}{3}\cdot 6+\binom{x}{4}\cdot 0=$$

$$=x+\frac{x(x-1)}{2}\cdot 6+\frac{x(x-1)(x-2)}{6}\cdot 6=x^3$$

5.25. Se considera la siguiente tabla de valores

x_k	0,4	0,6	0,8	1
f_k	0,423	0,684	1,030	1,557

Utilizar la fórmula de *Newton-Gregory* progresiva para interpolar en $x=0{,}43$.

Solución

Calculemos, en primer lugar, la tabla de diferencias progresivas para los datos.

x_k	f_k	Δf_k	$\Delta^2 f_k$	$\Delta^3 f_k$
0,4	0,423	0,261	0,085	0,096
0,6	0,684	0,346	0,181	
0,8	1,030	0,527		
1	1,557			

Como

$$t=\frac{x-x_0}{h}=\frac{0{,}43-0{,}4}{0{,}2}=0{,}15$$

y utilizando los resultados de la tabla, la expresión progresiva de *Newton-Gregory* resulta:

$$P(0{,}73)=0{,}423+0{,}15\cdot 0{,}261+\frac{0{,}15(0{,}15-1)}{2}\cdot 0{,}085+$$

$$+\frac{0{,}15(0{,}15-1)\,(0{,}15-2)}{6}\cdot 0{,}096=0{,}461$$

5.26. Construir la tabla de diferencias regresivas para los siguientes datos:

x_k	3,3	3,4	3,5	3,6	3,7
f_k	-1	15	55	119	207

Solución

La tabla de diferencias regresivas para cinco datos resulta:

x_k	f_k	∇f_k	$\nabla^2 f_k$	$\nabla^3 f_k$
3,3	-1			
3,4	15	16		
3,5	55	40	24	
3,6	119	64	24	0
3,7	207	88	24	0

Siendo,

$$\begin{aligned}
&\nabla f_1=f_1-f_0=15-(-1)=16\\
&\nabla f_2=f_2-f_1=55-15=40\\
&\vdots\\
&\nabla^2 f_2=\nabla f_2-\nabla f_1=40-16=24\\
&\vdots\\
&\nabla^3 f_3=\nabla^2 f_3-\nabla^2 f_2=24-24=0\\
&\vdots
\end{aligned}$$

5.27. Calcular mediante la fórmula de *Newton-Gregory* regresiva el polinomio interpolar que pase por los puntos $(-1, 1)$, $(0, 1)$, $(1, 1)$ y $(2, -5)$.

Solución

Calculemos, en primer lugar, la tabla de diferencias regresivas para los cuatro puntos.

x_k	f_k	∇f_k	$\nabla^2 f_k$	$\nabla^3 f_k$
-1	1			
0	1	0		
1	1	0	0	
2	-5	-6	-6	-6

La fórmula de *Newton-Gregory* regresiva es:

$$P(x)=\sum_{k=0}^{3}\binom{t+k-1}{k}\nabla^k f_3$$

Como

$$t=\frac{x-x_3}{h}=\frac{x-2}{1}=x-2$$

Luego

$$P(x)=f_3+\binom{t}{1}\nabla f_3+\binom{t}{2}\nabla^2 f_3+\binom{t}{3}\nabla^3 f_3=$$

$$=-5+(x-2)(-6)+\frac{(x-2)(x-1)}{2}\cdot(-6)+\frac{x(x-1)(x-2)}{6}\cdot(-6)=$$

$$=-x^3+x+1$$

5.28. Dar una estimación de $f(2{,}5)$ usando la fórmula de *Newton-Gregory* y los datos de la siguiente tabla:

x_k	-1	0	1	2	3
f_k	-64	-27	-8	-1	0

Solución

Como $x=2{,}5$ se encuentra al final de la tabla, utilizaremos diferencias regresivas. Así,

x_k	f_k	∇f_k	$\nabla^2 f_k$	$\nabla^3 f_k$	$\nabla^4 f_k$
-1	-64				
0	-27	37			
1	-8	19	-18		
2	-1	7	-12	6	
3	0	1	-6	6	0

Como

$$t=\frac{2{,}5-3}{1}=-0{,}5$$

y mediante los resultados de la tabla, la expresión de *Newton-Gregory* regresiva para estimar en $x=2{,}5$, resulta:

$$f(2{,}5)=0+\binom{-0{,}5}{1}\cdot 1+\binom{0{,}5}{2}\cdot(-6)+\binom{1{,}5}{3}\cdot 6+\binom{2{,}5}{4}\cdot 0=$$

$$=(-0{,}5)+\frac{0{,}5\cdot(-0{,}5)}{2}\cdot(-6)+\frac{(-0{,}5)\cdot(0{,}5)\cdot(1{,}5)}{6}\cdot 6=-0{,}125$$

5.29. Dada la tabla siguiente:

x_k	0,125	0,250	0,375	0,500
f_k	0,792	0,773	0,774	0,704

a) Obtener el polinomio interpolador mediante la fórmula de *Newton-Gregory* progresiva.
b) Obtener el polinomio interpolador mediante la fórmula de *Newton-Gregory* regresiva.
c) Comparar los resultados de a) y de b).

Solución

a) Calculemos la tabla de diferencias progresivas y regresivas.

x_k	f_k	Δ y ∇	Δ^2 y ∇^2	Δ^3 y ∇^3
0,125	0,792			
		−0,019		
0,250	0,773		−0,01	
		−0,029		−0,001
0,375	0,744		−0,011	
		−0,04		
0,500	0,704			

El polinomio mediante diferencias progresivas será:

$$P(x)=0{,}792-0{,}152(x-0{,}125)-0{,}32(x-0{,}125)\,(x-0{,}250)-$$
$$-0{,}085(x-0{,}125)\,(x-0{,}250)\,(x-0{,}375)$$

Siendo,

$$t=\frac{x-0{,}125}{0{,}125}$$

b) El polinomio interpolar utilizando la fórmula de *Newton-Gregory* regresiva será:

$$P(x)=0{,}704-0{,}32(x-0{,}5)-0{,}352(x-0{,}5)\,(x-0{,}375)-$$
$$-0{,}085(x-0{,}5)\,(x-0{,}375)\,(x-0{,}25)$$

Siendo,

$$t=\frac{x-0{,}5}{0{,}125}$$

c) Los polinomios obtenidos en a) y b) han de ser necesariamente iguales, como se puede comprobar.

5.30. En la siguiente tabla se dan las marcas obtenidas por un atleta,

Distancia (m)	100	200	300	400
Tiempo (seg)	11	23	38	50

Utilizando la fórmula de *Newton-Gregory* más conveniente en cada caso, se pide:

a) Obtener el polinomio de tercer grado o menor que se ajuste a los datos de la tabla.

b) Estimar el tiempo que tardaría en recorrer este atleta 150 metros.

c) Estimar el tiempo que tardaría en recorrer 350 metros.

Solución

a) Para obtener el polinomio interpolados que se ajuste a estos datos se puede utilizar indistintamente las fórmulas regresiva o progresiva.

Confeccionemos la tabla de diferencias progresivas y regresivas, simultáneamente.

x_k	f_k	Δ y ∇	Δ^2 y ∇^2	Δ^3 y ∇^3
100	11			
		12		
200	23		3	
		15		-6
300	38		-3	
		12		
400	50			

donde x_k es la distancia en metros y f_k el tiempo en segundos.

Mediante la fórmula progresiva, el polinomio interpolador será:

$$P(x)=11+12\cdot\frac{x-100}{100}+3\cdot\frac{\left(\frac{x-100}{100}\right)\left(\frac{x-100}{100}-1\right)}{2}-$$

$$-6\cdot\frac{\left(\frac{x-100}{100}\right)\left(\frac{x-100}{100}-1\right)\left(\frac{x-100}{100}-2\right)}{6}=$$

$$=\frac{x^3-300x^2+140.000x+10.000.000}{2.000.000}$$

Siendo

$$t=\frac{x-100}{100}$$

b) Puesto que $x=150$ metros se encuentra al comienzo de la tabla, utilizaremos la fórmula progresiva para su estimación.

Así,

$$t=\frac{150-100}{100}=0{,}5$$

y, por tanto,

$$p(150)=16{,}25$$

Luego tardará 16,25 segundos en recorrer 150 metros.

c) Como $x=350$ metros se encuentra al final de la tabla, usaremos la fórmula regresiva para su estimación.

Como

$$t=\frac{350-400}{100}=-0{,}5$$

Entonces,

$$P(350)=50+(-1)\cdot(0{,}5)\cdot 12+\frac{0{,}5\cdot(-0{,}5)}{2}\cdot(-3)-$$
$$+(-1)\cdot\frac{0{,}5\cdot(-0{,}5)(-1{,}5)}{6}\cdot(-6)=44{,}75$$

Tardará, pues, 44,75 segundos en recorrer 350 metros.

5.31. Demostrar que

$$\Delta[f_0(x)\cdot g_0(x)]=f_0(x)\cdot\Delta g_0(x)+g_1(x)\cdot\Delta f_0(x)$$

Solución

Por definición:

$$\Delta[f_0(x)\cdot g_0(x)]=f_1(x)\cdot g_1(x)-f_0(x)\cdot g_0(x)$$

Sumando y restando $f_0(x)\cdot g_1(x)$,

$$f_1(x)\cdot g_1(x)-f_0(x)\cdot g_1(x)+f_0(x)\cdot g_1(x)-f_0(x)\cdot g_0(x)$$

Agrupando términos semejantes y sacando factor común

$$[f_1(x)-f_0(x)]\cdot g_1(x)+f_0(x)\cdot[g_1(x)-g_0(x)]=$$
$$=\Delta f_0(x)\cdot g_1(x)+f_0(x)\cdot\Delta g_0(x)$$

5.32. El número de alumnos matriculados en un centro de enseñanza viene dado por la siguiente tabla:

Curso	*84/85*	*86/87*	*88/89*	*90/91*
Núm. de alumnos	800	950	1.200	1.300

Se pide:

a) Interpolar por *Lagrange*, para estimar el número de alumnos matriculados en ese centro en el curso 89/90.

b) Utilizando el método de diferencias divididas de *Newton*, estimar el número de alumnos matriculados en el curso 87/88.

c) Mediante la fórmula de *Newton-Gregory*, estimar el número de alumnos matriculados en el curso 85/86.

Solución

a) Considerando el curso 84/85 como año 0, el curso 86/87 será el año 2, el curso 88/89 año 4 y el 90/91 año 6.

Así,

Curso	*0*	*2*	*4*	*6*
Núm. de alumnos	800	950	1.200	1.300

Se trata, pues, de realizar una estimación en el año 5 (curso 89/90).

Los coeficientes de *Lagrange* son:

$$L_0(5)=\frac{(5-2)\,(5-4)\,(5-6)}{(0-2)\,(0-4)\,(0-6)}=\frac{3}{48}$$

$$L_1(5)=\frac{5(5-4)\,(5-6)}{2(2-4)\,(2-6)}=-\frac{5}{16}$$

$$L_2(5)=\frac{5(5-2)\,(5-6)}{4(4-2)\,(4-6)}=\frac{15}{16}$$

$$L_3(5)=\frac{5(5-2)\,(5-4)}{6(6-2)\,(6-4)}=\frac{115}{48}$$

Luego,

$$P(5)=800\cdot\frac{3}{48}-950\cdot\frac{5}{16}+1.200\cdot\frac{15}{16}+1.300\cdot\frac{15}{48}\simeq 1.284$$

Durante el curso 89/90 se puede estimar que estuvieron matriculados 1.284 alumnos.

b) Construyamos la tabla de diferencias divididas.

k_k	f_k	$f[x_k\ x_{k+1}]$	$f[\dots x_{k+2}]$	$f[\dots x_{k+3}]$
0	800	75	12,5	−5,21
2	950	125	−18,75	
4	1.200	50		
6	1.300			

Obtenida mediante

$$f[x_0, x_1] = \frac{950-800}{2} = 75$$

$$f[x_1, x_2] = \frac{1.200-950}{4-2} = 125$$

$$f[x_2, x_3] = \frac{1.300-1.200}{6-4} = 50$$

$$f[x_0, x_1\ x_2] = \frac{125-75}{4-0} = 12,5$$

$$f[x_1, x_2\ x_3] = \frac{50-125}{6-2} = -18,75$$

$$f[x_0, x_1\ x_2\ x_2, x_3] = \frac{-18,75-12,5}{6} = -5,21$$

Así,

$$P(3) = 800 + 75(3-0) + 12,5(3-0)\ (3-2) - 5,2(3-0)\ (3-2)\ (3-4) \simeq 1.078$$

Durante el curso 87/88 se puede estimar que hubo 1.078 alumnos matriculados.

c) Como el año 1 (curso 85/86) está al comienzo de la tabla, deberemos utilizar la fórmula de *Newton-Gregory* progresiva.

Construyamos, pues, la tabla de diferencias progresivas.

x_k	f_k	Δf_k	$\Delta^2 f_k$	$\Delta^3 f_k$
0	800	150	100	-250
2	950	250	-150	
4	1.200	100		
6	1.300			

Como

$$t=\frac{1-0}{2}=0{,}5$$

Entonces,

$$P(1)=800+150\cdot 0{,}5+100\cdot\frac{0{,}5(-0{,}5)}{2}-250\cdot\frac{0{,}5(-0{,}5)\,(-1{,}5)}{6}\simeq 847$$

Cabe estimar que durante el curso 85/86 estuvieron matriculados 847 alumnos.

5.33. a) Utilícese el método de *Neville* para aproximar $f(2)$, si se dispone de los datos siguientes:

x_k	0	1	3
f_k	5	2	2

b) Supóngase que la aproximación dada por a) no es lo suficientemente exacta. Añadiendo el dato (4,5), aproximar de nuevo $f(2)$.

c) Analícense los resultados de los apartados anteriores.

Solución

a) Construyamos la tabla del algoritmo de *Neville*:

x_k	f_k	x_k-2			
0	5	-2	-1	1	*1*
1	2	-1	2	*1*	
3	2	1	-1		
4	*5*	*2*			

Obtenida de la sigura forma:

$$P_{01}(2)=\frac{\begin{vmatrix}5 & -2\\ 2 & -1\end{vmatrix}}{1}=-1 \quad ; \quad P_{12}(2)=\frac{\begin{vmatrix}2 & -1\\ 2 & 1\end{vmatrix}}{2}=2$$

$$P_{02}(2)=\frac{\begin{vmatrix}-1 & -2\\ 2 & 1\end{vmatrix}}{3}=1$$

Luego $f(2)=P_{02}(2)=1$.

b) Añadiendo la nueva información (parte inferior de la tabla anterior) y calculando,

$$P_{23}(2)=\frac{\begin{vmatrix}2 & 1\\ 5 & 2\end{vmatrix}}{1}=-1 \quad ; \quad P_{13}(2)=\frac{\begin{vmatrix}2 & -1\\ -1 & 2\end{vmatrix}}{3} \; H=1$$

$$P_{03}(2)=\frac{\begin{vmatrix}1 & -2\\ 1 & 2\end{vmatrix}}{4}=1$$

Se tiene que $f(2)=P_{03}(2)=1$.

c) El hecho de que los dos resultados coincidan es debido a que el punto añadido en b) pertenece al mismo polinomio interpolador que pasa por los tres puntos de a). Es decir, el polinomio que interpola a los cuatro puntos es de grado dos.

Compruébese que $P(x)=x^2-4x+5$ es el polinomio que pasa por los cuatro puntos.

5.34. La siguiente tabla de valores se han obtenido a partir de la función $f(x)=\text{sen}\,x$, utilizando cinco decimales redondeados. Mediante la fórmula de *Newton-Gregory*, estimar el valor de sen (0,3) y calcular el error absoluto cometido en esta estimación, si el verdadero valor es sen (0,3) = 0,29552.

x	0,1	0,5	0,9
sen x	0,09983	0,47943	0,78333

Solución

Como $x=0{,}3$ se encuentra al comienzo de la tabla de valores, utilizaremos diferencias progresivas.

Formemos la tabla de diferencias progresivas.

x	$f(x)=\text{sen}\,x$	Δf	$\Delta^2 f$
0,1	0,09983	0,37960	−0,07570
0,5	0,47943	0,30390	
0,9	0,78333		

Como

$$t=\frac{0{,}3-0{,}1}{0{,}4}=0{,}5$$

Entonces,

$$f(0{,}3)=0{,}09983+0{,}3796\cdot 0{,}5-0{,}0757\cdot\frac{0{,}5(-0{,}5)}{2}=$$

$$=0{,}29909 \text{ es el valor aproximado}$$

Por tanto, el error absoluto será:

$$|e_x|=|0{,}29909-0{,}28552|=0{,}00357$$

5.35. Dada la tabla

x_k	-2	-1	0	1	2
f_k	-6	3	0	-3	6

a) Determinar el grado del polinomio interpolador que pasa por ellos utilizando diferencias progresivas.

b) Utilizar la fórmula de *Newton-Gregory* progresiva para obtener el polinomio interpolador.

c) Estimar $f(0{,}5)$.

Solución

a) Calculemos la tabla de diferencias progresivas.

x_k	f_k	Δf_k	$\Delta^2 f_k$	$\Delta^3 f_k$	$\Delta^4 f_k$
-2	-6	9	-12	12	0
-1	3	-3	0	12	
0	0	-3	12		
1	-3	9			
2	6				

Como $\Delta^4 f_k=0$, entonces el polinomio interpolador que pase por ellos será de grado tres.

b) Como

$$t=\frac{x+2}{1}=x+2$$

Entonces, el polinomio interpolador mediante la fórmula de *Newton-Gregory* progresiva será:

$$P(x)=-6+9(x+2)-12\cdot\frac{(x+2)\,(x+1)}{2}+12\cdot\frac{(x+2)\,(x+1)x}{6}=3x^3-5x$$

c) Como $x=-0{,}5$ está situado al comienzo de la tabla, nos servirá el polinomio anterior. Por tanto,

$$P(-0{,}5)=2(-0{,}5)^3-5(-0{,}5)=2{,}25$$

5.36. Sabiendo que la función $f(x)$ tiene un cero en el intervalo (0, 2), y que además $f(0)=16$, $f(1)=1$ y $f(2)=4$. Dar una estimación para la localización del cero.

Solución

Calculemos, en primer lugar, el polinomio interpolador que verifica: $f(0)=16$, $f(1)=1$ y $f(2)=4$.

Se puede utilizar cualquiera de los procedimientos estudiados, por ejemplo la fórmula de *Newton-Gregory* progresiva.

Así, la tabla de diferencias progresivas es:

x_k	f_k	Δf_k	$\Delta^2 f_k$
0	16	-15	18
1	1	3	
2	4		

Y el polinomio interpolador,

$$P(x)=16-15x+18\,\frac{x(x-1)}{2}=9x^2-24x+16$$

ya que

$$t=\frac{x-0}{1}=x$$

Resolviendo la ecuación $9x^2-24x+16=0$, se obtiene $x=4/3$ como solución, que pertenece al intervalo (0, 2). Por tanto, $x=4/3$ es una estimación del cero de la función $f(x)$.

5.37. Determinar la recta de *mínimos cuadrados* para los puntos (1, 3) y (5, 2).

Solución

Obviamente, la recta de *mínimos cuadrados* será la recta que los una, es decir,

$$y = -\frac{1}{4}x + \frac{13}{4}$$

5.38. Obtener la recta de *mínimos cuadrados* para los datos de la siguiente tabla:

x	-1	1	3
$f(x)$	6	1	11

Solución

La recta $y = p(x) = a + bx$, donde a y b se determinan mediante las ecuaciones

$$\left.\begin{aligned} a \cdot 3 + \sum_{i=1}^{3} x_i &= \sum_{i=1}^{3} f_i \\ a \cdot \sum_{i=1}^{3} x_i + b \cdot \sum_{i=1}^{3} x_i^2 &= \sum_{i=1}^{3} x_i \cdot f_i \end{aligned}\right\},$$

es la llamada recta de mínimos cuadrados.

Formemos la tabla adecuada para obtener las componentes del sistema anterior.

	x_i	f_i	x_i^2	$x_i f_i$
	-1	6	1	-6
	1	1	1	1
	3	11	9	33
$\sum_1^3$	3	18	11	28

Luego,

$$\sum x_i = 3 \quad , \quad \sum f_i = 18 \quad , \quad \sum x_i^2 = 11 \quad , \quad \sum x_i \cdot f_i = 28$$

y el número total de datos $n=3$.

Sustituyendo en el sistema anterior, resulta:

$$\left.\begin{aligned} 3a + 3b &= 18 \\ 3a + 11b &= 28 \end{aligned}\right\}$$

Sistema que tiene por solución $b=1{,}25$ y $a=4{,}75$. Por tanto, la recta de mínimos cuadrados será:

$$y = p(x) = 1{,}25x + 4{,}75$$

5.39. Obtener la recta de *mínimos cuadrados* para los puntos $P_0(0, 1)$, $P_1(1, 3)$, $P_2(-1, 2)$ y $P_3(2, 4)$. Determinar también la bondad del ajuste.

Solución

Construyamos la tabla para facilitar los cálculos, y añadiremos una columna nueva para estimar posteriormente la bondad del ajuste.

	x_k	f_k	x_k^2	$x_k f_k$	$(p(x_k) - f_k)^2$
	0	1	0	0	1,21
	1	3	1	3	0,01
	-1	2	1	-2	0,49
	2	4	4	8	0,09
$\sum_{1}^{4}$	2	10	6	9	1,8

Así, resulta el sistema:

$$\left.\begin{aligned} 4a + 2b &= 10 \\ 2a + 6b &= 9 \end{aligned}\right\}$$

Que tiene por solución: $a = 2,1$ y $b = 0,8$. Por tanto, la recta de mínimos cuadrados es

$$p(x) = 0,8x + 2,1$$

Ahora estamos en condiciones de rellenar la última columna de la tabla. La bondad del ajuste viene dada por el resultado de la quinta columna, es decir,

$$\sum (p(x_k) - f_k)^2 = 1,8$$

5.40. Las calificaciones obtenidas por cinco alumnos en una prueba de álgebra y cálculo vienen dadas en la siguiente tabla:

Algebra	6	4	8	5	3,5
Cálculo	6,5	4,5	7	5	4

Se pide:

a) Estimar, mediante interpolación lineal, la calificación en cálculo de un alumno que obtuvo 7,5 en álgebra.

b) Ajustar la recta de mínimos cuadrados a todos los datos de la tabla y utilizarla para estimar la nota de cálculo de un alumno con 7,5 en álgebra.

Solución

a) Las dos notas más próximas a 7,5 son 6 y 8. Luego se trata de interpolar 7,5 entre 6 y 8, es decir,

$$f(7,5) = f(6) + \frac{f(8) - f(6)}{8 - 6} \cdot (7,5 - 6) = 6,625 \simeq 6,6$$

Cabe esperar, pues, una calificación en cálculo de 6,6.

b) Construyamos la tabla adecuada para obtener las componentes del sistema. Llamamos x_k e y_k a las calificaciones en álgebra y cálculo, respectivamente.

Así,

	x_k	y_k	x_k^2	$x^k \cdot y_k$
	6	6,5	36	39
	4	4,5	16	18
	8	7	64	56
	5	5	25	25
	3,5	4	12,25	14
$\sum_{1}^{5}$	26,5	27	153,25	152

Luego el sistema es:

$$\left.\begin{aligned} 26{,}5\text{a} + 5\text{b} = 27 \\ 153{,}25\text{a} + 26{,}5\text{b} = 152 \end{aligned}\right\}$$

que tiene por solución $a = 89/128$ y $b = 439/256$.

La recta de mínimos cuadrados será:

$$y = \frac{89}{128}x + \frac{439}{256}$$

Sustituyendo la x por 7,5 resulta $y = 6{,}9$. Luego cabe esperar una nota de 6,9 en cálculo.

5.41. Ajustar una parábola por el método de los *mínimos cuadrados* a los datos de la siguiente tabla:

x_i	1	2	3	4	5	6	7	8	9
y_i	2,1	3,3	3,9	4,4	4,6	4,8	4,6	4,2	3,4

Solución

Se trata, pues, de resolver el siguiente sistema:

$$\left.\begin{aligned} \sum y_i &= a_0 \cdot n + a_1 \cdot \sum x_i + a_2 \cdot \sum x_i^2 \\ \sum x_i \cdot y_i &= a_0 \cdot \sum x_i + a_1 \cdot \sum x_i^2 + a_2 \cdot \sum x_i^3 \\ \sum x_i^2 \cdot y_i &= a_0 \cdot \sum x_i^2 + a_1 \cdot \sum x_i^3 + a_2 \cdot \sum x_i^4 \end{aligned}\right\}$$

Calculemos los elementos que lo componen

x_i	y_i	x_i^2	x_i^3	x_i^4	$x_i \cdot y_i$	$x_i^2 \cdot y_i$
1	2,1	1	1	1	2,1	2,1
2	3,3	4	8	16	6,6	13,2
3	3,9	9	27	81	11,7	35,1
4	4,4	16	64	256	17,6	70,4
5	4,6	25	125	625	23,0	115,0
6	4,9	36	216	1.296	28,8	172,8
7	4,6	49	343	2401	32,2	225,4
8	4,2	64	512	4.096	33,6	268,8
9	3,4	81	729	6.561	30,6	275,4
45	35,3	285	2.025	15.333	186,2	1.404

Sustituyendo, resulta el sistema:

$$\left.\begin{aligned} 35{,}3 &= 9a_0 + 45a_1 + 285a_2 \\ 186{,}2 &= 45a_0 + 285a_1 + 2.025a_2 \\ 1.404 &= 285a_0 + 2.025a_1 + 15.333a_2 \end{aligned}\right\}$$

que tiene por solución:

$$a_0 = 0{,}9433 \quad , \quad a_1 = 1{,}3507 \quad \text{y} \quad a_2 = -0{,}119$$

Así, la ecuación de la parábola pedida resulta ser:

$$y = 0{,}9433 + 1{,}3507x - 0{,}1189x^2$$

5.42. Ajustar una función potencial de la forma $y = a \cdot x^b$ a los datos:

x_i	1	2	3	4	5
y_i	0,5	1,7	3,4	5,7	8,4

(Trabájese con redondeo a tres decimales.)

Solución

Tomando logaritmos decimales en los dos miembros de la ecuación potencial, resulta

$$\log y = \log (a \cdot x^b) = \log a + b \cdot \log x$$

ecuación que se convierte en lineal haciendo

$$Y = \log y \quad , \quad A = \log a \quad , \quad X = \log x$$

Se trata, pues, de resolver el sistema

$$\Sigma Y_i = n \cdot A + b \cdot \sum X_i$$
$$\sum X_i \cdot Y_i = A \cdot \sum X_i + b \cdot \sum X_i^2$$

donde los componentes se obtienen en la siguiente tabla:

x_i	y_i	$X_i = \log x_i$	$Y_i = \log y_i$	X_i^2	Y_i^2
1	0,5	0,000	−0,301	0,000	0,000
2	1,7	0,301	0,230	0,091	0,069
3	3,4	0,477	0,531	0,228	0,253
4	5,7	0,602	0,756	0,362	0,455
5	8,4	0,699	0,924	0,489	0,646
		2,079	2,140	1,170	1,423

Sustituyendo los valores, resulta

$$\left.\begin{aligned} 2{,}140 &= 6A + 2{,}079b \\ 1{,}423 &= 2{,}079A + 1{,}170b \end{aligned}\right\}$$

cuya solución es $b = 1{,}516$ y $A = -0{,}169$.

Luego,

$$a = \text{antilog}\,(-0{,}169) = 0{,}678$$

y la función potencial pedida

$$y = 0{,}678 \cdot x^{1{,}516}$$

5.43. Aproximar una curva del tipo exponencial $y = a \cdot e^{bx}$ a los puntos

x	1	2	3	4
y	7	11	17	27

Redondear a dos decimales y utilizar logaritmos neperianos.

Solución

Tomando logaritmos neperianos se obtiene que

$$L_n y = L_n(a \cdot e^{bx}) = L_n a + bx \cdot L_n e = L_n a + bx$$

y haciendo los cambios

$$Y = L_n y \quad , \quad A = L_n a$$

resulta la ecuación lineal

$$Y = A + bx$$

Por tanto, se trata de resolver el sistema

$$\left.\begin{aligned} \sum Y &= n \cdot A + b \cdot \sum x \\ \sum x \cdot Y &= A \cdot \sum x + b \cdot \sum x^2 \end{aligned}\right\}$$

Cuyas componentes las obtenemos en la tabla

x	$Y=\log y$	x^2	$x\cdot Y$
1	1,95	1	1,95
2	2,40	4	4,80
3	2,83	9	8,49
4	3,30	16	13,20
10	10,48	30	28,44

Luego

$$\left.\begin{aligned} 10{,}48 &= 4A + 10b \\ 28{,}44 &= 10A + 30b \end{aligned}\right\}$$

cuya solución es: $A=1{,}50$ y $b=0{,}45$.

Por tanto,

$$a=e^{1,5}=4{,}48$$

y la curva pedida

$$y=4{,}48\cdot e^{0,45x}$$

5.44. Dados los datos

x	5	10	15	20	25	30	35	40	45	50
y	17	25	30	33	36	38	39	40	41	42

Utilícense *mínimos cuadrados* para ajustar: a) una línea recta; b) una ecuación potencial de la forma $y=a\cdot b^x$. ¿Cuál de ellas puede considerarse como mejor ajuste?

Solución

La recta será de la forma

$$y=a+bx$$

y la curva

$$y = a \cdot b^x$$

que tomando logaritmos

$$\log y = \log a + x \cdot \log b \Rightarrow Y = A + B \cdot x$$

Calculemos, pues, los elementos necesarios en la siguiente tabla:

x	y	x^2	$x \cdot y$	$Y = \log y$	$x \cdot Y$
5	17	25	85	1,23	6,15
10	25	100	250	1,40	14,00
15	30	225	450	1,48	22,20
20	33	400	660	1,52	30,40
25	36	625	900	1,56	39,00
30	38	900	1.140	1,58	47,40
35	39	1.225	1.365	1,59	55,65
40	40	1.600	1.600	1,60	64,00
45	41	2.025	1.845	1,61	72,45
50	42	2.500	2.100	1,62	81,00
275	341	9,625	10.395	15,19	432,25

Así, el sistema para hallar la recta de mínimos cuadrados es:

$$\left.\begin{aligned} 10a + 275b &= 341 \\ 275a + 9.625b &= 10.395 \end{aligned}\right\} \quad \begin{aligned} a &= 20,63 \\ b &= 0,49 \end{aligned}$$

Luego la recta tiene por ecuación

$$y = 20,63 + 0,49x$$

De forma análoga, el sistema para hallar la ecuación exponencial es:

$$\left.\begin{aligned} 10A + 275B &= 15,19 \\ 275A + 9.625B &= 432,25 \end{aligned}\right\} \quad \begin{aligned} A &= 1,24 \\ B &= 0,01 \end{aligned}$$

Y como

$$a = 10^{1,24} = 17,38 \quad \text{y} \quad b = 10^{0,01} = 1,02$$

entonces la curva exponencial resulta

$$y = 17{,}38 \cdot 1{,}02^x$$

Para ver cuál de las dos, la recta o la curva exponencial se ajusta mejor a los datos, calcularemos las imágenes mediante ambas funciones y los errores cuadráticos respectivos.

Así,

x	y	y_1	$(y-y_1)^2$	y_2	$(y-y_2)^2$
5	17	23,08	38,19	19,19	4,80
10	25	25,53	0,28	21,19	14,52
15	30	27,98	4,08	23,39	45,02
20	33	30,43	6,60	25,83	51,41
25	36	32,88	9,73	28,51	56,10
30	38	35,33	7,13	31,48	42,51
35	39	37,78	1,49	34,76	17,98
40	40	40,23	0,05	38,38	2,62
45	41	42,68	2,82	42,37	1,88
50	42	45,13	9,80	46,78	22,85
			80,17		259,69

Como el error cuadrático lineal 80,17 es muy inferior al error cuadrático exponencial 259,69, obviamente el ajuste lineal es mucho mejor.

5.45. Ajustar una curva de la forma $y = ae^x + be^{-x}$ a la siguiente nube de puntos:

x	0	0,5	1,0	1,5	2,0	2,5
y	5,02	5,21	6,[illegible]	9,54	16,02	24,53

Solución

Considerando que

$$f_0(x) = e^x \quad , \quad f_1(x) = e^{-x}$$

Formemos la tabla correspondiente.

x	y	f_0	f_1	f_0^2	f_1^2	$f_0 \cdot f_1$	$y \cdot f_0$	$y \cdot f_1$
0	5,02	1,00	1,00	1,00	1,00	1,00	5,02	5,02
0,5	5,21	1,65	0,61	2,72	0,37	1,01	8,60	3,18
1,0	6,49	2,72	0,37	7,40	0,14	1,01	17,65	2,40
1,5	9,54	4,48	0,22	20,07	0,05	0,99	42,74	2,10
2,0	16,02	7,39	0,14	54,61	0,02	1,03	118,3	2,24
2,5	24,53	12,18	0,08	148,3	0,01	0,97	298,7	1,96
				234,1	1,59	6,01	491,1	16,9

El sistema para encontrar la curva ajuste es:

$$\left.\begin{aligned} 234{,}15a + 6{,}01b &= 491{,}18 \\ 6{,}01a + 1{,}59b &= 16{,}90 \end{aligned}\right\} \qquad \begin{aligned} a &= 2{,}02 \\ b &= 2{,}99 \end{aligned}$$

Por tanto, la curva pedida será

$$y = 2{,}02e^{x} + 2{,}99e^{-x}$$

5.46. Se considera la siguiente tabla de valores

x	0	1	2	3	4
$f(x)$	0	1	4	7	8

Se pide:

a) Ajustar polinomios por interpolación segmentaria cúbica.
b) Estimar $f(1{,}5)$.
c) Estimar $f'(2)$.

Solución

a) Hallemos en primer lugar las condiciones en los nudos interiores.

Primer nudo interior

$$x_0=0 \quad , \quad x_1=1 \quad , \quad x_2=2$$
$$f(x_0)=0 \quad , \quad f(x_1)=1 \quad , \quad f(x_2)=4$$

Entonces

$$(1-0)\cdot f''(0)+2(2-0)\cdot f''(1)+(2-1)\cdot f''(2)=\frac{6\cdot(4-1)}{(2-1)}-\frac{6\cdot(1-0)}{(1-0)}$$

y como $f''(0)=0$.

Resulta

$$4f''(1)+f''(2)=12 \tag{1}$$

Segundo nudo interior

$$x_1=1 \quad , \quad x_2=2 \quad , \quad x_3=3$$
$$f(x_1)=1 \quad , \quad f(x_2)=4 \quad , \quad f(x_3)=7$$

Entonces

$$(2-1)\cdot f''(1)+2(3-1)\cdot f''(2)+(3-2)\,f''(3)=\frac{6\cdot(7-4)}{(3-2)}-\frac{6\cdot(4-1)}{(2-1)}$$

Resulta

$$f''(1)+4f''(2)+f''(3)=0 \tag{2}$$

Tercer nudo interior

$$x_2=2 \quad , \quad x_3=3 \quad , \quad x_4=4$$
$$f(x_2)=4 \quad , \quad f(x_3)=7 \quad , \quad f(x_4)=8$$

Entonces

$$(3-2)ff''(2)+2(4-2)\cdot f''(3)+(4-3)\cdot f''(4)=\frac{6\cdot(8-7)}{(4-3)}-\frac{6\cdot(7-4)}{(3-2)}$$

y como $f''(4)=0$.

Resulta

$$f''(2)+4f''(3)=-12 \tag{3}$$

Resolviendo el sistema formado por (1), (2) y (3), se obtiene que

$$f''(x_1)=f''(1)=3 \quad , \quad f''(x_2)=f''(2)=0 \quad , \quad f''(x_3)=f''(3)=-3$$

En el intervalo [0, 1] el polinomio cúbico será:

$$\begin{aligned} f_1(x)= & \frac{f''(x_0)}{6\cdot(x_1-x_0)}\cdot(x_1-x)^3+\frac{f''(x_1)}{6\cdot(x_1-x_0)}\cdot(x-x_0)^3+ \\ & +\left[\frac{f(x_0)}{x_1-x_0}-\frac{f''(x_0)\cdot(x_1-x_0)}{6}\right]\cdot(x_1-x)+ \\ & +\left[\frac{f(x_1)}{x_1-x_0}-\frac{f''(x_1)\cdot(x_1-x_0)}{6}\right]\cdot(x-2)=\frac{1}{2}x^3+\frac{1}{2}x \end{aligned}$$

En el intervalo [1, 2] el polinomio será:

$$\begin{aligned} f_2(x)= & \frac{f''(x_1)}{6\cdot(x_2-x_1)}\cdot(x_2-x)^3+\frac{f''(x_2)}{6\cdot(x_2-x_1)}\cdot(x-x_1)^3+ \\ & +\left[\frac{f(x_1)}{x_2-x_1}-\frac{f''(x_1)\cdot(x_2-x_1)}{6}\right]\cdot(x_2-x)+ \\ & +\left[\frac{f(x_2)}{x_2-x_1}-\frac{f''(x_2)\cdot(x_2-x_1)}{6}\right]\cdot(x-2)=-\frac{1}{2}x^3+3x^2-\frac{5}{2}x+1 \end{aligned}$$

De forma análoga se obtienen en el intervalo [2, 3]

$$f_3(x)=-\frac{1}{2}x^3+3x^2-\frac{19}{2}x+1$$

y en el intervalo [3, 4]

$$f_4(x)=\frac{1}{2}x^3-6x^2+\frac{49}{2}x-26$$

b) Para obtener una estimación en $x=1{,}5$ basta calcular $f_2(1{,}5)$, es decir,

$$f_2(1{,}5)=-0{,}5\cdot(1{,}5)^3+3\cdot(1{,}5)^2-2{,}5\cdot(1{,}5)+1=2{,}3125$$

c) Calculemos la derivada, por ejemplo de $f_2(x)$, es decir,

$$f_2'(x)=-\frac{3}{2}x^2+6x-\frac{5}{2}$$

y particularizando en $x=2$, resulta $f_2'(2)=9{,}5$.

5.47. Dada la siguiente tabla

x	-2	$-1{,}5$	-1	$-0{,}5$	0	$0{,}5$
$f(x)$	3	5	7	7	2	-10

Calcular, mediante interpolación cúbica segmentaria, las siguientes estimaciones:

a) $f''(-1{,}5)$, $f''(-1)$, $f''(-0{,}5)$, $f''(0)$.
b) $f(-0{,}7)$.
c) $f'(0)$.

Solución

a) Calculemos las condiciones en los nudos interiores.

Para $i=1$,

$$(-1{,}5+2)\cdot f''(-2)+2\cdot(-1+2)\cdot f''(-1{,}5)+(-1+1{,}5)\cdot f''(-1)=$$

$$=\frac{6\cdot(7-5)}{(-1+1{,}5)}-\frac{6\cdot(5-3)}{(-1{,}5+2)}$$

y como $f''(-2)=0$, resulta

$$2f''(-15)+0{,}5f''(-1)=0 \qquad (1)$$

Para $i=2$,

$$(-1+1{,}5)\cdot f''(-1{,}5)+2(-0{,}5+1{,}5)\cdot f''(-1)+(-0{,}5+1)\cdot f''(-0{,}5)=0$$

$$0{,}5f''(-1{,}5)+2f''(-1)+0{,}5f''(-0{,}5)=-24 \qquad (2)$$

Para $i=3$,

$$0{,}5f''(-1)+2f''(-0{,}5)+0{,}5f''(0)=-60 \qquad (3)$$

Para $i=4$,

$$0{,}5f''(-0{,}5)+2f''(0)=-84 \qquad (4)$$

Resolviendo el sistema formado por las ecuaciones (1), (2), (3) y (4) se obtiene que:

$$f''(-1{,}5)=\frac{408}{209} \quad , \quad f''(-1)=-\frac{1.632}{209} \quad , \quad f''(-0{,}5)=-\frac{3.912}{209}$$

$$\text{y} \quad f''(0)=-\frac{7.800}{209}$$

b) Para estimar en $x=-0{,}7$, como se encuentra en el intervalo $[-1,\ -0{,}5]$, habrá que hallar $f_3(-0{,}7)$.

Así,

$$f_3(-0{,}7)=\frac{f''(-1)}{6\cdot(-0{,}5+1)}\cdot(-05+0{,}7)^3+\frac{f''(-0{,}5)}{6\cdot(-0{,}5+1)}\cdot(-0{,}7+1)^3+$$
$$+\left[\frac{7}{(-0{,}5+1)}-\frac{f''(-1)\cdot(-0{,}5+1)}{6}\right]\cdot(-0{,}5+0{,}7)+$$
$$+\left[\frac{7}{(-0{,}5+1)}-\frac{f''(-0{,}5)}{}\right]=7{,}40880383$$

c) Para estimar en $x=0$ la derivada primera, se puede hallar $f_5(x)$ y, posteriormente, $f_5'(0)$.

Así,

$$f_5(x)=\frac{-\frac{7.800}{209}}{6\cdot 0{,}5}\cdot(0{,}5-x)^3+0+\left[\frac{2}{0{,}5}+\frac{\frac{7.800}{209}\cdot 0{,}5}{6}\right]\cdot(0{,}5-x)+$$
$$+\left[-\frac{10}{0{,}5}+0\right]\cdot(x-0)=-\frac{7.800}{627}\cdot(0{,}5-x)^3+\frac{8.916}{1.254}\cdot(0{,}5-x)^2-20x$$

y la derivada

$$f_5'(x)=\frac{7.800}{209}\cdot(0{,}5-x)^2-\frac{8.916}{1.254}-20 \quad \text{y} \quad f_5'(0)=-\frac{3.716}{209}=-17{,}7799043$$

EJERCICIOS PROPUESTOS

P.5.1. Hallar el polinomio interpolador que verifique la siguiente tabla:

x	0,5	1,2	3,5
y	2	3	5

P.5.2. Si sen 0,30 = 0,29552, sen 0,32 = 0,31457 y sen = 0,35 = 0,34290. Se pide:

a) Construir el polinomio de *Lagrange* que verifique los datos anteriores.
b) Estimar sen 0,34.

P.5.3. Consideremos la función

$$f(x)=\frac{4x-7}{x-2}$$

y los puntos $x_0=1{,}7$, $x_1=1{,}8$, $x_2=1{,}9$ y $x_3=2{,}1$.

a) Aproximar $f(1{,}75)$ usando el polinomio interpolador de *Lagrange* en los puntos x_0, x_1 y x_2.
b) Aproximar $f(1{,}75)$ utilizando el polinomio interpolador de *Lagrange* a los cuatro puntos.

P.5.4. Calcular el logaritmo decimal de 4 (log 4) utilizando interpolación lineal: a) Interpolando entre log 3 = 0,47712 y log 5 = 0,69897. b) Interpolando entre log 3 y log 4,5 = 0,65321. Para cada una de las interpolaciones calcúlese el porcentaje de error cometido si el verdadero valor es log 4 = 0,60206.

P.5.5. ¿Es posible que el polinomio interpolador que pase por los tres puntos $(x_0, f(x_0))$, $(x_1, f(x_1))$ y $(x_2, f(x_2))$, sea de grado uno? Razónese la respuesta y póngase un ejemplo.

P.5.6. Dados los datos de la tabla siguiente:

x	0	0,5	1	1,5	2
$f(x)$	1	2,119	2,910	3,945	5,720

Hallar una estimación para $f(1{,}2)$, mediante el método de diferencias utilizando polinomios de grado uno, dos y tres.

P.5.7. Probar que si $f(x) = 2^{x/3}$, entonces $\Delta f(x) = f(x)$.

P.5.8. Si $f(x) = t^x$, $t \in \mathbb{R}$, calcular $\Delta f(x)$ y demostrar que es proporcional a $f(x)$.

P.5.9. Dada la siguiente tabla:

x_k	-1	$-0{,}5$	0	0,5	1
f_k	4	7	-2	3	0

Calcular $\Delta\nabla f(0)$.

P.5.10. Determinar cuál de las siguientes ecuaciones es una identidad para datos igualmente espaciados.

i) $\nabla^2 f_{k+1} = \Delta f_k - \nabla f_k$.
ii) $\Delta^2 f_{k+1} = \Delta f_k + \nabla f_k$.

P.5.11. En la siguiente tabla:

x_k	-2	-1	0	1	2
f_k	0	1	a	1	0

Hallar el valor de a para que $\Delta^4 f_k = 0$.

P.5.12. Si $f(x)$ es un polinomio de grado cuatro, entonces $\Delta^4 \mathrm{f(x)} = 0$. ¿Cierto o falso?

P.5.13. Dada la tabla

x_k	0	1	2	3	4	5
f_k	-7	-4	5	26	65	128

Se pide:

a) Determinar el grado del polinomio que se ajusta a estos datos, utilizando diferencias.
b) Utilizar la fórmula de *Newton-Gregory* para estimar $f(0{,}5)$.

P.5.14. Supóngase que $f(x)$ tiene un cero en el intervalo $(-1, 1)$, y que además $f(1) = -9$, $f(0) = 1$ y $f(1) = 1$. Dar una estimación de la localización del cero.

P.5.15. Se desea aproximar la función $f(x) = \cos x$ en el intervalo $[-\pi/2, \pi/2]$, por un polinomio de grado dos. Utilizando los dos extremos del intervalo y el punto medio de ambos, obtener el polinomio interpolador mediante el método de diferencias divididas.

P.5.16. Mediante el algoritmo de *Neville*, aproximar $f(1{,}06)$ en la función $f(x) = 3xe^x - e^{2x}$, utilizando $x_0 = 1$, $x_1 = 1{,}05$ y $x_2 = 1{,}07$. (Trabajar con cuatro decimales redondeados en los cálculos.)

P.5.17. Utilizando el método de *Neville*, obtener el polinomio interpolador para los datos de la siguiente tabla y, a partir de él, estimar el valor de y para $x=1,25$.

x	0	0,5	1	1,5	2
y	2	1,5	3	-1	0

¿Cómo se modifican los cálculos, si posteriormente se sabe que cuando $x=2,5$ la variable y toma el valor 1?

P.5.18. Construir la tabla de diferencias progresivas correspondiente al polinomio $p(x)=2x^4-x$, desde $x_0=0$ hasta $x_5=5$.

P.5.19. Los beneficios (o pérdidas), en millones de pesetas, durante los tres primeros meses del año 1990 generados por la empresa COPASA vienen dados por la siguiente tabla:

Meses	*Enero*	*Febrero*	*Marzo*
Beneficios	-1	0	2

Se pide:

a) Hallar mediante el método de *Neville* el polinomio interpolador que se ajusta a esos datos.
b) Si se añade la información del mes de abril, que se obtuvieron 4 millones de beneficios, ¿cuál será el nuevo polinomio interpolador?
c) Extrapolar para obtener los beneficios previsibles para el mes de mayo.

P.5.20. Obtener la recta de *mínimos cuadrados* para la siguiente tabla de valores:

x	-5	0	2	3
y	-2	2	4	4

P.5.21. Obtener la recta de *mínimos cuadrados* para los puntos $P_0(-1,5)$, $P_1(0,1)$, $P_2(1,1)$ y $P_3(2,1)$. Posteriormente, calcular la medida de bondad del ajuste.

P.5.22. El número de alumnos aprobados en segundo curso de un centro universitario, en la convocatoria ordinaria durante los años 85, 86, 87 y 89 vienen dados por la tabla siguiente:

Año	*1985*	*1986*	*1987*	*1989*
Alumnos aprobados	150	170	180	200

Se pide:

a) Calcular el polinomio interpolador para los años impares.
b) Utilizar el resultado anterior para estimar el número de alumnos aprobados en el año 1986 y compararlo con el resultado real de la tabla.

P.5.23. Se desea aproximar la función $f(x) = \cos x$ en el intervalo $[-\pi/2, \pi/2]$ por un polinomio de grado dos.

a) Utilizando los dos puntos extremos y el punto medio del intervalo, obtener mediante el método de *Newton* de diferencias divididas el polinomio interpolador.
b) Compara la solución de a) con el polinomio de *Mac-Laurin* del mismo orden.

P.5.24. La tabla

x	0	0,1	1
$f(x)$	0	1	0

ha sido obtenida a partir de la función $f(x) = \text{sen}\,(5\pi x)$, cuyo valor nunca excede a 1.

a) Obtener el polinomio interpolador (por cualquier método de los estudiados) para esta tabla.

b) Demostrar que $p(0{,}5)=25/9$ es mucho mayor que cualquier valor tabulado.

c) ¿Qué interpretación tienen los resultados anteriores?

P.5.25. Dada la tabla

x	-4	$-1{,}5$	0	1	3
$f(x)$	4	$1{,}5$	0	1	3

(obviamente obtenida a partir de la función valor absoluto), aplicar interpolación cúbica natural o segmentaria para estimar:

a) $f(2)$; b) $f(0{,}5)$; c) $f'(-4)$; d) $f'(0)$

P.5.26. Hallar mediante interpolación cúbica segmentaria los polinomios que se ajusten a la tabla de valores siguiente:

x	$2{,}2$	$2{,}4$	$2{,}6$
$f(x)$	6	7	8

P.5.27. La evolución de la demanda de energía en Canarias y en el resto de España, tomando como unidad la cantidad consumida en 1984, viene dada por:

	1984	*1985*	*1986*	*1987*	*1988*	*1989*
Canarias	1	1,087	1.214	1.371	1,517	1,692
Resto de España	1	1,033	1,054	1,092	1,148	1,210

¿Se puede considerar que la tendencia entre ambas comunidades ha sido lineal?

P.5.28. Observaciones realizadas con estudiantes de cálculo numérico sobre el efecto del paso del tiempo en los conocimientos adquiridos arrojan los siguientes resultados:

Número de días	*10*	*20*	*30*	*40*	*60*
% permanencia de conocimientos	90	75	40	30	10

Ajustar un polinomio de *Lagrange* a los datos de la tabla y utilizarlo para estimar el tanto por ciento de permanencia de conocimientos al cabode 35 y 50 días.

P.5.29. Encontrar una ecuación de la forma $y = a \cdot x^n$ para ajustar los datos que siguen por el método de *mínimos cuadrados.*

x	1,0	1,15	1,4	1,43	1,6	2,0	2,35	2,7
y	4,33	4,58	4,98	5,06	5,28	5,80	6,24	6,49

P.5.30. Los beneficios, en millones de pesetas, obtenidos por seis compañías de un mismo grupo durante los años 1990 y 1991 vienen indicados por:

Año 1990	*Año 1991*
70	60
260	320
150	230
100	120
20	50
60	60

Obtener la recta de *mínimos cuadrados* y la parábola de *mínimos cuadrados* que se ajusten a los datos anteriores e indicar cuál de ellas se ajusta mejor.

P.5.31. Aproximar una curva del tipo $y = a \cdot \text{sen } x + b \cdot \cos x$ por el método de los mínimos cuadrados a la nube de puntos siguiente:

x	0,0	0,1	0,3	0,4	0,7	0,9	1,0
y	1,56	1,77	2,19	2,37	2,75	2,88	2,97

Realizando los cálculos con dos cifras decimales redondeadas.

P.5.32. Probar que la función logarítmica del tipo $y = a + b \cdot \log x$ se ajusta mejor que la función lineal a los siguientes datos:

x	0,1	0,4	9,1	18,2	36,4	145,5
y	0,3	4,5	18,0	19,7	25,0	26,1

Realice los cálculos con tres decimales redondeados.

6
CALCULO NUMERICO DE DERIVADAS

DIFERENCIAS PROGRESIVA Y REGRESIVA PRIMERAS

Se define como derivada $f'(x_i)$ de una función $y=f(x)$ en un punto x_i a la expresión

$$f'(x_i) = \lim_{h \to 0} \frac{f(x_i+h)-f(x_i)}{h}$$

De acuerdo con esta fórmula, una aproximación a la derivada en un punto cualquiera x_i puede conseguirse utilizando un valor pequeño para h. Así se obtiene la fórmula aproximada

$$f'(x_i) \simeq \frac{f(x_i+h)-f(x_i)}{h}$$

denominada *primera diferencia progresiva*, que representa la pendiente de la

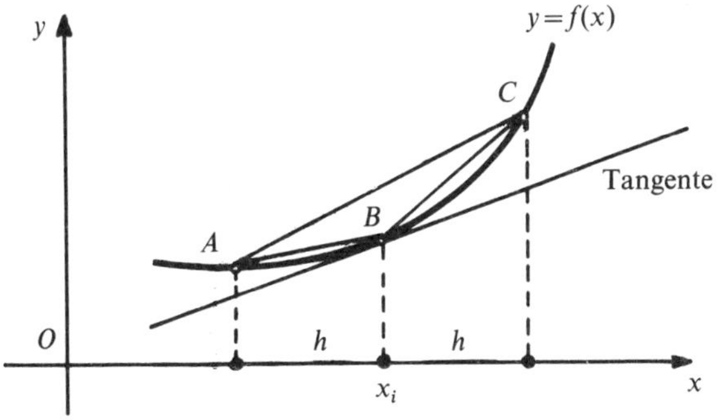

recta BC de la figura.

Otra aproximación a la derivada se consigue empleando la *primera diferencia regresiva*

$$f'(x_i) \simeq \frac{f(x_i)-f(x_i-h)}{h}$$

que proporciona el valor de la pendiente de la recta AB.

DIFERENCIA CENTRAL

Por último, otra aproximación útil es la obtenida empleando la *diferencia central*, es decir,

$$f'(x_i) \simeq \frac{f(x_i+h)-f(x_i-h)}{2h}$$

que corresponde a la pendiente de la recta AC.

La mejor aproximación se obtiene empleando esta última fórmula.

DIFERENCIAS PARA DERIVADAS DE ORDEN SUPERIOR

Es posible obtener, por el mismo procedimiento, derivadas de orden superior al primero, considerando la derivada de una función del tipo $y=f'(x)$.

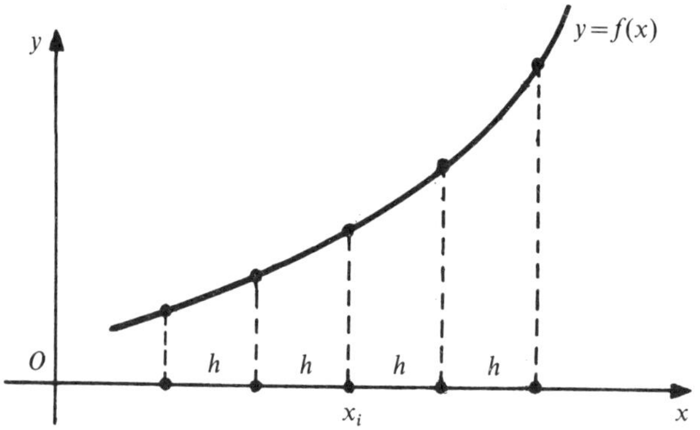

Teniendo en cuenta las aproximaciones anteriores para las derivadas de primer orden, será:

$$f''(x_i) \simeq \frac{f'(x_i+h)-f'(x_i)}{h} \simeq \frac{\dfrac{f(x_i+2h)-f(x_i+h)}{h} - \dfrac{f(x_i+h)-f(x_i)}{h}}{h} =$$

$$= \frac{f(x_i+2h)-2f(x_i+h)+f(x_i)}{h^2}$$

que constituye la fórmula de las *diferencias progresivas* para el cálculo aproximado de la derivada de segundo orden.

En lo que sigue, y con el fin de acortar las fórmulas aproximadas, se empleará la nomenclatura siguiente: $f(x_i) \equiv f_i$, $f(x_i \pm h) \equiv f_{i\pm 1}$, $f(x_i \pm 2h) \equiv f_{i\pm 2}$, etc. Empleando esta nueva notación, pueden obtenerse también las fórmulas siguientes:

Diferencias regresivas para la segunda derivada:

$$f_i'' \simeq \frac{f_i - 2f_{i-1} + f_{i-2}}{h^2}$$

Diferencias centrales para la segunda derivada:

$$f_i'' \simeq \frac{f_{i+2} - 2f_i + f_{i-2}}{4\,h^2}$$

Esta última constituye la mejor aproximación para la segunda derivada.

A continuación se dan fórmulas análogas para las derivada de tercer y cuarto orden:

Diferencias progresivas:

$$f_i''' \simeq \frac{f_{i+3} - 3f_{i+2} + 3f_{i+1} - f_i}{h^3}$$

$$f_i^{IV} \simeq \frac{f_{i+4} - 4f_{i+3} + 6f_{i+2} - 4f_{i+1} + f_i}{h^4}$$

Diferencias regresivas:

$$f_i''' \simeq \frac{f_i - 3f_{i-1} + 3f_{i-2} - f_{i-3}}{h^3}$$

$$f_i^{IV} \simeq \frac{f_i - 4f_{i-1} + 6f_{i-2} - 4f_{i-3} + f_{i-4}}{h^4}$$

Diferencias centrales:

$$f_i''' \simeq \frac{f_{i+2} - 2f_{i+1} + 2f_{i-1} - f_{i-2}}{2h^3}$$

$$f_i^{IV} \simeq \frac{f_{i+2} - 4f_{i+1} + 6f_i - 4f_{i-1} + f_{i-2}}{h^4}$$

Como ya se ha visto, es usual expresar las derivadas en relación con los distintos valores que toma una función dada en puntos del eje x igualmente espaciados. La *expresión general de una derivada* depende de: orden de la misma, grado deseado para el polinomio de interpolación empleado para aproximar la función dada y tipo de diferencias empleado.

Según lo anterior y empleando la fórmula de las diferencias de *Gregory-Newton*, la derivación aproximada de una función tiene las expresiones que se indican a continuación. en las que se ha hecho $f(x_i) \equiv f_i$.

a) Empleo de *diferencias progresivas* a partir del punto x_1.

1) Grado del polinomio de aproximación igual a 1:

$$f_1' \simeq \frac{f_2 - f_1}{h}$$

2) Grado del polinomio de aproximación igual a 2:

$$f_1' \simeq \frac{-f_3 + 4f_2 - 3f_1}{2h} \quad ; \quad f_1'' \simeq \frac{f_3 - 2f_2 + f_1}{h^2}$$

3) Grado del polinomio de aproximación igual a 3:

$$f_1' \simeq \frac{2f_4 - 9f_3 + 18f_2 - 11f_1}{6h} \quad ; \quad f_1'' \simeq \frac{-f_4 + 4f_3 - 5f_2 + 2f_1}{h^2}$$

$$f_1''' \simeq \frac{f_4 - 3f_3 + 3f_2 - f_1}{h^3}$$

4) Grado del polinomio de aproximación igual a 4:

$$f_1' \simeq \frac{-3f_5+16f_4-36f_3+48f_2-25f_1}{12h}$$

$$f_1'' \simeq \frac{11f_5-56f_4+114f_3-104f_2+35f_1}{12h^2}$$

$$f_1''' \simeq \frac{-3f_5+14f_4-24f_3+18f_2-5f_1}{2h^3}$$

b) Empleo de *diferencias centrales* a partir del punto x_3.

1) Grado del polinomio de aproximación igual a 1:

$$f_3' \simeq \frac{f_4-f_2}{2h}$$

2) Grado del polinomio de aproximación igual a 2:

$$f_3' \simeq \frac{f_4-f_2}{2h} \quad ; \quad f_3'' \simeq \frac{f_4-2f_3+f_2}{h^2}$$

3) Grado del polinomio de aproximación igual a 3:

$$f_3' \simeq \frac{-f_5+8f_4-8f_2+f_1}{12h} \quad ; \quad f_3'' \simeq \frac{f_4-2f_3+f_2}{h^2}$$

$$f_3''' \simeq \frac{f_5-2f_4+2f_2-f_1}{2h^3}$$

4) Grado del polinomio de aproximación igual a 4:

$$f_3' \simeq \frac{-f_5+8f_4-8f_2+f_1}{12h} \quad ; \quad f_3'' \simeq \frac{-f_5+16f_4-30f_3+16f_2-f_1}{12h^2}$$

$$f_3''' \simeq \frac{f_5-2f_4+2f_2-f_1}{2h^3}$$

c) Empleo de *diferencias regresivas* a partir del punto x_5.

1) Grado del polinomio de aproximación igual a 1:

$$f_5' \simeq \frac{f_5-f_4}{h}$$

2) Grado del polinomio de aproximación igual a 2:

$$f_5' \simeq \frac{3f_5 - 4f_4 + f_3}{2h} \quad ; \quad f_5'' \simeq \frac{f_5 - 2f_4 + f_3}{h^2}$$

3) Grado del polinomio de aproximación igual a 3:

$$f_5' \simeq \frac{11f_5 - 18f_4 + 9f_3 - 2f_2}{6h} \quad ; \quad f_5'' \simeq \frac{2f_5 - 5f_4 + 4f_3 - f_2}{h^2}$$

$$f_5''' \simeq \frac{f_5 - 3f_4 + 3f_3 - f_2}{h^3}$$

4) Grado del polinomio de aproximación igual a 4:

$$f_5' \simeq \frac{25f_5 - 48f_4 + 36f_3 - 16f_2 + 3f_1}{12h} \; ; \; f_5'' \simeq \frac{35f_5 - 104f_4 + 114f_3 - 56f_2 + 11f_1}{12h^2}$$

$$f_5''' \simeq \frac{5f_5 - 18f_4 + 24f_3 - 14f_2 + 3f_1}{2h^3}$$

Los resultados anteriores para las fórmulas de Gregory-Newton también pueden obtenerse manejando *tablas de diferencias* construidas sobre funciones evaluadas en puntos equidistantes h unidades:

x_i	f_i	Δf_i	$\Delta^2 f_i$	$\Delta^3 f_i$	$\Delta^4 f_i$	...
x_1	f_1					
		Δf_1				
x_2	f_2		$\Delta^2 f_1$			
		Δf_2		$\Delta^3 f_1$		
x_3	f_3		$\Delta^2 f_2$		$\Delta^4 f_1$	
		Δf_3		$\Delta^3 f_2$		
x_4	f_4		$\Delta^2 f_3$		⋮	
		Δf_4	⋮	⋮		
x_5	f_5	⋮				
⋮	⋮	⋮	⋮	⋮	⋮	⋮

Basada en la tabla anterior, f_1' valdría, empleando diferencias progresivas:

$$f_1' \simeq \frac{1}{h}\left[\Delta f_1 - \frac{\Delta^2 f_1}{2} + \frac{\Delta^3 f_1}{3} - \frac{\Delta^4 f_1}{4} + \cdots + \frac{(-1)^{(n+1)}\Delta^n f_1}{n}\right]$$

De la misma forma, f_1'' sería:

$$f_1'' \simeq \frac{1}{h^2}\left[\Delta^2 f_1 - \Delta^3 f_1 + \frac{11}{12}\Delta^4 f_1 - \cdots\right]$$

Se obtienen fórmulas análogas utilizando las diferencias regresivas o centrales.

EJERCICIOS RESUELTOS

6.1. Dada la tabla de valores

x	20°	25°	30°
sen x	0,34202	0,42262	0,50000

calcular $f'(x)$ para el valor $x = 25°$, sabiendo que x está expresado en grados sexagesimales. Emplear las diferencias progresiva, regresiva y central, teniendo en cuenta que es $h = 5°$, lo que equivale a 0,08727 radianes.

Solución

a) Diferencias progresivas:

$$f'(25) \simeq \frac{f(30) - f(25)}{0{,}08727} = \frac{0{,}50000 - 0{,}42262}{0{,}08727} = 0{,}88667$$

b) Diferencias regresivas:

$$f'(25) \simeq \frac{f(25) - f(20)}{0{,}08727} = \frac{0{,}42262 - 0{,}34202}{0{,}08727} = 0{,}92357$$

c) Diferencias centrales:

$$f'(25) \simeq \frac{f(30) - f(20)}{2 \times 0{,}08727} = \frac{0{,}50000 - 0{,}34202}{0{,}17554} = 0{,}89997$$

6.2. Teniendo en cuenta la tabla anterior y empleando las diferencias centrales, calcular $f''(25)$. ¿Es posible calcular ese valor empleando diferencias progresivas o regresivas? Razonarlo.

Solución

$$f''(25) \simeq \frac{f(30) - 2 \cdot f(25) + f(20)}{0{,}08727^2} = \frac{0{,}50000 - 2 \times 0{,}42262 + 0{,}34202}{0{,}076161} = -0{,}4228$$

No es posible calcular $f''(25)$ usando las diferencias progresivas o regresivas por no existir en la tabla los valores correspondientes a 15° y 35°.

6.3. La siguiente tabla contiene tiempos t y velocidades v. Empleando diferencias centrales, calcular $f'(150)$ y $f''(180)$.

t	0	60	120	180	240	300
v	0,0	0,0824	0,2747	0,6502	1,3851	3,2229

Solución

a) Teniendo en cuenta que 150 es el punto medio entre 120 y 180, $h = 30$. Entonces, con diferencia central, será:

$$f'(150) \simeq \frac{f(180) - f(120)}{2 \times 30} = \frac{0{,}6502 - 0{,}2747}{60} = 0{,}006258$$

b) Para el cálculo de $f''(180)$ el valor de h es ahora $h = 60$.

$$f'(180) \simeq \frac{f(240) - 2 \cdot f(180) + f(120)}{60^2} = \frac{1{,}3851 - 2 \times 0{,}6502 + 0{,}2747}{3600} = 0{,}00009983$$

6.4. Utilizando las tres diferencias, progresiva, regresiva y central, calcular $f'(x)$ en el punto central de los tres dados para la función $f(x) = \cos x$, $x = 20°$, 25°, 30°. Construir, en primer lugar, la tabla necesaria.

Solución

a) Tabla necesaria:

x	20°	25°	30°
$\cos x$	0,93969	0,90631	0,86603

b) Valor de $f'(x)$ con $h = 5°$ o bien 0,08727 radianes:

$$f'(25) = \frac{0,86603 - 0,90631}{0,08727} = -0,46156 \quad \text{(diferencia progresiva)}$$

$$f'(25) = \frac{0,90631 - 0,93969}{0,08727} = -0,38249 \quad \text{(diferencia regresiva)}$$

$$f'(25) = \frac{0,86603 - 0,93969}{0,17454} = -0,42202 \quad \text{(diferencia central)}$$

6.5. Se da la siguiente tabla para la función $f(x) = \text{sen}\, x$ en grados sexagesimales:

x	20	25	30
sen x	0,34202	0,42262	0,50000

Aplicando las fórmulas de Gregory-Newton para un polinomio de grado 2 y con diferencias progresivas, calcular $f'(20)$ y $f''(20)$.

Solución

a)

$$f'(20) \simeq \frac{-f(30) + 4f(25) - 3f(20)}{2h} = \frac{-0,50000 + 4 \times 0,42262 - 3 \times 0,34202}{2 \times 0,08727} =$$

$$= 0,94202$$

b)

$$f''(20) \simeq \frac{f(30) - 2f(25) + f(20)}{h^2} = \frac{0,50000 - 2 \times 0,42262 + 0,34202}{0,08727^2} =$$

$$= -0,42279$$

6.6. Los tiempos y velocidades correspondientes de un móvil vienen dados por la tabla del 6.3. Calcular la aceleración, derivada de la velocidad, en los instantes 0, 120 y 300 segundos.

Solución

a) La aceleración en $t=0$ puede calcularse aplicando Gregory-Newton con diferencias progresivas y mediante un polinomio de aproximación de grado 4.

$$f'(0) \simeq \frac{-3f(240)+16f(180)-36f(120)+48f(60)-25f(0)}{12h} =$$

$$= \frac{-3\times 1{,}3851+16\times 0{,}6502-36\times 0{,}2747+48\times 0{,}0824-25\times 0{,}0}{12\times 60} = 0{,}000436$$

b) La aceleración en $t=120$ se calcula aplicando las diferencias centrales y con un polinomio de grado 4.

$$f'(120) \simeq \frac{-f(240)+8f(180)-8f(60)+f(0)}{12h} =$$

$$= \frac{-1{,}3851+8\times 0{,}6502-8\times 0{,}0824+0{,}0}{12\times 60} = 0{,}00439$$

c) La aceleración en $t=300$ se obtendrá aplicando diferencias regresivas según Gregory-Newton con un polinomio de grado 4.

$$f'(300) \simeq \frac{25f(300)-48f(240)+36f(180)-16f(120)+3f(60)}{12h} =$$

$$= \frac{25\times 3{,}2229-48\times 1{,}3851+36\times 0{,}6502-16\times 0{,}2747+3\times 0{,}0824}{12\times 60} = 0{,}0463$$

6.7. Dada la siguiente tabla de datos

x	3,1	3,2	3,3	3,4	3,5
f	0,0	0,6	1,0	1,2	1,3

estimar $f'(3{,}3)$ empleando un polinomio lineal y un polinomio de segundo grado.

Solución

Construyendo, en primer lugar, la tabla de diferencias para x_3, x_4 y x_5, se obtiene:

x	f	Δf	$\Delta^2 f$
3,3	1,0		
		0,2	
3,4	1,2		$-0,1$
		0,1	
3,5	1,3		

Estos tres puntos x_1, x_2, x_3, son suficientes para el manejo de diferencias progresivas:

a) Valor de $f'(3,3)$ sobre un polinomio de grado uno o con dos puntos:

$$f'(3,3) \simeq \frac{\Delta f_{3,3}}{h} = \frac{0,2}{0,1} = 2$$

b) Valor de $f'(3,3)$ sobre un polinomio de segundo grado o con tres puntos:

$$f'(3,3) \simeq \frac{1}{h}\left[\Delta f_{3,3} - \frac{\Delta^2 f_{3,3}}{2}\right] = \frac{1}{0,1}\left[0,2 + \frac{0,1}{2}\right] = 2,5$$

6.8. La siguiente tabla se ha obtenido por medio de la función $f(x) = xe^x$:

x	1,8	1,9	2,0	2,1	2,2
f	10,8894	12,7032	14,7781	17,1490	19,8550

A partir de dicha tabla evaluar $f'(2)$ utilizando dos y tres puntos. Calcular los errores absolutos de las aproximaciones obtenidas. Emplear diferencias progresivas.

Solución

La tabla de diferencias para x_3, x_4 y x_5 será:

x	f	Δf	$\Delta^2 f$
2,0	14,7781		
		2,3709	
2,1	17,1490		0,3351
		2,7060	
2,2	19,8550		

a) Estimación con dos puntos:

$$f'(2{,}0) \simeq \frac{\Delta f_2}{h} = \frac{2{,}3709}{0{,}1} = 23{,}709$$

b) Estimación con tres puntos:

$$f'(2{,}0) \simeq \frac{1}{h}\left[\Delta f_2 - \frac{\Delta^2 f_2}{2}\right] = \frac{1}{0{,}1}\left[2{,}3709 - \frac{0{,}3351}{2}\right] = 22{,}0335$$

c) Cálculo de los errores:

Como es $f(x) = xe^x$, entonces $f'(x) = e^x + xe^x = e^x(1+x)$, y por lo tanto será:

$$f'(2{,}0) = e^2(1+2) = 3e^2 \simeq 22{,}1672$$

El error absoluto en el primer caso será:

$$e_f = |22{,}1672 - 23{,}709| \simeq 1{,}542$$

El error, en el segundo caso, es:

$$e_f = |22{,}1672 - 22{,}0335| \simeq 0{,}1337$$

6.9. Obtener una estimación de $f''(1)$ empleando un polinomio de tercer grado basado en los puntos de la siguiente tabla:

x	1,0	1,1	1,2	1,3
f	0,841	0,891	0,993	1,000

Solución

Para emplear un polinomio de grado tres es necesario emplear todos los puntos de la tabla dada comenzando en el x_1 y siguiendo el orden de las diferencias progrcsivas.

x	f	Δf	$\Delta^2 f$	$\Delta^3 f$
1,0	0,841			
		0,050		
1,1	0,891		−0,008	
		0,042		0,033
1,2	0,933		0,025	
		0,067		
1,3	1,000			

$$f''(1,0) \simeq \frac{1}{h^2}\,[\Delta^2 f_1 - \Delta^3 f_1] = \frac{1}{0,1^2}\,(-0,008-0,033) = -4,1$$

6.10. Empleando la tabla del ejercicio 6.5, construir la tabla de diferencias para con ella estimar $f'(20)$. Comprobar que se obtiene el mismo resultado ahora que en el ejercicio citado.

Solución

x	f	Δf	$\Delta^2 f$
20	0,34202		
		0,08060	
25	0,42262		−0,00322
		0,07738	
30	0,50000		

Entonces será, empleando todos los puntos:

$$f'(20) \simeq \frac{1}{h}\left[\Delta f_{20} - \frac{\Delta^2 f_{20}}{2}\right] = \frac{1}{5}\left[0,08060 + \frac{0,00322}{2}\right] = 0,016442$$

6.11. Dada la siguiente tabla de valores

x	0	1,5	3	4,5	6
f	1	3	-1	-6	1

estimar:

a) $f'(3)$ utilizando los dos puntos $x_2=1{,}5$ y $x_4=4{,}5$.
b) $f'(3)$ empleando los cuatro puntos $x_1=0$, $x_2=1{,}5$, $x_4=4{,}5$ y $x_5=6$.

Solución

a) Para la primera cuestión se solicita el empleo de un polinomio lineal, pero como el punto en cuestión, $x_3=3$, está entre los dos dados, será necesario emplear las diferencias centrales, en cuyo caso la fórmula a emplear será:

$$f'(3) \simeq \frac{f_4-f_2}{2h} = \frac{-6-3}{2\times 1{,}5} = -3$$

b) En el segundo caso debe emplearse un polinomio de aproximación de orden 3.

$$f'(3) \simeq \frac{-f_5+8f_4-8f_2+f_1}{12h} = \frac{-1+8\times(-6)-8\times 3+1}{12\times 1{,}5} = -4$$

6.12. Se dan los puntos de coordenadas $P_1(-2{,}5)$ y $P_2(2{,}5)$. Obtener una estimación para $f'(0)$ y $f''(0)$, sabiendo que es $f(0)=1$.

Solución

Según los datos, la tabla de partida será:

x	-2	0	2
f	5	1	5

Entonces, para calcular $f'(0)$ y $f''(0)$ será necesario acudir a las diferencias centrales con un polinomio de aproximación lineal.

$$f'(0) \simeq \frac{f_3 - f_1}{2h} = \frac{5-5}{2 \times 2} = 0 \quad ; \quad f''(0) \simeq \frac{f_3 - 2f_2 + f_1}{h^2} = \frac{5 - 2 \times 1 + 5}{2^2} = 2$$

EJERCICIOS PROPUESTOS

P.6.1. Construir la tabla correspondiente a la función

$$f(x)=\cos x$$

manejando ángulos medidos en unidades sexagesimales. Emplear la tabla anterior para estimar los valores siguientes: $f'(x)$ en $x=20°$, $22°$, $30°$ y $35°$.

P.6.2. Dada la función $f(x)=\cos x$ definida en los valores $x=15°$, $20°$, $25°$, $30°$ y $35°$, obtener una aproximación para $f''(25)$ manejando diferencias progresivas, centrales y regresivas.

P.6.3. Dada la tabla

x	0	0,5	1	1,5	2	2,5	3
f	1	1,65	2,72	4,48	7,39	12,18	20,09

estimar:

a) $f'(1)$ empleando cuatro valores.
b) $f''(1)$ utilizando cinco valores.
c) $f'(0)$ empleando cuatro valores.
d) $f''(0)$ utilizando cinco valores.
e) Si los datos de la tabla se han obtenido mediante $f(x)=e^x$, comparar los resultados estimados con los exactos.

P.6.4. Obtener una estimación para $f'(1)$ y $f''(1)$ utilizando los cuatro valores restantes de la siguiente tabla:

x	0	0,5	1	1,5	2
f	0	3	0	-6	0

P.6.5. Los datos de la siguiente tabla se han obtenido de la función

$$f(x) = 2^x \cdot \text{sen } x$$

Estimar $f'(1{,}05)$ utilizando los intervalos $h = 0{,}05$ y $h = 0{,}01$

x	1,0	1,04	1,06	1,1
f	1,6829	1,7733	1,8188	1,9103

Los valores de x están dados en radianes.

P.6.6. Calcular $f'(1{,}1)$ utilizando dos y tres puntos de la siguiente tabla:

x	1,1	1,2	1,3
$f(x)$	0,486	0,862	1,598

P.6.7. Estimar $f''(0{,}2)$ utilizando todos los puntos de la tabla

x	0,2	0,4	0,6	0,8
$f(x)$	0,98	0,92	0,81	0,64

P.6.8. Siendo $f(x) = x^3 e^{x^2} - \text{sen } x$, aproximar $f'(2{,}19)$ utilizando tres puntos y con $h = 0{,}1$.

7
INTEGRACION NUMERICA

Con frecuencia surge en la práctica la imposibilidad de integrar una función, bien porque no se conoce la integral de $f(x)$ o bien porque esta última función viene dada en forma tabular. En tales circunstancias, la función subintegral $f(x)$ se reemplaza por un polinomio de un cierto grado, y es éste el que realmente se integra. La exactitud del resultado dependerá de lo que el polinomio se aproxime a la función dada. Este procedimiento constituye la *integración numérica*, y se supone que $y=f(x)$ es una función continua.

REGLA DEL RECTANGULO

Es la aproximación más simple. La función $y=f(x)$ se reemplaza en el entorno de la integración $[x_0, x_0+h]$ por el segmento horizontal BD y, en consecuencia, el área verdadera ABCE por la del rectángulo ABDE.

El error cometido adoptando tal simplificación viene medido por el área del triángulo curvilíneo BCD.

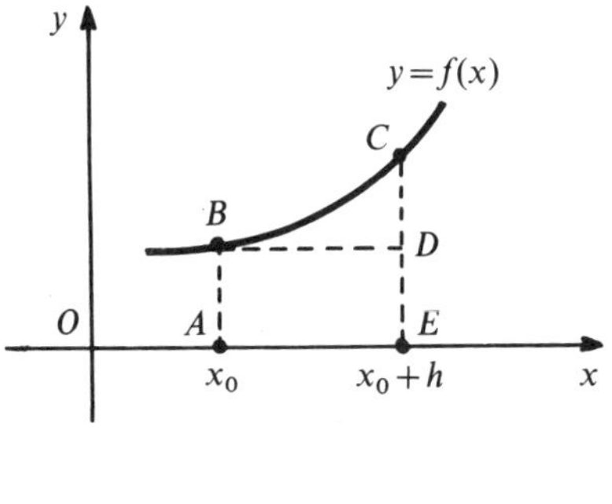

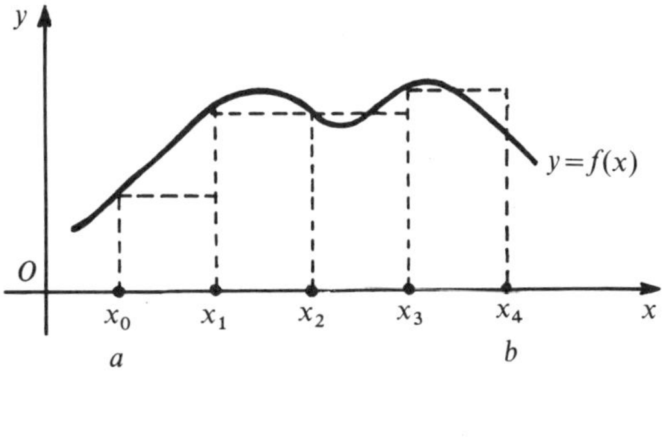

Como el área de ABCE vale

$$AE \times AB = hf(x_0) = hf_0$$

entonces será

$$\int_{x_0}^{x_0+h} f(x)\,dx \simeq hf_0$$

Cuando la regla anterior se aplica a un intervalo genérico $[a, b]$ dividido en n subintervalos iguales, cada uno de longitud h, se obtendrá el área aproximada de la función $y=f(x)$ sobre $[a, b]$. Por ejemplo, si como se trata en la figura, es $n=4$, se tendría:

$$\int_a^b f(x)\,dx \simeq h(f_0+f_1+f_2+f_3)$$

y, en general, cuando $[a, b]$ tiene n partes de longitud h, es decir, $b-a=nh$, se obtendrá

$$\int_a^b f(x)\,dx \simeq h \sum_0^{n-1} f_i$$

con $x_r = a + rh$. La altura de cada rectángulo es la ordenada izquierda de cada intervalo.

El error máximo cometido por truncamiento global para esta aproximación o cota del error absoluto Δ_t vale

$$\Delta_t = \frac{h}{2}(b-a)M \qquad \text{del orden de } h,\ O(h)$$

siendo

$$M = \max_{a \leq x \leq b} |f'(x)|$$

REGLA DEL PUNTO MEDIO

La función $f(x)$ se aproxima mediante una recta paralela al eje Ox trazada por el punto medio del intervalo $[x_0, x_0+h]$, es decir, por $x_0 + 1/2h$.

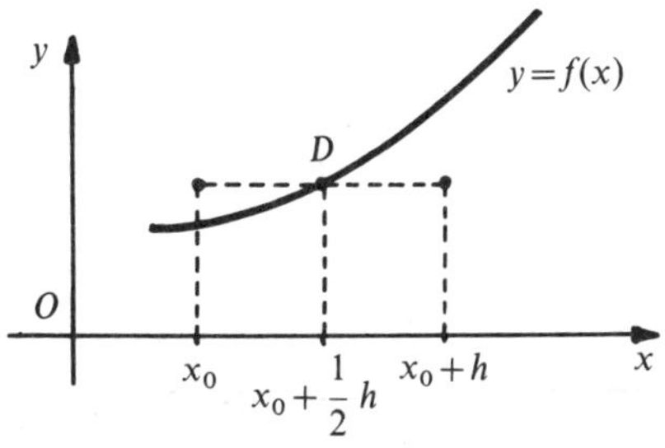

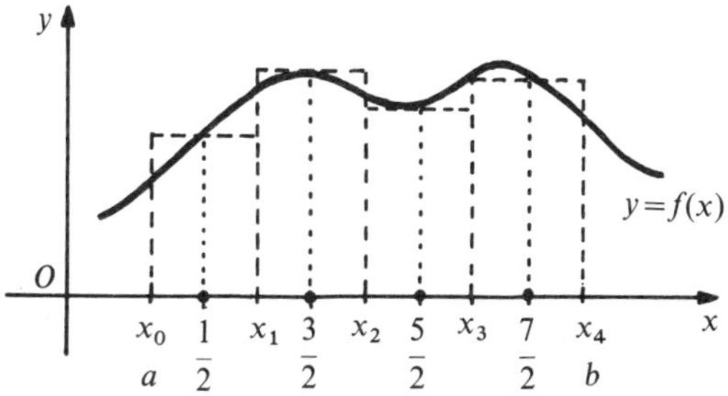

En este caso, el área para un solo intervalo vale

$$\int_{x_0}^{x_0+h} f(x)\,dx \simeq hf\left(x_0+\frac{1}{2}h\right)=hf_{1/2}$$

Para $n=4$, será

$$\int_a^b f(x)\,dx \simeq h(f_{1/2}+f_{3/2}+f_{5/2}+f_{7/2})$$

y, en general, para n intervalos:

$$\int_a^b f(x)\,dx \simeq h(f_{1/2}+f_{3/2}+\cdots+f_{n-1/2})$$

El error máximo cometido o cota del error absoluto Δ_t es ahora

$$\Delta_t=\frac{h^2}{3}(b-a)M \qquad \text{del orden de } h^2,\ O(h^2)$$

siendo

$$M=\max_{a\leqslant x\leqslant b}|f''(x)|$$

REGLA DEL TRAPECIO

La función $f(x)$ se aproxima por la cuerda de la curva dentro del intervalo $[x_0, x_0+h]$. Se trata de una aproximación lineal. El arco BC se sustituye por la cuerda BC.

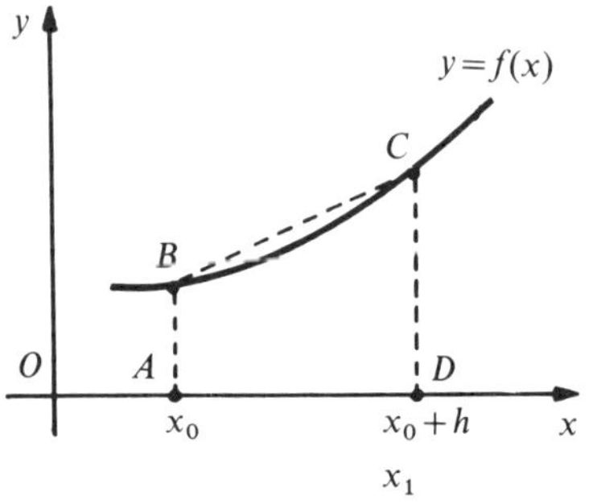

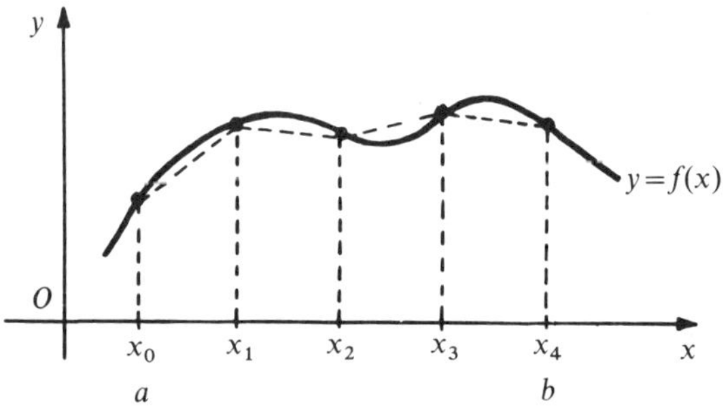

El área para un solo intervalo valdrá:

$$\int_{x_0}^{x_0+h} f(x)\,dx \simeq \text{Area trapecio } ABCD = \frac{1}{2}\,h(f_0+f_1)$$

Para $n=4$ será:

$$\int_a^b f(x)\,dx \simeq \frac{1}{2}\,h(f_0+2f_1+2f_2+2f_3+f_4) = h\left[\frac{1}{2}\,E+I\right]$$

representándose por E la suma de las ordenadas extremas f_0 y f_4 y por I la suma de las restantes ordenadas intermedias f_1, f_2 y f_3.

La fórmula anterior puede aplicarse al caso general de n intervalos de anchura h.

El error máximo cometido al emplear la regla del trapecio o cota del error absoluto es

$$\Delta_t = \frac{h^2}{12}\,(b-a)M \qquad \text{del orden de } h^2,\ O(h^2)$$

siendo

$$M = \max_{a \leqslant x \leqslant b} |f''(x)|$$

REGLA DE SIMPSON

La regla del trapecio es tanto más aproximada cuanto mayor es el número de divisiones o intervalos n. Se puede obtener una mejor aproximación, con menos intervalor n, si la curva $y=f(x)$ se reemplaza por parábolas de segundo grado que pasen por cada tres puntos consecutivos (x_i, y_i) de la función dada.

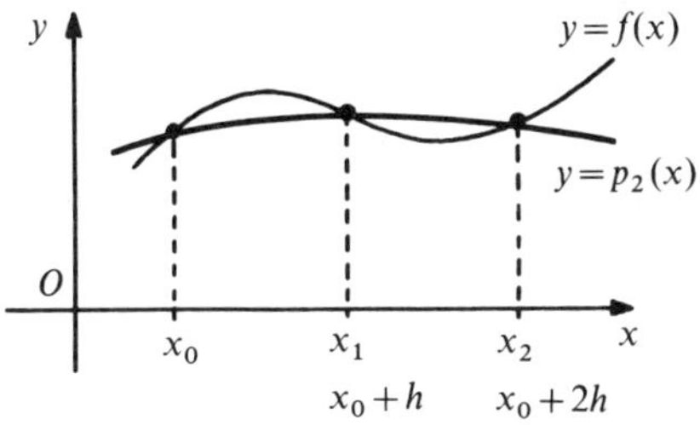

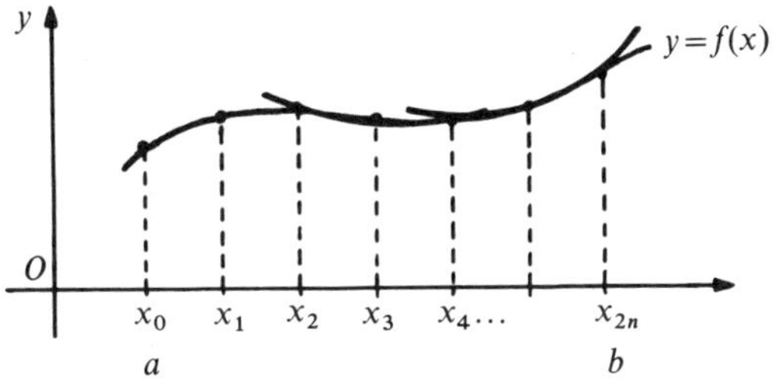

Para el caso de la figura con una parábola de segundo grado $y=p_2(x)$ que pasa por los puntos de la función dada (x_0, f_0), (x_1, f_1), (x_2, f_2), será:

$$\int_{x_0}^{x_0+2h} f(x)\,dx \simeq \frac{h}{3}(f_0+4f_1+f_2)$$

Si el intervalo general $[a, b]$ se divide en un número par $2n$ de subintervalos cada uno de longitud h, de forma que sea $b-a=2nh$, se tendrá

$$\int_a^b f(x)\,dx \simeq \frac{h}{3}(f_0+4f_1+2f_2+4f_3+\cdots+2f_{2n-2}+4f_{2n-1}+f_{2n}) = \frac{h}{3}[E+4I_i+2I_p]$$

siendo E la suma de las ordenadas en los extremos; I_i la suma de las ordenadas intermedias impares; I_p la suma de las ordenadas intermedias pares.

La cota de error absoluto Δ_t al aproximar con la regla de Simpson, vale:

$$\Delta_t = \frac{h^4}{180}(b-a)M \qquad \text{del orden de } h^4,\ O(h^4)$$

siendo

$$M = \max_{a \leqslant x \leqslant b} |f^{IV}(x)|$$

La regla del trapecio y la de Simpson suponen reemplazar la función dada por rectas cada dos puntos o parábolas cada tres, respectivamente. Existen otras reglas al reemplazar $y=f(x)$ por *polinomios de mayor grado*, tal como se indica en el cuadro adjunto:

Puntos	*Orden*	*Aproximación*
2	1	$(h/2)(f_0+f_1)$ Regla del trapecio
3	2	$(h/3)(f_0+4f_1+f_2)$ Regla de Simpson
4	3	$(3h/8)(f_0+3f_1+3f_2+f_3)$
5	4	$(2h/45)(7f_0+32f_1+12f_2+32f_3+7f_4)$
6	5	$(5h/288)(19f_0+75f_1+50f_2+50f_3+75f_4+19f_5)$

Si la función viene dada en forma tabular, será conveniente hacer pasar un polinomio del mayor orden posible por todos sus puntos determinando luego el área bajo tal polinomio.

Al aplicar la regla del trapecio es posible mejorar la aproximación del valor de una integral a base de dividir el intervalo adoptado h sucesivamente en dos partes iguales. La realización de tal subdivisión conduce a una *mejora en la estimación*. Además, cada aproximación sucesiva puede expresarse en función de la inmediata anterior.

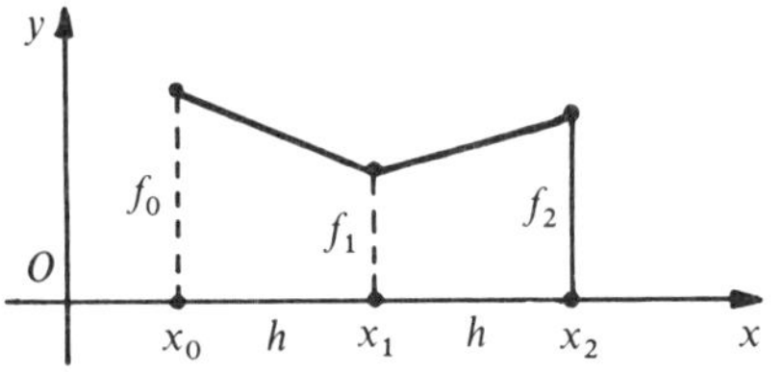

Intervalo $=h$

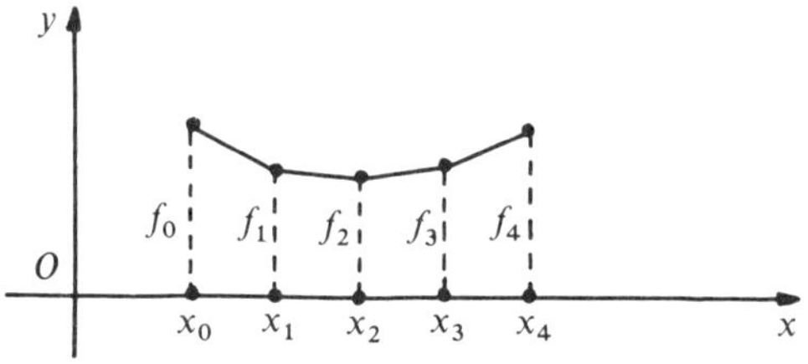

Intervalo $=\dfrac{h}{2}$

Cuando el intervalo es de longitud h, llamando T_2 (2 subintervalos) a la estimación del área según la regla del trapecio, sería:

$$T_2=h\left(\frac{1}{2}f_0+f_1+\frac{1}{2}f_2\right)$$

Si cada subintervalo se divide en dos partes iguales de longitud $h/2$, llamando T_4 (4 subintervalos) a la nueva estimación, es

$$T_4=\frac{h}{2}\left(\frac{1}{2}f_0+f_1+f_2+f_3+\frac{1}{2}f_4\right)=\frac{1}{2}T_2+\frac{h}{2}(f_1+f_3)$$

La aplicación sucesiva de la división del intervalo conduce a la fórmula general

$$T_{2n} = \frac{1}{2} T_n + h(f_1 + f_2 + \cdots + f_{2n-1})$$

siendo T_n el resultado de aplicar la regla del trapecio con n subintervalos de anchura $2n$ y T_{2n} el resultado siguiente para $2n$ subintervalos de anchura mitad h.

ALGORITMO DE ROMBERG

El cálculo numérico de integrales basado en la regla del trapecio puede aún mejorarse aplicando el *algoritmo de Romberg*. Este produce una convergencia hacia el verdadero valor de forma más rápida y con menos operaciones.

El procedimiento de Romberg consiste en la elaboración de una tabla triangular a partir de la tabla definitoria de la función $y=f(x)$ a integrar. La primera columna de la tabla triangular consta de los valores resultantes de aplicar la regla del trapecio: T_n, T_{2n}, T_{4n}, ...

La segunda columna está formada por los valores $T_n^{(1}$, $T_{2n}^{(1}$, ... obtenidos de la columna anterior mediante las expresiones

$$T_n^{(1} = \frac{4T_{2n} - T_n}{3} \quad ; \quad T_{2n}^{(1} = \frac{4T_{4n} - T_{2n}}{3} \quad ; \quad \ldots$$

La tercera columna está constituida por los valores $T_n^{(2}$, $T_{2n}^{(2}$, ... tales que

$$T_n^{(2} = \frac{16T_{2n}^{(1} - T_n^{(1}}{15}$$

En general, cada elemento $T_n^{(m}$ de la columna $(m-1)$-ésima, vale:

$$T_n^{(m} = \frac{4T_{2n}^{(m-1} - T_n^{(m-1}}{4^m - 1}$$

La tabla definitiva tiene la forma

$$\begin{array}{cccc}
T_n & & & \\
 & T_n^{(1} & & \\
T_{2n} & & T_n^{(2} & \\
 & T_{2n}^{(1} & & T_n^{(3} \\
T_{4n} & & T_{2n}^{(2} & \vdots \\
 & T_{4n}^{(1} & \vdots & \\
T_{8n} & \vdots & & \\
\vdots & & &
\end{array}$$

lo que significa que la aplicación sucesiva de cuatro veces la regla del trapecio, T_n, T_{2n}, T_{4n}, T_{8n}, constituye la base para obtener la aproximación de Romberg, $T_n^{(3}$.

En cuanto a los errores producidos por redondeo, la cota de los mismos, supuesto que los datos de la tabla con la que se trabaja están todos redondeados a n cifras decimales, vale

$$0{,}5 \times (b-a) \times 10^{-n}$$

ya que la cota del error absoluto de cada dato de la tabla es $0{,}5 \times 10^{-n}$.

Los límites del intervalo de integración son a y b.

EJERCICIOS RESUELTOS

7.1. Dada la tabla

x	1,0	1,1	1,2	1,3	1,4
f	0,010	0,252	0,586	1,024	1,578

en la que todos sus valores f_i están redondeados a cuatro cifras decimales, estimar el valor de la integral

$$\int_{1,0}^{1,4} f(x)\,dx$$

mediante la aplicación de las reglas del rectángulo, punto medio, trapecio y Simpson, con un intervalo de longitud $h=0{,}1$. ¿Cuál será la cota del error absoluto por redondeo acumulado?

Solución

a) Aplicación de la regla del rectángulo:

$$\int_{1,0}^{1,4} f(x)\,dx \simeq h\left(\sum_{0}^{n} f_i\right) = 0{,}1(0{,}010+0{,}252+0{,}586+1{,}024)=0{,}187$$

b) Aplicación de la regla del punto medio: ésta no puede aplicarse con $h=0{,}1$ porque para ello sería necesario tener valores tabulares en los puntos medios de cada intervalo dado. Aplicándola con $h=0{,}2$, se obtiene:

$$\int_{1,0}^{1,4} f(x)\,dx \simeq h(f_{1/2}+f_{3/2})=0{,}2(0{,}252+1{,}024)=0{,}255$$

c) Aplicación de la regla del trapecio:

$$\int_{1,0}^{1,4} f(x)\,dx \simeq h\left[\frac{1}{2}E+I\right]=0{,}1\left[\frac{1}{2}(0{,}010+1{,}578)+0{,}252+0{,}586+1{,}024\right]=0{,}266$$

d) Aplicación de la regla de Simpson:

$$\int_{1,0}^{1,4} f(x)\,dx \simeq \frac{h}{3}\,[E+4I_i+2I_p] = \frac{0,1}{3}\,[0,010+1,578+4(0,252+1,024)+2\times 0,586)] =$$

$$=0,262$$

e) Cota del error absoluto por redondeo: Es $\Delta_f = 0,0005$ y el intervalo de integración vale $b-a=1,4-1,0=0,4$; por lo tanto, será:

$$\Delta_t = \Delta_f \times (b-a) = 0,5\times 10^{-3}\times 0,4 = 0,2\times 10^{-3}$$

lo que indica que cualquiera que sea el método aproximado de integración es suficiente con calcular los resultados con *tres* cifras decimales.

7.2. ¿Cuál es el máximo error absoluto por redondeo aplicando la aproximación de Simpson a la integral

$$\int_{-1}^{1} f(x)\,dx$$

y redondeando a cuatro cifras decimales.

Solución

$$\Delta_t = 0,5\cdot(b-a)\cdot 10^{-4} = 0,5(1+1)\cdot 10^{-4} = 1\times 10^{-4} = 10^{-4}$$

7.3. Supuesto que $y=f(x)$ se define mediante una tabla con valores de x desde 0 al 12, variando de uno en uno, ¿cuántas aproximaciones distintas pueden obtenerse para la integral

$$\int_{0}^{12} f(x)\,dx$$

empleando las reglas del trapecio y Simpson.

Solución

a) Trapecio: seis, empleando un número de subintervalos igual a 1, 2, 3, 4, 6 y 12.

b) Simpson: cuatro, empleando un número de subintervalos igual a 2, 4, 6 y 12.

7.4. Estimar el valor de la integral

$$\int_1^2 \sqrt{x}\, dx$$

mediante la regla del rectángulo, dividiendo el intervalo (1, 2) en diez partes iguales. Evaluar la cota del error absoluto cometido. Trabajar con tres cifras decimales redondeadas.

Solución

Como es $n=10$, entonces $h=(2-1)/10=0{,}1$. Con ello la tabla será:

x	1,0	1,1	1,2	1,3	1,4	...	1,8	1,9	2,0
$\sqrt{x}$	1,000	1,049	1,095	1,140	1,183	...	1,342	1,378	1,414

y la estimación valdrá:

$$\int_1^2 \sqrt{x}\, dx \simeq h\sum_0^9 f_i = 0{,}1(1{,}000+1{,}049+1{,}095+\cdots+1{,}342+1{,}378)=1{,}20$$

La cota del error vale:

$$\Delta_t = \frac{h}{2}(b-a)M = \frac{0{,}1}{2}\cdot(2-1)\cdot \max_{[a,\, b]} |f'(x)|$$

Como $f'(x)=1/2\sqrt{x}$, el valor máximo de esta función f' en [1, 2] se encuentra en $x=1$ y vale

$$f'(1)=\frac{1}{2}=0{,}5$$

Por lo tanto,

$$\Delta_t = \frac{0,1}{2} \cdot 1 \cdot 0,5 = 0,025$$

Ello indica que el valor exacto de la integral está en el siguiente intervalo:

$$\int_1^2 \sqrt{x}\, dx = 1,20 \pm 0,025$$

es decir, en [1,175 1,225]. Puede comprobarse que, efectivamente, el valor es:

$$\int_1^2 \sqrt{x}\, dx = \frac{2}{3}(2\sqrt{2} - 1) = 1,219$$

redondeando a tres cifras decimales.

7.5. Aplicar la regla del rectángulo para estimar la integral

$$\int_0^3 x^2\, dx$$

utilizando 6 subintervalos. ¿Cuál será el valor exacto? ¿Cuál será la cota del error?

Solución

Como es $n = 6$, entonces será $h = (3 - 0)/6 = 0,5$. Con ello la tabla base es:

x	0,0	0,5	1,0	1,5	2,0	2,5	3,0
x^2	0,00	0,25	1,00	2,25	4,00	6,25	9,00

Entonces,

$$\int_0^3 x^2\, dx \simeq h\left(\sum_0^5 f_i\right) = 0,5(0,00 + 0,25 + 1,00 + \cdots + 6,25) \simeq 6,88$$

El valor exacto será

$$\int_0^3 x^2\,dx = \left.\frac{x^3}{3}\right|_0^3 = \frac{27}{3} = 9$$

Para calcular la cota del error absoluto Δ_t, como $f'(x)=2x$ y el máximo de esta función en [0, 3] está en $x=3$, para el que $f'(x)=f'(3)=6$, se tiene:

$$\Delta_t = \frac{h}{2}(b-a)\cdot \max_{[0,\,3]} |f'(x)| = \frac{0,5}{2}\cdot(3-0)\cdot 6 = 4,5$$

7.6. Aplicar la regla del punto medio para estimar el valor de

$$\int_1^3 x^3\,dx$$

con cuatro intervalos. Calcular el error absoluto y el relativo de esa aproximación.

Solución

Al ser $n=4$, entonces $h=(b-a)/n=(3-1)/4=0,5$, con lo que las abscisas de los puntos medios son: $x_{1/2}=1,25$, $x_{3/2}=1,75$, $x_{5/2}=2,25$, $x_{7/2}=2,75$. La tabla de base será:

x	1,25	1,75	2,25	2,75
x^3	1,953125	5,359375	11,390625	20,796875

luego

$$\int_1^3 x^3\,dx \simeq h(f_{1/2}+f_{3/2}+f_{5/2}+f_{7/2}) = 0,5(1,953125+5,359375+\cdots+20,796875) = $$
$$= 19,75$$

El valor exacto es

$$\int_1^3 x^3\,dx = \left.\frac{x^4}{4}\right|_1^3 = \frac{3^4-1}{4} = \frac{81-1}{4} = \frac{80}{4} = 20$$

Con ello, el error absoluto vale

$$e_t = |20 - 19{,}75| = 0{,}25$$

y el relativo

$$r_t = \frac{0{,}25}{20} = 0{,}0125 \qquad \text{o el } 1{,}25\,\%$$

7.7. Empleando la regla del punto medio, evaluar aproximadamente la integral

$$\int_{-1}^{1} e^x \, dx$$

empleando cuatro intervalos y redondeando a cuatro cifras decimales. Calcular, además, el error por redondeo, el máximo error absoluto y el valor exacto.

Solución

Como es $n = 4$, $a = -1$, $b = 1$, se tiene que $h = [1 - (-1)]/4 = \frac{1}{2} = 0{,}5$. Entonces, las abscisas de los puntos medios serán: $x_{-3/4}$, $x_{-1/4}$, $x_{1/4}$ y $x_{3/4}$ y la tabla base tendrá el contenido siguiente:

x	$-0{,}75$	$-0{,}25$	$0{,}25$	$0{,}75$
e^x	0,4724	0,7788	1,2840	2,1170

Con ello se tendrá:

$$\int_{-1}^{1} e^x \, dx \simeq h(f_{-3/4} + f_{-1/4} + f_{1/4} + f_{3/4}) \simeq 0{,}5(0{,}4724 + 0{,}7788 + 1{,}2840 + 2{,}1170) = \\ = 2{,}3261$$

El error por redondeo vale:

$$\Delta_t = 0{,}5 \cdot (b - a) \cdot 10^{-n} = 0{,}5 \cdot (1 + 1) \cdot 10^{-4} = 10^{-3} = 0{,}1 \times 10^{-2}$$

La cota del error absoluto para la regla del punto medio es:

$$\Delta_t = \frac{h^2}{3}(b-a) \max_{[-1,\,1]} |f''(x)|$$

Se tiene: $f'(x)=e^x$, $f''(x)=e^x$ en $[-1, 1]$ y el valor máximo de esta segunda derivada en dicho intervalo se encuentra en $x=1$, siendo $f''(1)=e=2{,}7183$. Con todo ello, será:

$$\Delta_t = \frac{0{,}5^2}{3}\cdot(1+1)\cdot 2{,}7183 \simeq 0{,}4531 \Rightarrow \text{valor exacto} = 2{,}3261 \pm 0{,}4531$$

El valor exacto es:

$$\int_{-1}^{1} e^x\,dx = e^x\Big|_{-1}^{1} = e^1 - e^{-1} = \frac{e^2-1}{e} \simeq 2{,}3504$$

7.8. Aplicar la regla del trapecio con cuatro intervalos a la integral del ejercicio anterior. Evaluar la cota del error absoluto cometido. Trabajar con cuatro cifras decimales redondeadas.

Solución

Será $n=4$ y, por lo tanto, $h=(-1+1)/4=0{,}5$. Las abscisas a tener en cuenta son: -1, $-0{,}5$, 0, 0,5, 1, y la tabla base es, en este caso:

x	$-1{,}0$	$-0{,}5$	0,0	0,5	1,0
e^x	0,3679	0,6065	1,0000	1,6487	2,7183

Aplicando la fórmula correspondiente, se tiene:

$$\int_{-1}^{1} e^x\,dx \simeq h\left[\frac{1}{2}E + I\right] = 0{,}5\left[\frac{1}{2}(0{,}3679+2{,}7183)+0{,}6065+1{,}0000+1{,}6487\right] =$$

$$= 2.3992$$

El máximo error absoluto vale en este caso:

$$\Delta_t = \frac{h^2}{12}(b-a) \max_{[-1,\,1]} |f''(x)|$$

y como, según el ejercicio anterior, el valor máximo de $f''(x)$ es 2,7183, se tiene como cota del error

$$\Delta_t = \frac{0{,}5^2}{12} \cdot (1+1) \cdot 2{,}7183 \simeq 0{,}1133$$

por lo que el valor exacto de la integral estará comprendido en el intervalo

$$2{,}3992 \pm 0{,}1133 \equiv [2{,}5125 \quad 2{,}2859]$$

7.9. Siendo M_k, T_k, S_k los resultados de aplicar para k intervalos las reglas del punto medio, trapecio y Simpson, respectivamente, probar que es

$$(2M_k + T_k)/3 = S_{2k}.$$

Solución

Se tiene:

$$T_k = h\left(\frac{1}{2} f_0 + f_1 + f_2 + \cdots + f_{k-1} + \frac{1}{2} f_k\right)$$

$$2M_k = 2h(f_{1/2} + f_{3/2} + f_{5/2} + \cdots + f_{k-3/2} + f_{k-1/2})$$

$$(2M_k + T_k)/3 = \frac{h}{6}(f_0 + 4f_{1/2} + 2f_1 + 4f_{3/2} + \cdots + 2f_{k-1} + 4f_{k-1/2} + f_k) = S_{2k}$$

7.10. Estimar mediante la regla de Simpson el valor de la integral

$$\int_0^1 \cos\sqrt{x}\, dx$$

dividiendo el intervalo de integración en cuatro subintervalos y utilizando en los cálculos tres cifras decimales redondeadas.

Solución

Como $n=4$, será $h=(1-0)/4=0{,}25$. Las sucesivas abscisas de la tabla base se calculan comenzando en la $x_0=0{,}00$ e incrementando en valores 0,25 hasta el 1,00. Se tendrá entonces, empleado radianes:

x	0,00	0,25	0,50	0,75	1,00
$\cos\sqrt{x}$	1,000	0,878	0,760	0,648	0,540

Al aplicar la aproximación de Simpson, se obtiene:

$$\int_0^1 \cos\sqrt{x}\, dx \simeq \frac{h}{3}\,[E+4I_i+2I_p]=$$

$$=\frac{0{,}25}{3}\,[1{,}000+0{,}540+4(0{,}878+0{,}648)+2\times 0{,}760]\simeq 0{,}764$$

7.11. Determinar el número n de subintervalos que deben de tomarse para aproximar el valor de la integral

$$\int_1^2 \frac{1}{x}\, dx$$

con dos cifras decimales correctas y aplicando la regla del trapecio.

Solución

La cota del error absoluto cometido al aplicar la regla del trapecio vale

$$\Delta_t=\frac{h^2}{12}\,(b-a)\max_{a\leqslant x\leqslant b}|f''(x)|=\frac{(b-a)^3}{12n^2}\max_{a\leqslant x\leqslant b}|f''(x)|$$

ya que $h=(b-a)/n$.

Como en el caso propuesto es $f(x)=1/x$, se tiene que $f'(x)=-\dfrac{1}{x^2}$ y $f''(x)=\dfrac{2}{x^3}$, función que es decreciente a lo largo del intervalo [1, 2]. Por consiguiente, su punto máximo se consigue en $x=1$ y vale $f''(1)=2$. Por lo tanto,

$$\Delta_t = \frac{(2-1)^3}{12n^2} \cdot 2 = \frac{1}{6n^2}$$

Como, por otra parte, debe ser $\Delta_t = 0{,}5 \times 10^{-2} = 0{,}005$, se tendrá:

$$\frac{1}{6n^2} = 0{,}005 \Rightarrow n^2 = \frac{1}{6 \times 0{,}005} = 33{,}3 \Rightarrow n = 5{,}7$$

lo que indica que las condiciones del enunciado se satisfacen para

$$n \geqslant 6$$

es decir, tomando 6 intervalos o más.

7.12. Para ciertos trabajos sobre recursos hidráulicos se requieren canales con un cierto área transversal. A falta de otros medios para el cálculo de tales áreas, se toman medidas de la profundidad a lo largo de la sección transversal. La tabla que sigue muestra la longitud transversal y su correspondiente profundidad.

Utilizando las reglas del trapecio y de Simpson, calcular dicho área transversal, sabiendo que las medidas están expresadas en metros.

long.	0	2	4	6	8	10	12	14	16	18	20
prof.	0,0	1,8	2,0	4,0	4,0	6,0	4,0	3,4	3,6	2,8	0,0

Solución

a) Regla del trapecio: serán $n=10$ los intervalos y, por lo tanto,

$$h = (20-0)/10 = 2.$$

La aproximación da:

$$\int_0^{20} f(x)\,dx \simeq h\left[\frac{1}{2}E + I\right] = 2(1{,}8+2{,}0+4{,}0+4{,}0+6{,}0+4{,}0+3{,}4+3{,}6+2{,}8) \simeq$$

$$\simeq 63{,}2 \text{ m}^2$$

b) Regla de Simpson: Como en el caso anterior es $h=2$. La aproximación será ahora

$$\int_0^{20} f(x)\,dx \simeq \frac{h}{3}\,[E+4I_i+2I_p]=\frac{2}{3}\,[0{,}0+0{,}0+4(1{,}8+4{,}0+6{,}0+3{,}4+2{,}8)+$$

$$+2(2{,}0+4{,}0+4{,}0+3{,}6)]\simeq 66{,}1\ \mathrm{m}^2$$

7.13. Dada la integral

$$\int_{0,6}^{1,4} \ln x\,dx$$

y trabajando con redondeo a 6 cifras decimales, aplicar sucesivamente la regla del trapecio para encontrar una aproximación a la integral anterior buscando los valores de T_n para $n=2$, 4 y 8 intervalos.

Solución

a) Valor de T_2: en este caso es $h=(1{,}4-0{,}6)/2=0{,}4$. En consecuencia, se tendra:

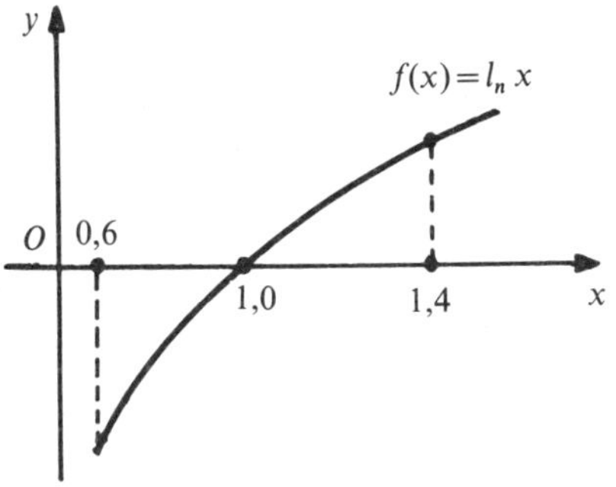

$f_{0,6}= -0{,}510826$
$f_{1,0}= \ 0{,}0$
$f_{1,4}= \ 0{,}336472$

$$T_2=h\left[\frac{1}{2}\,E+I\right]=0{,}4(-0{,}087177+0{,}0)=$$

$$-0{,}034871$$

Entonces, como primera aproximación, se tiene:

$$\int_{0,6}^{1,4} \ln x\,dx \simeq -0{,}034871$$

b) Valor de T_4: la anchura del intervalo vale $h=(1{,}4-0{,}6)/4=0{,}2$. Para aplicar la fórmula

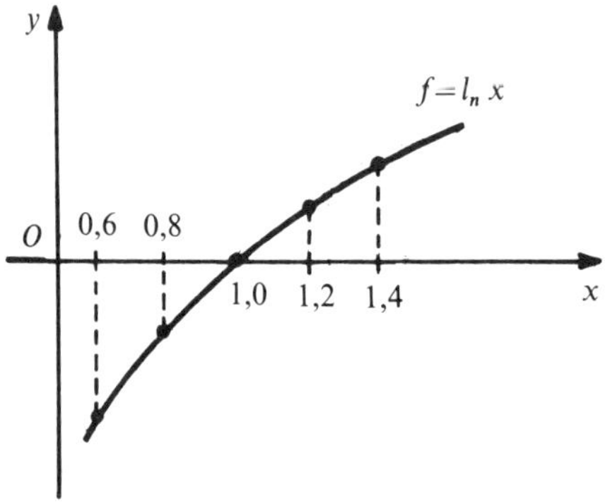

$$T_{2n}=\frac{1}{2}\,T_n+h(f_1+f_3+\cdots+f_{2n-1})$$

que da T_{2n} en función del valor T_n calculado anteriormente, sólo es necesario encontrar $f_{0,8}$ y $f_{1,2}$. Se tiene, entonces:

$$\begin{aligned} f_{0,8}&=-0{,}223144\\ f_{1,2}&=0{,}182322\\ \hline f_{0,8}+f_{1,2}&=-0{,}040822 \end{aligned}$$

con lo que se tiene

$$T_4=0{,}5T_2+0{,}2(f_{0,8}+f_{1,2})=-0{,}017436-0{,}008164\simeq-0{,}025600$$

es decir,

$$\int_{0,6}^{1,4}\ln x\,dx\simeq-0{,}025600$$

c) Valor de T_8: será $h=(1{,}4-0{,}6)/8=0{,}1$. Se tendrá:

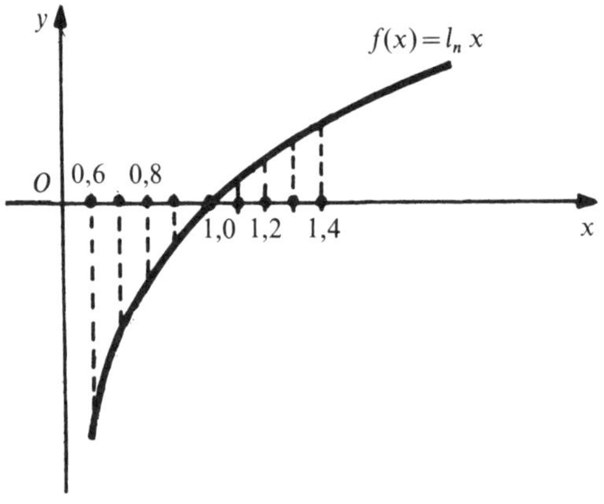

$$\begin{aligned} f_{0,7}&=-0{,}356675\\ f_{0,9}&=-0{,}105361\\ f_{1,1}&=0{,}095310\\ f_{1,3}&=0{,}262364\\ \hline \Sigma f_i&=-0{,}104362 \end{aligned}$$

con lo que se tiene

$$T_8 = 0{,}5T_4 + 0{,}1\Sigma f_i \simeq -0{,}012800 - 0{,}010436 = -0{,}023236$$

Entonces, será:

$$\int_{0,6}^{1,4} \ln x \, dx \simeq -0{,}023236$$

El valor de la integral, efectuando la integración por partes y redondeando a seis cifras decimales, es:

$$\int_{0,6}^{1,4} \ln x \, dx = x(\ln x - 1) \Big|_{0,6}^{1,4} \simeq -0{,}022443$$

7.14. Mediante la integración de Romberg encontrar una aproximación para

$$\int_0^2 x^3 \, dx$$

utilizando cuatro intervalos como división máxima. Emplear redondeo a tres cifras decimales.

Solución

En este caso es $h = (2-0)/4 = 0{,}5$ y la tabla inicial con cuatro intervalos será:

x	0,0	0,5	1,0	1,5	2,0
x^3	0,000	0,125	1,000	3,375	8,000

Entonces se tendrá para T_1 (un solo intervalo) con $h = 2{,}0$:

$$T_1 = \frac{1}{2} h(f_0 + f_1) = \frac{2{,}0}{2} (0{,}000 + 8{,}000) = 8{,}000$$

Para T_2 (dos intervalos) y, por consiguiente, $h=1{,}0$:

$$T_2=h\left[\frac{1}{2}E+I\right]=1{,}0\left[\frac{1}{2}(0{,}000+8{,}000)+1{,}000\right]=5{,}000$$

Para T_4 (cuatro intervalos) y, por consiguiente, $h=0{,}5$

$$T_4=h\left[\frac{1}{2}E+I\right]=0{,}5(4{,}000+0{,}125+1{,}000+3{,}375)=4{,}250$$

Con todo lo anterior, la primera columna de la tabla de Romberg tendrá los valores: 8,000, 5,000 y 4,250.

La segunda columna contiene los dos elementos $T_1^{(1}$ y $T_2^{(1}$, cuyos valores, en función de los ya encontrados en la primera columna, serán:

$$T_1^{(1}=\frac{4\cdot T_2-T_1}{3}=\frac{4\times 5{,}000-8{,}000}{3}=4{,}000$$

$$T_2^{(1}=\frac{4\cdot T_4-T_2}{3}=\frac{4\times 4{,}250-5{,}000}{3}=4{,}000$$

La última columna de la tabla de Romberg sólo contiene el elemento $T_1^{(2}$, cuyo valor es:

$$T_1^{(2}=\frac{16\cdot T_2^{(1}-T_1^{(1}}{15}=\frac{16\times 4{,}000-4{,}000}{15}=4{,}000$$

La tabla completa será:

8,000		
	4,000	
5,000		4,000
	4,000	
4,250		

y, por lo tanto,

$$\int_0^2 x^3\,dx\simeq 4{,}000$$

Puede comprobarse que la aproximación obtenida coincide con el valor exacto:

$$\int_0^2 x^3\,dx = \left.\frac{x^4}{4}\right|_0^2 = \frac{16}{4} = 4$$

7.15. Mediante la regla de Romberg, aproximar la integral

$$\int_0^{2\pi} x \operatorname{sen} x\,dx$$

utilizando un máximo de cuatro intervalos y redondeando los cálculos a tres cifras decimales. Comparar la estimación con el valor exacto de la integral.

Solución

Como es $n=4$, el valor de h será: $h=(2\pi-0)/4=\pi/2$ radianes. La tabla de partida será:

x	0	$\pi/2$	π	$3\pi/2$	2π
$f(x)$	0	$\pi/2$	0	$-3\pi/2$	0

Para T_1, un solo intervalo, con $h=2\pi$ es:

$$T_1 = \frac{1}{2}\,h(f_0+f_1) = \frac{2\pi}{2}\,(0+0) = 0{,}000$$

Para T_2, dos intervalos, con $h=\pi$:

$$T_2 = h\left[\frac{1}{2}\,E+I\right] = \pi(0+0) = 0{,}000$$

Para T_4, cuatro intervalos, con $h=\pi/2$:

$$T_4 = h\left[\frac{1}{2}\,E+I\right] = \frac{\pi}{2}\left(0+\frac{\pi}{2}-\frac{3\pi}{2}\right) = -4{,}935$$

Con todo lo anterior, la primera columna de la tabla de Romberg contendrá los valores: 0, 0 y $-4{,}935$.

Los elementos de la segunda columna serán:

$$T_1^{(1}=\frac{4\cdot T_2-T_1}{3}=\frac{4\times 0-0}{3}=0{,}000$$

$$T_2^{(1}=\frac{4\cdot T_4-T_2}{3}=\frac{4(-4{,}935)-0}{3}=-6{,}580$$

y, por último, se tiene:

$$T_1^{(2}=\frac{16\cdot T_2^{(1}-T_1^{(1}}{15}=\frac{16(-6{,}580)-0}{15}=-7{,}019$$

La tabla completa tiene dos elementos:

0,000		
	0,000	
0,000		−7,019
	−6,580	
−4,935		

y, por lo tanto, el valor aproximado de la integral es:

$$\int_0^{2\pi} x \operatorname{sen} x\, dx \simeq -7{,}019$$

El valor de dicha integral es:

$$\int_0^{2\pi} x \operatorname{sen} x\, dx=[-x\cos+\operatorname{sen} x]_0^{2\pi}=-2\pi\simeq -6{,}283$$

7.16. Utilizando el método de Romberg, estimar el valor de la integral

$$\int_{1,0}^{1,5} e^{-x^2}\, dx$$

hasta que se cumpla que $|T_n^{(m}-T_n^{(m-1}|\leqslant 0{,}5\times 10^{-4}$, trabajando con redondeo a cinco cifras decimales.

Solución

La tabla inicial sería:

x	1,0	1,5
$f(x)$	0,36788	0,10540

con $n=1$ y $h=(1{,}5-1{,}0)/1=0{,}5$. Entonces:

$$T_1=\frac{0{,}5}{2}\,(0{,}36788+0{,}10540)=0{,}11832$$

Para calcular T_2 será necesario construir una nueva tabla con tres puntos, es decir, con $n=2$ y de forma que $h=(1{,}5-1{,}0)/2=0{,}25$.

x	1,00	1,25	1,50
$f(x)$	0,36788	0,20961	0,10540

$$T_2=h\left[\frac{1}{2}\,E+I\right]=0{,}25\left[\frac{1}{2}\,(0{,}36788+0{,}10540)+0{,}20961\right]=0{,}11156$$

Con los elementos T_1 y T_2 ya es posible calcular $T_1^{(1}$:

$$T_1^{(1}=\frac{4\cdot T_2-T_1}{3}=\frac{4\times 0{,}11156-0{,}11832}{3}=0{,}10931$$

Al aplicar la hipótesis de terminación, se obtiene:

$$|T_n^{(m}-T_n^{(m-1}|=|T_1^{(1}-T_1|=|0{,}10931-0{,}11832|=0{,}901\times 10^{-2}>0{,}5\times 10^{-4}$$

lo que indica que ha de continuarse con el algoritmo de Romberg para calcular el elemento $T_1^{(2}$. Para ello será necesario calcular T_4 y $T_2^{(1}$, lo que hace necesario ampliar la tabla con dos nuevos intervalos, $n=4$, y por tanto $h=(1{,}5-1{,}0)/4=0{,}125$:

$f(x)$	1,000	1,125	1,250	1,375	1,500
$f(x)$	0,36788	0,28206	0,20961	0,15098	0,10540

Entonces:

$$T_4 = h\left[\frac{1}{2}E + I\right] = 0{,}125\left[\frac{1}{2}(0{,}36788 + 0{,}10540) + 0{,}28206 + 0{,}20961 + 0{,}15098\right] =$$

$$= 0{,}10991$$

$$T_2^{(1} = \frac{4T_4 - T_2}{3} = \frac{4 \times 0{,}10991 - 0{,}11156}{3} = 0{,}10936$$

Con ello, será:

$$|T_2^{(1} - T_2| = |0{,}10936 - 0{,}11156| = 0{,}22 \times 10^{-2} > 0{,}5 \times 10^{-4}$$

El resultado obtenido hace necesario calcular $T_1^{(2}$. Será:

$$T_1^{(2} = \frac{16 \cdot T_2^{(1} - T_1^{(1}}{15} = \frac{16 \times 0{,}10936 - 0{,}10931}{15} = 0{,}10936$$

$$|T_1^{(2} - T_1^{(1}| = |0{,}10936 - 0{,}10931| = 0{,}5 \times 10^{-4}$$

con lo que se cumple la condición impuesta.

La tabla calculada es:

0,11832		
	0,10931	
0,11156		0,10936
	0,10936	
0,10991		

Por lo tanto, el valor aproximado de la integral será:

$$\int_1^{1,5} e^{-x^2}\,dx \simeq 0{,}10936$$

7.17. Se quiere obtener una aproximación de la integral

$$\int_{1,8}^{3,4} e^x\,dx$$

utilizando la regla del trapecio y con cinco cifras decimales correctas. ¿Cuál debe ser el valor de h?

Solución

La cota del error absoluto al aplicar la aproximación del trapecio vale:

$$\Delta_t = \frac{h^2}{12}(b-a) \max_{a \leqslant x \leqslant b} |f''(x)| = \frac{(b-a)^3}{12n^2} \max_{a \leqslant x \leqslant b} |f''(x)|$$

Por otra parte, $f(x)=e^x$, $f'(x)=e^x$ y $f''(x)=e^x$. Y como esta última función es creciente en [1,8 3,4], en $x=3{,}4$ tomará $f''(x)$ su máximo valor, que es $f''(3{,}4)=e^{3{,}4}=29{,}96<30$. Tomando este valor como cota, será:

$$\Delta_t = \frac{(3{,}4-1{,}8)^3}{12n^2} \cdot 30 = \frac{1{,}6^3}{12n^2} \cdot 30$$

y como según las condiciones del enunciado es $\Delta_t = 0{,}5 \times 10^{-5}$,

$$\frac{30 \cdot 1{,}6^3}{12n^2} = 0{,}5 \times 10^{-5} \Rightarrow n^2 = \frac{30 \times 1{,}6^3}{12 \times 0{,}5 \times 10^{-5}} = 2.048.000 \Rightarrow 1.431{,}08$$

Tomando $n = 1.432$, será:

$$h = \frac{b-a}{n} = \frac{1{,}6}{1.432} \simeq 1{,}1 \times 10^{-3}$$

es decir, las condiciones del enunciado se cumplen para cualquier valor de h tal que

$$h \leqslant 1{,}1 \times 10^{-3}$$

7.18. Aplicar la regla del trapecio de modo que se obtenga una aproximación a

$$\int_0^2 \frac{1}{1+x^2}\,dx$$

con dos cifras decimales correctas.

Solución

Como en el ejercicio anterior es:

$$\Delta_t = \frac{h^2}{12}(b-a) \max_{a \leqslant x \leqslant b} |f''(x)| = \frac{(b-a)^3}{12n^2} \max_{a \leqslant x \leqslant b} |f''(x)|$$

Entonces

$$f(x) = \frac{1}{1+x^2} \quad ; \quad f'(x) = \frac{-2x}{(1+x^2)^2} \quad ; \quad f''(x) = \frac{6x^2-2}{(1+x^2)^3}$$

Esta última función es creciente en [0,2], con un máximo, por lo tanto, en $x = 2$ y con valor $f''(2) = \frac{22}{125}$.

Como, por otra parte, debe ser $\Delta_t = 0{,}5 \times 10^{-2}$, se tendrá:

$$\frac{(2-0)^3}{12n^2} \cdot \frac{22}{125} = 0{,}5 \times 10^{-2} \Rightarrow n^2 = \frac{2^3 \times 22}{12 \times 0{,}005 \times 125} = 6{,}4 \Rightarrow n \simeq 2{,}5$$

es decir, la condición se cumple para $n \geqslant 3$. Dividiendo entonces [0,2] en tres partes iguales, se obtiene la tabla siguiente, construida con $h = (2-0)/3 = 2/3$:

x	0	2/3	4/3	2
$f(x)$	1	9/13	9/25	1/5

Entonces,

$$\int_0^2 \frac{1}{1+x^2}\,dx \simeq h\left[\frac{1}{2}E + I\right] = \frac{2}{3}\left[\frac{1}{2}\left(1+\frac{1}{5}\right) + \frac{9}{13} + \frac{9}{25}\right] = 1{,}10$$

resultado que tendrá dos decimales correctos.

7.19. Aproximar con la regla del trapecio la integral

$$\int_0^\pi \operatorname{sen} x\,dx$$

con $n = 6$. Comparar la aproximación con el verdadero valor.

Solución

Al ser $n=6$, se tendrá $h=(\pi-0)/6=\pi/6$ y, por lo tanto, la tabla de base es:

x	0	$\pi/6$	$\pi/3$	$\pi/2$	$2\pi/3$	$5\pi/6$	π
sen x	0	1/2	$\sqrt{3}/2$	1	$\sqrt{3}/2$	1/2	0

Entonces se tendrá:

$$\int_0^{\pi} \operatorname{sen} x\, dx \simeq h\left[\frac{1}{2}E+I\right]=\frac{\pi}{6}\left[\frac{1}{2}\cdot 0+1+\sqrt{3}+1\right]=\frac{\pi}{6}(2+\sqrt{3})\simeq 1{,}95$$

El verdadero valor es:

$$\int_0^{\pi} \operatorname{sen} x\, dx= -\cos\Big|_0^{\pi} = -\cos \pi+\cos 0=1+1=2$$

7.20. Calcular una aproximación, utilizando la regla del trapecio para la integral

$$\int_0^{90} \operatorname{sen} x\, dx$$

construyendo, en primer lugar, la tabla de base desde 0° a 90° y con un intervalo de $h=15°$. Comparar con el resultado correcto. Trabajar con redondeo a cuatro cifras decimales.

Solución

Como es $h=15=(90-0)n$, será $n=6$ intervalos. La tabla de partida será:

x	0°	15°	30°	45°	60°	75°	90°
sen x	0,0000	0,2588	0,5000	0,7071	0,8660	0,9659	1,000

Entonces, teniendo en cuenta que $h=15°$ es equivalente a $h=\pi/12=0{,}2618$ radianes:

$$\int_0^{90} \operatorname{sen} x \, dx \simeq h\left[\frac{1}{2}E+I\right]=$$

$$=0{,}2618\times\left[\frac{1}{2}(0{,}0+1{,}0)+0{,}2588+0{,}5000+\cdots+0{,}959\right]=0{,}2618\times 3{,}7978\simeq 0{,}9943$$

El resultado correcto es:

$$\int_0^{90} \operatorname{sen} x \, dx = -\cos x \Big|_0^{90} = 1$$

por lo que el error absoluto vale:

$$e=|1-0{,}9943|=0{,}0057$$

7.21. Encontrar el área comprendida entre las curvas $y_1=(3-x)(x-1)$ e $y_2=x(x-1)(x-3)$ para [1, 3] aplicando la regla de Simpson. Encontrar la cota del error absoluto.

Solución

El área pedida se obtiene aproximando el valor de la integral

$$\int_1^3 (y_1-y_2)\,dx$$

siendo y_1-y_1 un polinomio de tercer grado. La tabla de partida, tomando $h=1$, será:

x	1	2	3
y_1	0	1	0
y_2	0	-2	0
y_1-y_2	0	3	0

Por consiguiente, se tendrá:

$$\int_1^3 (y_1 - y_2)\, dx \simeq \frac{h}{3} [E + 4I_i + 2I_p] = \frac{1}{3} (0 + 0 + 4 \times 3) = 4$$

Para encontrar Δ_t será necesario calcular $f''(x)$. Se tiene

$$y_1 = (3 - x)(x - 1) = -x^2 + 4x - 3$$
$$y_2 = x(x - 1)(x - 3) = x^3 - 4x^2 + 3x$$
$$y_1 - y_2 = f(x) = -x^3 - 3x^2 + x - 3$$
$$f'(x) = -3x^2 - 6x + 1$$
$$f''(x) = -6x - 6$$

La función $f''(x)$ es decreciente en [1, 3] y su valor máximo está en $x = 3$ para el cual $|f''(3)| = 24$. Entonces, será:

$$\Delta_t = \frac{h^4}{180} (b - a) \max_{[1,\,3]} |f''(x)| = \frac{1}{180} \cdot 2 \cdot 24 = \frac{48}{180} \simeq 0{,}27$$

EJERCICIOS PROPUESTOS

P.7.1. Utilizando la regla del trapecio con $n=4$, aproximar la integral

$$\int_{-1}^{1} \frac{1}{1+x^4}\, dx$$

Efectuar los cálculos redondeando a tres decimales.

P.7.2. Utilizando la regla del rectángulo, calcular aproximadamente la integral

$$\int_{1}^{5} x\, dx$$

empleando 8 intervalos. ¿Cuál es el valor exacto? ¿Cuál es el error absoluto del resultado aproximado?

P.7.3. Se da una función $y=f(x)$ definida mediante la tabla siguiente:

x	0,0	0,1	0,2	0,3	0,4	0,5	0,6
$f(x)$	1,000	1,005	1,020	1,045	1,081	1,128	1,185

Encontrar la mejor estimación para

$$\int_{0,0}^{0,6} f(x)\, dx$$

empleando las reglas del rectángulo, punto medio, trapecio y Simpson. ¿Cuál es el error por redondeo acumulado? Redondear los cálculos a tres cifras decimales.

P.7.4. Mediante la regla del rectángulo, calcular el valor aproximado de

$$\int_{-\pi/2}^{\pi/2} \frac{dx}{1+\operatorname{sen}^2 x}$$

tomando seis subintervalos y realizando los cálculos con redondeo a dos cifras decimales.

P.7.5. Sabiendo que es

$$\int_0^1 \frac{4}{1+x^2}\, dx = \pi$$

obtener una aproximación de π con cuatro decimales mediante la regla del trapecio, tomando cuatro subintervalos.

P.7.6. Mediante la aplicación de la regla de Simpson, con $n = 4$, encontrar el área, dentro del primer cuadrante, de la curva $f(x) = (x + 5)(x - 1)(9 - x)$.

P.7.7. Tabular los valores de la función $f(x) = 1 + l_n\, x$ en el intervalo [3 3,6] para aproximar el valor de la integral siguiente mediante la regla del trapecio:

$$\int_{3,0}^{3,6} (1 + l_n)\, dx$$

Tomar una anchura de subintervalos $h = 0{,}1$.

P.7.8. Encontrar el valor de la integral

$$\int_0^{\pi/2} \sqrt{1 - \frac{1}{4}\operatorname{sen}^2 x}\; dx$$

aplicando la regla del trapecio y con $h = \pi/12$.

P.7.9. Tabulando la función $f(x)=\sqrt{1-(x^2/25)}$ desde $x=0$ hasta $x=5$, con una anchura de intervalo $h=0{,}5$, calcular el área de la elipse

$$\frac{x^2}{25}+\frac{y^2}{1}=1$$

y comprobar que su valor es 5π. Aplicar la regla del trapecio.

P.7.10. Mediante la regla de Simpson, aproximar el valor de la integral

$$\int_0^4 \sqrt{2x+1}\,dx$$

dividiendo el intervalo de integración encuatro subintervalos y redondeando los cálculos a cuatro cifras decimales.

P.7.11. Dada la integral

$$\int_0^1 x^2\cdot e^x\,dx$$

y con un número de intervalos $n=8$, se pide:

a) Aproximar la integral mediante las reglas del trapecio y Simpson.
b) Encontrar el valor exacto de la integral propuesta y compararlo con los resultados del apartado anterior.

Realizar los cálculos redondeando a tres cifras decimales.

P.7.12. Aplicando la regla de Simpson, estimar el valor de

$$\int_0^3 xe^{-x}\,dx$$

¿Cuántos subintervalos n es necesario tomar para obtener una aproximación con cinco decimales correctos?

P.7.13. Utilizar la integración de Romberg para aproximar el valor de

$$\int_0^3 \frac{e^x \cdot \operatorname{sen} x}{1+x^2}\, dx$$

trabajando con redondeo a tres cifras decimales y dividiendo el intervalo de integración en dos subintervalos.

P.7.14. Aplicar el método de integración de Romberg a

$$\int_0^1 x^{1/3}\, dx$$

gasta que se cumpla que $|T_n^{(m} - T_n^{(m-1}| \leqslant 0{,}001$. Trabajar redondeando a cuatro cifras decimales.

8
ECUACIONES DIFERENCIALES

METODO DE TAYLOR DE TRES TERMINOS

El desarrollo en serie de *Taylor* de tres términos alrededor del punto $x=a$ es

$$y(x)=y(a)+y'(a)\cdot\frac{x-a}{1!}+y''(a)\cdot\frac{(x-a)^2}{2!}$$

donde la función $y(x)$ es dos veces derivable. Si en particular hacemos $a=x_n$ y $x=x_n+h$, entonces se transforma en

$$y(x_n+h)=y(x_n)+y'(x_n)\cdot h+y''(x)\cdot\frac{h^2}{2}$$

o en forma abreviada

$$y_{n+1}=y_n+y'_n\cdot h+y''_n\cdot\frac{h^2}{2}$$

expresión, esta última, que se conoce como *método de Taylor de orden tres* para aproximar soluciones de la ecuación diferencial

$$y'=f(x,\ y)\quad,\quad y(x_0)=y_0$$

METODO DE EULER O DE LAS TANGENTES

Se desea aproximar la solución de la ecuación diferencial

$$y' = f(x, y) \quad , \quad y(x_0) = y_0$$

Si $h > 0$, entonces sobre la recta tangente en el punto (x_0, y_0) a la curva solución desconocida, encontramos el punto $(x_1, y_1) = (x_0 + h, y_1)$. Pues bien, la recta que pasa por los puntos (x_0, y_0) y (x_1, y_1) será

$$y'_0 = \frac{y_1 - y_0}{(x_0 + h) - x_0} \quad \text{o} \quad y_1 = y_0 + h \cdot y'_0$$

donde

$$y'_0 = f(x_0, y_0)$$

Si consideramos que h toma un valor constante, se puede obtener una sucesión de puntos (x_1, y_1), (x_2, y_2), ..., (x_n, y_n) que serán aproximaciones de los puntos $(x_1, y(x_1))$, $(x_2, y(x_2))$, ..., $(x_n, y(x_n))$.

Utilizando (x_1, y_1) se puede obtener el valor de y_2 sobre la nueva recta tangente. Así,

$$y'_1 = \frac{y_2 - y_1}{h} \quad \text{o bien} \quad y_2 = y_1 + h \cdot y'_1$$

y en general

$$y_{n+1} = y_n + h \cdot y'_n = y_n + h \cdot f(x_n, y_n) \quad \text{siendo} \quad x_n = x_0 + n \cdot h$$

expresión conocida como *método de Euler o de las tangentes.*

METODO DE EULER MODIFICADO O METODO DE HEUN

La expresión

$$y_{n+1} = y_n + h \cdot \frac{f(x_n, y_n) + f(x_{n+1}, y^*_{n+1})}{2} \quad \text{en donde} \quad y^*_{n+1} = y_n + h \cdot f(x_n, y_n)$$

se conoce como *fórmula de Euler modificada o fórmula de Heun*. Siendo los valores $f(x_n, y_n)$ y $f(x_{n+1}, y^*_{n+1})$ aproximaciones de la pendiente de la curva en $(x_n, y(x_n))$ y $(x_{n+1}, y(x_{n+1}))$. Y el cociente

$$\frac{f(x_n, y_n)+f(x_{n+1}, y^*_{n+1})}{2}$$

se puede considerar como una pendiente promedio en el intervalo $[x_n, x_{n+1}]$.

Se puede interpretar que el valor y^*_{n+1} predice el valor de $y(x_{n+1})$, mientras que y_{n+1} converge a la estimación.

METODO DE RUNGE-KUTTA

Quizá uno de los métodos numéricos más exactos para encontrar soluciones aproximadas de ecuaciones diferenciales sea el *método de Runge-Kutta de orden cuatro* (sólo utilizaremos éste).

Consiste en determinar las constantes apropiadas de tal forma que la fórmula

$$y_{n+1}=y_n+aK_1+bk_2+ck_3+dk_4$$

coincida con el desarrollo de *Taylor* de cinco términos. Obteniéndose la expresión general

$$y_{n+1}=y_n+\frac{1}{6}\cdot(k_1+2k_2+2k_3+k_4)$$

siendo

$$k_1=h\cdot f(x_n, y_n)$$

$$k_2=h\cdot f\left(x_n+\frac{h}{2}, y_n+\frac{k_1}{2}\right)$$

$$k_3=h\cdot f\left(x_n+\frac{h}{2}, y_n+\frac{k_2}{2}\right)$$

$$k_4=h\cdot f(x_n+h, y_n+k_3)$$

Obsérvese que k_2 depende de K_1; K_3 depende de k_2 y k_4 de k_3.

METODO DE MILNE

El método de *Milne* es un procedimiento de *predicción-corrección*. Utilizando primero la predicción

$$y^*_{n+1} = y_{n-3} + \frac{4}{3} \cdot h \cdot (2y'_n - y'_{n-1} + 2y'_{n-2}) \tag{1}$$

en donde $n \geqslant 3$. Y sustituyendo el valor de y^*_{n+1} en la corrección

$$y_{n+1} = y_{n-1} + \frac{h}{3} \cdot (y'_{n+1} + 4y'_n + y'_{n-1}) \tag{2}$$

donde

$$y'_{n+1} = f(x_{n+1}, y^*_{n+1})$$

nos da la aproximación buscada.

Nótese que si se desea aplicar la expresión (1) para obtener, por ejemplo, y_4, se necesitan conocer y_0, y_1, y_2 e y_3.

METODO DE ADAMS-MOULTON

Este método, al igual que el método de *Milne*, es un procedimiento de *predicción-corrección*, si bien es superior a aquél en su aproximación.

Utiliza como fórmula de predicción

$$y^*_{n+1} = y_n + \frac{h}{24} \cdot (55y'_n - 59y'_{n-1} + 37y'_{n-2} - 9y'_{n-3})$$

en donde $n \geqslant 3$. Y sustituyendo el valor de y^*_{n+1} en la corrección

$$y_{n+1} = y_n + \frac{h}{24} \cdot (9y'_{n+1} + 19y'_n - 5y'_{n-1} + y'_{n-2})$$

siendo

$$y'_{n+1} = f(x_{n+1}, y^*_{n+1})$$

que nos da la aproximación buscada.

METODOS DE TAYLOR Y DE EULER PARA SISTEMAS DE ECUACIONES DIFERENCIALES

Sea el sistema general de ecuaciones diferenciales

$$\begin{cases} x'(t)=f(t, x, y) \quad , \quad x(t_0)=x_0 \\ y'(t)=g(t, x, y) \quad , \quad y(t_0)=y_0 \end{cases}$$

Entonces el método de *Taylor* de tres términos para este sistema es

$$\left.\begin{aligned} x_{n+1}&=x_n+x'_n\cdot h+x''_n\cdot\frac{h^2}{2} \\ y_{n+1}&=y_n+y'_n\cdot h+y''_n\cdot\frac{h^2}{2} \end{aligned}\right\}$$

Y el método de *Euler*

$$\left.\begin{aligned} x_{n+1}&=x_n+x'_n\cdot h \\ y_{n+1}&=y_n+y'_n\cdot h \end{aligned}\right\}$$

Siendo

$$\begin{aligned} x'_n&=f(t_n, x_n, y_n) \quad , \quad y'_n=g(t_n, x_n, y_n) \\ x''_n&=f'(t_n, x_n, y_n) \quad , \quad y''=g'(t_n, x_n, y_n) \end{aligned}$$

Aunque los dos métodos son análogos a los obtenidos en las ecuaciones de primer orden, sin embargo, es conveniente indicar que en el proceso iterativo han de calcularse $(x_1, y_1), (x_2, y_2), \ldots, (x_{n+1}, y_{n+1})$ en la misma iteración, y no de forma inducida, es decir, $x_1, x_2, \ldots, x_{n+1}$ e $y_1, y_2, \ldots, y_{n+1}$.

METODO DE RESOLUCION DE ECUACIONES DIFERENCIALES DE SEGUNDO ORDEN

Para aproximar una solución de la ecuación de segundo orden

$$y''=f(x, y, y') \quad , \quad y(x_0)=y_0 \quad , \quad y'(x_0)=y'_0$$

basta efectuar la transformación $y'=t$, para obtener un sistema de dos ecuaciones de la forma

$$\left.\begin{aligned} y'(x)&=t \quad && , \quad y(x_0)=y_0 \\ t'(x)&=f(x, y, t) \quad && , \quad t(x_0)=t_0 \end{aligned}\right\}$$

que se puede resolver por cualquiera de los métodos anteriormente expuestos.

EJERCICIOS RESUELTOS

8.1. Aplicar el método de *Taylor* de tres términos con $h=0{,}5$, a la ecuación diferencial

$$y'=x^2-y^2 \quad , \quad y(1)=1$$

a fin de determinar el valor aproximado de $y(1{,}5)$.

Solución

La fórmula de *Taylor* de tres términos es

$$y_{n+1}=y_n+y'_n\cdot h+y''_n\cdot\frac{h^2}{2}$$

Pero si

$$y'=x^2-y^2$$

entonces,

$$y''=2x-2y\cdot y'=2x-2y\cdot(x^2-y^2)=2x-2x^2y+2y^3$$

Sustituyendo los valores de y', y'' y de $h=0{,}5$ en la fórmula de *Taylor* de tres términos, resulta

$$y_{n+1}=y_n+(x_n^2-y_n^2)\cdot 0{,}5+(x_n-x_n^2y_n+y_n^3)\,(0{,}5)^2$$

Comenzando el proceso iterativo.

Si $x_0=1$ e $y_0=1$,

$$y_1=1+(1-1)\cdot 0{,}5+(1-1+1)\cdot(0{,}5)^2=1{,}25$$

Como $x_1=x_0+h=1+0{,}5=1{,}5$, entonces $y(1{,}5)=1{,}25$.

8.2. Utilizar el método de *Taylor* de tres términos para obtener el valor aproximado de $y(1{,}5)$ en la solución de la ecuación diferencial

$$y' = 2xy \quad , \quad y(1) = 1$$

Realizando los cálculos con cuatro decimales redondeados y un valor de $h = 0{,}1$.

Solución

Si

$$y' = 2xy$$

entonces

$$y'' = 2xy' + 2y = 2x(2xy) + 2y = 4x^2 y + 2y$$

Luego la fórmula de *Taylor* con tres términos con $h = 0{,}1$ y los valores de y' e y'', resulta

$$y_{n+1} = y_n + 0{,}2 \cdot x_n \cdot y_n + 0{,}005 \cdot (4x_n^2 \cdot y_n + 2y_n)$$

Comenzando el proceso iterativo.

Si $x_0 = 1 \quad , \quad y_0 = 1,$

$$y_1 = y(1{,}1) = 1 + 0{,}2 \cdot 1 \cdot 1 + 0{,}005 \cdot (4 \cdot 1 \cdot 1 + 2 \cdot 1) = 1{,}23$$

Si $x_1 = 1{,}1 \quad , \quad y_1 = 1{,}23,$

$$y_2 = y(1{,}2) = 1{,}23 + 0{,}2 \cdot 1 \cdot 1 \cdot 1{,}23 + 0{,}005(4 \cdot (1{,}1)^2 \cdot 1{,}23 + 2 \cdot 1{,}23) = 1{,}5427$$

Si $x_2 = 1{,}2 \quad , \quad y_2 = 1{,}5427,$

entonces $y_3 = y(1{,}3) = 1{,}9728$

Si $x_3 = 1{,}3 \quad , \quad y_3 = 1{,}9728,$

entonces $y_4 = y(1{,}4) = 2{,}5721$

Si $x_4 = 1{,}4 \quad , \quad y_4 = 2{,}5721,$

entonces $y_5 = y(1{,}5) = 3{,}4148$

Por tanto, $y(1{,}5)=3{,}4148$ es la aproximación con cuatro decimales redondeados de la solución de esa ecuación diferencial.

8.3. Dada la ecuación diferencial

$$y' = 2y - 2x - 1 \quad , \quad y(0) = 2$$

Calcular $y(1)$ mediante el método de *Taylor* de tres términos con $h=0{,}25$ y realizando los cálculos con dos decimales redondeados.

Solución

$$y'' = 2y' - 2 = 2(2y - 2x - 1) - 2 = 4y - 4x - 4$$

Sustituyendo y', y'' y $h=0{,}25$ en la fórmula de *Taylor* de tres términos, resulta

$$y_{n+1} = \frac{13y_n - 5x_n - 3}{8}$$

Y realizando el proceso iterativo se obtienen los resultados de la siguiente tabla:

n	x_n	y_n
0	0	2
1	0,25	2,88
2	0,5	4,14
3	0,75	6,04
4	1	8,97

Por tanto, $y(1)=8{,}97$ es la aproximación deseada.

8.4. Dada la ecuación diferencial

$$y' = e^{-y}$$

y la condición inicial

$$y(0) = 0$$

Se pide:

a) Utilizando el método de *Taylor* de tres términos calcular $y(0,5)$, trabajando con $h=0,5$ y cuatro decimales redondeados en los cálculos.
b) Encontrar el error absoluto que se comete al aproximar $y(0,5)$ en el apartado anterior.

Solución

a)

$$y''=-e^{-y}\cdot y'=-e^{-2y}$$

Sustituyendo, resulta la siguiente expresión iterativa.

$$y_{n+1}=y_n+0,1\cdot e^{-y_n}-0,005\cdot e^{-2y_n}$$

Comencemos el proceso iterativo.

Si $x_0=0 \quad , \quad y_0=0,$

$$y_1=y(0,1)=0+0,1\cdot e^0-0,005\cdot e^0=0,095$$

Si $x_1=0,1 \quad , \quad y_1=0,095,$

$$y_2=y(0,2)=0,095+0,1\cdot e^{-0,095}-0,005\cdot e^{-0,19}=0,1818$$

Si $x_2=0,2 \quad , \quad y_2=0,1818,$

$$y_3=y(0,3)=0,1818+0,1\cdot e^{-0,1818}-0,005\cdot e^{-0,3636}=0,2617$$

Si $x_3=0,3 \quad , \quad y_3=0,2617,$

$$y_4=y(0,4)=0,2617+0,1\cdot e^{-0,2617}-0,005\cdot e^{-0,5234}=0,3357$$

Si $x_4=0,4 \quad , \quad y_4=0,3357,$

$$y_5=y(0,5)=0,3357+0,1\cdot e^{-0,3357}-0,005\cdot e^{-0,6714}=0,4046$$

Luego el valor aproximado es $y(0,5)=0,4046$.

b) Integrando por variables separables

$$\int e^y\,dy=\int dx \Rightarrow e^y=x+K \Rightarrow y=L_n(x+k)$$

Imponiendo la condición inicial $y(0)=0$,

$$0=L_n(K) \Rightarrow k=1$$

Luego la solución particular es

$$y=L_n(x+1)$$

y, por tanto, la solución exacta es $y(0,5)=L_n(1,5)=0,4055$.

Así, el error absoluto que se ha cometido será:

$$|e_y|=|0,4055-0,4046|=0,0009=0,9 \cdot 10^{-3}$$

Deduciéndose que la aproximación realizada es bastante aceptable.

8.5. Utilizar el método de *Euler* para obtener una aproximación de $y(0,5)$ en la ecuación diferencial

$$y'=(x-y)^2 \quad , \quad y(0)=0,5$$

Siendo $h=0,1$ y realizando los cálculos con cuatro decimales redondeados.

Solución

La fórmula de iteración del método de Euler es:

$$y_{n+1}=y_n+h \cdot f(x_n, y_n)=y_n+h \cdot y'_n$$

Particularizando resulta,

$$y_{n+1}=y_n+0,1 \cdot (x_n-y_n)^2$$

Comenzando el proceso iterativo con la condición inicial

$$x_0=0 \quad , \quad y_0=0,5$$
$$y_1=y(0,1)=0,5+0,1 \cdot (0-0,5)^2=0,525$$
$$x_1=0,1 \quad , \quad y_1=0,525$$
$$y_2=y(0,2)=0,525+0,1 \cdot (0,1-0,525)^2=0,5431$$

$$x_2 = 0,2 \quad , \quad y_2 = 0,5431$$

$$y_3 = y(0,3) = 0,5431 + 0,1 \cdot (0,2 - 0,5431)^2 = 0,5548$$

$$x_3 = 0,3 \quad , \quad y_3 = 0,5548$$

$$y_4 = y(0,4) = 0,5548 + 0,1 \cdot (0,3 - 0,5548)^2 = 0,5613$$

$$x_4 = 0,4 \quad , \quad y_4 = 0,5613$$

$$y_5 = y(0,5) = 0,5613 + 0,1 \cdot (0,4 - 0,5613)^2 = 0,5639$$

Luego la aproximación de la solución de la ecuación diferencial en $x = 0,5$ será $y(0,5) = 0,5639$.

8.6. Dada la ecuación diferencial

$$y' = xy^2 - \frac{y}{x}$$

con la condición inicial $y(1) = 1$. Encontrar una aproximación de la solución en $x = 1,5$ con cuatro decimales mediante el métodode *Euler* y haciendo $h = 0,05$.

Solución

La expresión del método de *Euler* es

$$y_{n+1} = y_n + h \cdot y'_n$$

que particularizando resulta

$$y_{n+1} = y_n + 0,05 \cdot \left(x_n \cdot y_n^2 - \frac{y_n}{x_n} \right)$$

Comenzando el proceso iterativo con la condición inicial

$$x_0 = 1 \quad , \quad y_0 = 1$$

se obtienen los siguientes resultados:

n	x_n	y_n
0	1,00	1,0000
1	1,05	1,0000
2	1,10	1,0049
3	1,15	1,0147
4	1,20	1,0298
5	1,25	1,0506
6	1,30	1,0775
7	1,35	1,1115
8	1,40	1,1538
9	1,45	1,2057
10	1,50	1,2696

Luego la aproximación pedida es $y(1{,}5)=y_5=1{,}2696$.

8.7. Aplicar el método de *Euler* para obtener una aproximación con cuatro decimales redondeados de $y(2)$, en la solución de la ecuación diferencial

$$y'=|y|-2x \quad , \quad y(1)=1$$

con $h=1/4$.

Solución

La expresión del método de *Euler* para los datos del ejercicio es:

$$y_{n+1}=y_n+0{,}25\cdot(|y_n|-2x_n)$$

Comenzando el proceso iterativo con la condición inicial resulta

$$x_0=1 \quad , \quad y_0=1$$

$$y_1=y(1{,}25)=1+0{,}25\cdot(1-2)=0{,}75$$

$$y_2=y(1{,}5)=0{,}75+0{,}25\cdot(0{,}75-2\cdot 1{,}25)=0{,}3125$$

$$y_3=y(1{,}75)=0{,}3125+0{,}25\cdot(0{,}3125-2\cdot 1{,}5)=-0{,}3594$$

$$y_4=y(2)=-0{,}3594+0{,}25\cdot(0{,}3594)-2\cdot 1{,}75)=-1{,}1446$$

Luego $y(2)=y_4=-1{,}1446$.

8.8. Mediante el método de *Euler modificado* encontrar una aproximación de $y(1,3)$ en la solución de la ecuación diferencial

$$y' = 2x - 3y + 1 \quad , \quad y(1) = 5$$

Utilizando cuatro decimales redondeados en los cálculos y $h = 0,1$.

Solución

La fórmula iterativa del método de *Euler modificado* viene dada por

$$y_{n+1} = y_n + h \cdot \frac{f(x_n, y_n) + f(x_{n+1}, y^*_{n+1})}{2}$$

siendo

$$y^*_{n+1} = y_n + h \cdot f(x_n, y_n)$$

Si $x_0 = 1$ y $y_0 = 5$, entonces

$$y^*_1 = y_0 + 0,1 \cdot (2x_0 - 3y_0 + 1) = 5 + 0,1 \cdot (2 \cdot 1 - 3 \cdot 5 + 1) = 3,8$$

Como $x_1 = 1,1$, entonces

$$y_1 = y_0 + 0,05 \cdot [(2x_0 - 3y_0 + 1) + (2x_1 - 3y_1 + 1)] =$$
$$5 + 0,05 \cdot [(2 \cdot 1 - 3 \cdot 5 + 1) + (2 \cdot 1,1 - 3 \cdot 3,8 + 1)] = 3,99$$

Así $x_1 = 1,1 \quad , \quad y_1 = 3,99$.

$$y^*_2 = y_1 + 0,1 \cdot (2x_1 - 3y_1 + 1) = 3,99 + 0,1 \cdot (2 \cdot 1,1 - 3 \cdot 3,99 + 1) = 3,113$$

y como $x_2 = 1,2$,

$$y_2 = y_1 + 0,05 \cdot [(2x_1 - 3y_1 + 1) + (2x_2 - 3y^*_2 + 1)] =$$
$$3,99 + 0,05 \cdot [(2 \cdot 1,1 - 3 \cdot 3,99 + 1) + (2 \cdot 1,2 - 3 \cdot 3,3,113 + 1)] = 3,2546$$

Luego $x_2 = 1,2 \quad , \quad y_2 = 3,2546$.

$$y^*_3 = y_2 + 0,1 \cdot (2x_2 - 3y_2 + 1) = 3,2546 + 0,1 \cdot (2 \cdot 1,2 - 3 \cdot 2546 + 1) = 2,6182$$

y como $x_3=1{,}3$, entonces

$$y_3=y_2+0{,}05\cdot[(2x_2-3y_2+1)+(2x_3-3x_3^*+1)]=$$
$$3{,}2546+0{,}05\cdot[(2\cdot 1{,}2-3\cdot 3{,}2546+1)+(2\cdot 1{,}3-3\cdot 2{,}6182+1)]=3{,}7237$$

Luego $y(1{,}3)=y_3=2{,}7237$.

8.9. Aplicar el método de *Euler modificado* para encontrar una aproximación de $y(0{,}5)$ en la solución de la ecuación diferencial

$$\frac{dy}{dx}=\text{sen } x+y \quad , \quad y(0)=2$$

Utilícense dos decimales redondeados en los cálculos y $h=0{,}1$.

Solución

La fórmula iterativa es

$$y_{n+1}=y_n+0{,}05\cdot[\text{sen } x_n+y_n+\text{sen } x_{n+1}+y_{n+1}^*]$$

con

$$y_{n+1}^*=y_n+0{,}1\cdot(\text{sen } x_n+y_n)$$

Comenzando con $x_0=0$, $y_0=2$, resulta

$$y_1^*=2+0{,}1\cdot(\text{sen } 0+2)=2{,}2$$
$$y_1=2+0{,}05\cdot[\text{sen } 0+2+\text{sen }(0{,}1)+2{,}2]=2{,}21$$

Como $x_1=0{,}1$, $y_1=2{,}21$, entonces

$$y_2^*=2{,}21+0{,}1\,[\text{sen }(0{,}1)+2{,}21]=2{,}44$$
$$y_2=2{,}21+0{,}05\cdot[\text{sen }(0{,}1)+2{,}21+\text{sen }(0{,}2)+2{,}44]=2{,}46$$

Como $x_2=0{,}2$ e $y_2=2{,}46$, entonces

$$y_3^*=2{,}46+0{,}1\cdot[\text{sen }(0{,}2)+2{,}46]=2{,}73$$
$$y_3=2{,}46+0{,}05\cdot[\text{sen }(0{,}2)+2{,}46+\text{sen }(0{,}3)+2{,}73]=2{,}74$$

Si $x_3=0{,}3$ e $y_3=2{,}74$, entonces

$$y_4^*=2{,}74+0{,}1\,[\text{sen}\,(0{,}3)+2{,}74]=3{,}04$$

$$y_4=3{,}06$$

Como $x_4=0{,}4$e $y_4=3{,}06$, entonces resulta

$$y_5^*=3{,}40 \quad \text{e} \quad y_5=3{,}43$$

Luego la aproximación buscada es $y(0{,}5)=y_5=3{,}43$.

8.10. Se considera la ecuación diferencial

$$y'=x+y-1 \quad , \quad y(1)=5$$

Se pide:

a) Usando el método de *Euler modificado* con $h=0{,}1$ y trabajando con cuatro decimales redondeados, aproximar $y(1{,}5)$.

b) Usando el método de *Taylor* de tres términos con $h=0{,}1$ y trabajando con cuatro decimales redondeados, aproximar $y(1{,}5)$.

c) Resolver la ecuación diferencial para obtener el valor exacto $y(1{,}5)$.

d) Compárense los resultados de los tres apartados anteriores.

Solución

a) La fórmula de iteración del método de *Euler modificado*, particularizada para los datos del enunciado, es:

$$y_{n+1}=y_n+0{,}05\cdot[(x_n+y_n-1)+(x_{n+1}+y_{n+1}^*-1)]$$

con

$$y_{n+1}^*=y_n+0{,}1\cdot(x_n+y_n-1)$$

Comenzando con la condición inicial $x_0=1$, $y_0=5$, y siguiendo el proceso, dan los resultados de la tabla al final del ejercicio.

b) La expresión del método de *Taylor* con tres términos, particularizada para los datos del ejercicio, es:

$$y_{n+1}=y_n+0,1\cdot(x_n+y_n-1)+0,005\cdot(x_n+y_n)=0,105x_n+1,105y_n-0,1$$

Comenzando con la aproximación inicial $x_0=1$, $y_0=5$, dan los resultados de la tabla al final del ejercicio.

c) Reordenando la ecuación inicial resulta

$$y'-y=x-1$$

que se trata de una ecuación lineal con $f(x)=1$ y $g(x)=x-1$, cuya solución general es:

$$y=-x+c\cdot e^x$$

y solución particular:

$$y=-x+6\cdot e^{x-1}$$

Así,

$$y(1,5)=-1,5+6\cdot e^{0,5}=8,3923$$

d) Escribiremos a continuación una tabla comparativa de los resultados de los dos métodos aproximados utilizados, Euler modificado y Taylor de tres términos, y el valor exacto.

n	x_n	*Euler modificado*	*Taylor*	*Valor exacto*
0	1,0	5,0000	5,0000	5
1	1,1	5,5300	5,5300	5,531
2	1,2	6,1262	6,1262	6,1284
3	1,3	6,7954	6,7954	6,7992
4	1,4	7,5454	7,5454	7,5509
5	1,5	8,3847	8,3847	8,3923

8.11. Determinar el valor aproximado de $y(0,1)$ en la ecuación diferencial

$$y'=x+y \quad , \quad y(0)=1$$

mediante el método de *Runge-Kutta* con $h=0,1$.

Solución

La expresión del método *Runge-Kutta* es:

$$y_{n+1} = y_n + \frac{1}{6} \cdot (k_1 + 2k_2 + 2k_3 + k_4)$$

siendo

$$k_1 = h \cdot f(x_n, y_n)$$

$$k_2 = h \cdot f\left(x_n + \frac{1}{2}h, y_n + \frac{1}{2}k_1\right)$$

$$k_3 = h \cdot f\left(x_n + \frac{1}{2}h, y_n + \frac{1}{2}k_2\right)$$

$$k_4 = h \cdot f(x_n + h, y_n + k_3)$$

Sustituyendo los datos con $x_0 = 0$, $y_0 = 1$, resultan

$$k_1 = h \cdot (x_0 + y_0) = 0,1 \cdot (0 + 1) = 0,1$$

$$k_2 = h \cdot \left(x_0 + \frac{1}{2}h + y_0 + \frac{1}{2}k_1\right) = 0,1 \cdot (0 + 0,05 + 1 + 0,05) = 0,11$$

$$k_3 = h \cdot \left(x_0 + \frac{1}{2}h + y_0 + \frac{1}{2}k_2\right) = 0,1 \cdot (0 + 0,05 + 1 + 0,055) = 0,1105$$

$$k_k = h \cdot (x_0 + h + y_0 + k_3) = 0,1 \cdot (0 + 0,1 + 1 + 0,1105) = 0,12105$$

Luego

$$y(0,1) = y_1 = 1 + \frac{1}{6} \cdot (0,1 + 2 \cdot 0,11 + 2 \cdot 0,1105 + 0,12105) = 1,11034$$

8.12. Utilizando el método de *Runge-Kutta*, encontrar una aproximación de la solución en $x = 0,4$ en la ecuación diferencial

$$y' = \frac{1}{x + y} \quad , \quad y(0) = 2$$

Realizando los cálculos con cuatro decimales redondeados y un valor de $h = 0,2$.

Solución

Comencemos calculando el valor de las constantes k_1, k_2, k_3 y k_4, para la primera iteración.

Si $x_0=0$, $y_0=2$, entonces

$$k_1=\frac{0{,}2}{2}=0{,}1$$

$$k_2=\frac{0{,}2}{0+0{,}1+2+0{,}05}=0{,}930$$

$$k_3=\frac{0{,}2}{0+0{,}1+2+0{,}0465}=0{,}0932$$

$$k_4=\frac{0{,}2}{0+0{,}2+2+0{,}0932}=0{,}0872$$

Luego

$$y_1=y(0{,}2)=2+\frac{1}{6}\cdot(0{,}1+2\cdot 0{,}0930+2\cdot 0{,}932+0{,}0872)=2{,}0933$$

Así

$$x_1=0{,}2 \quad \text{e} \quad y_1=2{,}0933$$

Los valores de las constantes en la segunda iteración serán:

$$k_1=\frac{0{,}2}{0{,}2+2{,}0933}=0{,}0872$$

$$k_2=\frac{0{,}2}{0{,}2+0{,}1+2{,}0933+0{,}0436}=0{,}0821$$

$$k_3=\frac{0{,}2}{0{,}2+0{,}1+2{,}0933+0{,}0411}=0{,}0777$$

$$k_4=\frac{0{,}2}{0{,}2+0{,}2+2{,}0933+0{,}0822}=0{,}0777$$

Luego

$$y_2 = y(0{,}4) = 2{,}0933 + \frac{1}{6} \cdot (0{,}0872 + 2 \cdot 0{,}0821 + 2 \cdot 0{,}0822 + 0{,}077) = 2{,}1756$$

La aproximación es $y(0{,}4) = y_2 = 2{,}1756$.

8.13. Emplear el método de Milne para aproximar el valor de $y(0{,}4)$, dada la ecuación diferencial

$$y' = x + y - 1 \quad , \quad y(0) = 1$$

Obténganse los valores de y_1, y_2 e y_3 mediante el método de *Taylor* con tres términos, utilizando $h = 0{,}1$ y realizando los cálculos con cuatro decimales redondeados.

Solución

Comenzaremos calculando las aproximaciones y_1, y_2 e y_3 mediante el método de *Taylor*.

La expresión de Taylor particularizada para los datos del enunciado será:

$$y_{n+1} = 0{,}105x_n + 1{,}105y_n - 0{,}1$$

Con las condiciones iniciales $x_0 = 0$ e $y_0 = 1$ se obtienen los siguientes resultados:

x_n	y_n
0	1
0,1	1,0050
0,2	1,0210
0,3	1,0492

La expresión de predicción del método de *Milne* es

$$y_{n+1}^* = y_{n-3} + \frac{4}{3} h \cdot (2y'_n - y'_{n-1} + 2y'_{n-2})$$

y la de corrección

$$y_{n+1} = y_{n+1} + \frac{h}{3} \cdot (y'_{n+1} + 4 \cdot y'_n + y'_{n-1})$$

donde

$$y'_{n+1} = f(x_{n+1}, y^*_{n+1})$$

Luego

$$y'_1 = f(x_1, y_1) = 0,1 + 1,005 - 1 = 0,105$$
$$y'_2 = f(x_2, y_2) = 0,2 + 1,0210 - 1 = 0,221$$
$$y'_3 = f(x_3, y_3) = 0,3 + 1,0492 - 1 = 0,3492$$

Así

$$y^*_4 = y_0 + \frac{4}{3} h \cdot (2y'_3 - y'_2 + 2y'_1) =$$

$$= 1 + \frac{4 \cdot 0,1}{3} \cdot (2 \cdot 0,3492 - 0,221 + 2 \cdot 0,105) = 1,0917$$

y

$$y'_4 = f(x_4, y^*_4) = 0,4 + 1,0917 - 1 = 0,4917$$

Sustituyendo en la expresión general, se obtiene que

$$y_4 = y(0,4) = y_3 + \frac{h}{3} \cdot (y'_4 + 4y'_3 + y'_2) =$$

$$= 1,0492 + \frac{0,1}{3} \cdot (0,4917 + 4 \cdot 0,3492 + 0,221) = 1,1195$$

En consecuencia, la aproximación buscada es

$$y(0,4) = 1,1195$$

8.14. Dada la ecuación diferencial

$$y\,dy = x\,dx$$

y la siguiente tabla de valores

x	0	1	2	3
y	1	1,4142	2,2361	3,1623

Utilizar el método de *Milne* para encontrar el valor en $x=4$. Trabajar con cuatro decimales redondeados en los cálculos.

Solución

La fórmula de predicción de *Milne* para nuestro propósito es:

$$y_4^* = y_0 + \frac{4}{3} \cdot 1 \cdot (2y'_3 - y'_2 + 2y'_1)$$

Calculemos, pues, los valores de y'_1, y'_2 e y'_3.

$$y'_1 = \frac{1}{1,4142} = 0,7071$$

$$y'_2 = \frac{2}{2,2361} = 0,8944$$

$$y'_3 = \frac{3}{3,1623} = 0,9487$$

Luego

$$y_4^* = 1 + \frac{4}{3} \cdot (2 \cdot 0,9487 - 0,8944 + 2 \cdot 0,7071) = 4,2229$$

Y la fórmula de corrección en nuestro caso es:

$$y_4 = y_2 + \frac{1}{3} \cdot (y'_4 + 4y'_3 + y'_2)$$

siendo

$$y'_4 = f(x_4, y_4^*) = \frac{4}{4,2229} = 0,9472$$

Luego

$$y_4 = 2{,}2361 + \frac{1}{3}\,(0{,}9472 + 4 \cdot 0{,}9487 + 0{,}8944) = 4{,}1149$$

Por tanto, el valor en $x=4$ será $y=4{,}1149$.

8.15. Supongamos que al resolver el problema

$$y' = 2y - 2x - 1 \quad , \quad y(0) = 2$$

con $h=0{,}25$, se ha determinado que

$$y_0 = 2 \quad , \quad y_1 = 2{,}89844 \quad , \quad y_2 = 4{,}21735 \quad \text{e} \quad y_3 = 6{,}22937$$

Utilizar el método de *Adams-Moulton* para determinar $y(1)$.

Solución

El método de *Adams-Moulton* utiliza como fórmula de predicción

$$y^*_{n+1} = y_n + \frac{h}{24} \cdot (55y'_n - 59y'_{n-1} + 37y'_{n-2} - 9y'_{n-3})$$

y de corrección

$$y_{n+1} = y_n + \frac{h}{24} \cdot (9y'_{n+1} + 19y'_n - 5y'_{n-1} + y'_{n-2})$$

siendo

$$y'_{n+1} = f(x_{n+1},\, y^*_{n+1})$$

Calculemos en primer lugar los componentes de las fórmulas predicción-corrección.

$$y'_0 = 4 - 1 = 3$$
$$y'_1 = 2 \cdot 2{,}89844 - 2 \cdot 0{,}25 - 1 = 4{,}29688$$
$$y'_2 = 2 \cdot 4{,}21735 - 2 \cdot 0{,}5 - 1 = 6{,}4347$$
$$y'_3 = 2 \cdot 6{,}22937 - 2 \cdot 0{,}75 - 1 = 9{,}95874$$

La predicción será, por tanto, igual a

$$y_4^* = y_3 + \frac{h}{24} \cdot (55y'_3 - 59y'_2 + 37y'_1 - 9y'_0) = 9{,}35508$$

Y utilizando este valor para calcular y'_4, se tiene que

$$y'_4 = 2 \cdot 9{,}35508 - 2 \cdot 1 - 1 = 15{,}71016$$

Por tanto, la corrección será

$$y_4 = y_3 + \frac{h}{24} \cdot (9y'_4 + 19y'_3 - 5y'_2 + y'_1) = 9{,}38282$$

En consecuencia, se tiene que $y(1) = y_4 = 9{,}38282$

8.16. Se considera la ecuación diferencial

$$y' = x^3 + y^3 \quad , \quad y(0) = 0$$

a) Mediante el método de *Runge-Kutta* encontrar y_1, y_2 e y_3 con cuatro decimales redondeados y usando $h = 0{,}2$.

b) Aplicando el método de *Adams-Moulton* encontrar una aproximación para $y(0{,}8)$ utilizando los resultados del apartado anterior.

Solución

a) Comencemos calculando las constantes k_1, k_2 y k_3 del método de *Runge-Kutta.*

Si $x_0 = 0$ e $y_0 = 0$, entonces

$$k_1 = h \cdot (x_0^3 + y_0^3) = 0{,}2 \cdot (0 + 0) = 0$$

$$k_2 = h \cdot \left[\left(x_0 + \frac{h}{2} \right)^3 + \left(y_0 + \frac{k_1}{2} \right)^3 \right] = 0{,}2 \cdot (0{,}001 + 0) = 0{,}0002$$

$$k_3 = h \cdot \left[\left(x_0 + \frac{h}{2} \right)^3 + \left(y_0 + \frac{k_2}{2} \right)^3 \right] = 0{,}2 \cdot (0{,}001 + 0) = 0{,}0002$$

$$k_4 = h \cdot [(x_0 + h)^3 + (y_0 + k_3)^3] = 0{,}2 \cdot (0{,}008 + 0) = 0{,}0016$$

Luego

$$y_1 = y(0{,}2) = 0 + \frac{1}{6} \cdot (0 + 2 \cdot 0002 + 2 \cdot 0{,}0002 + 0{,}0016) = 0{,}0004$$

Si $x_1 = 0{,}2$ e $y_1 = 0{,}0004$, entonces

$$\begin{aligned} k_1 &= 0{,}2 \cdot (0{,}008 + 0) = 0{,}0016 \\ k_2 &= 0{,}2 \cdot (0{,}027 + 0) = 0{,}0054 \\ k_3 &= 0{,}2 \cdot (0{,}027 + 0) = 0{,}0054 \\ k_4 &= 0{,}2 \cdot (0{,}064 + 0) = 0{,}0128 \end{aligned}$$

Luego

$$y_2 = y(0{,}4) = 0{,}0004 + \frac{1}{6} \cdot (0{,}0016 + 2 \cdot 0{,}0054 + 2 \cdot 0{,}0054 + 0{,}0128) = 0{,}0064$$

Si $x_2 = 0{,}4$ e $y_2 = 0{,}0064$, entonces

$$\begin{aligned} k_1 &= 0{,}2 \cdot (0{,}064 + 0) = 0{,}0128 \\ k_2 &= 0{,}2 \cdot (0{,}125 + 0) = 0{,}025 \\ k_3 &= 0{,}2 \cdot (0{,}125 + 0) = 0{,}025 \\ k_4 &= 0{,}2 \cdot (0{,}216 + 0) = 0{,}0432 \end{aligned}$$

Luego

$$y_3 = y(0{,}6) = 0{,}0064 + \frac{1}{6} \cdot (0{,}0128) + 2 \cdot 0{,}025 + 2 \cdot 0{,}025 + 0{,}0432) = 0{,}0324$$

En resumen,

n	x_n	y_n
0	0	0
1	0,2	0,0004
2	0,4	0,0064
3	0,6	0,0324

b) Calculemos en primer lugar los componentes y'_0, y'_1, y'_2 e y'_3 de la fórmula de predicción de *Adams-Moulton*.

$$y'_0 = 0$$
$$y'_1 = f(x_1, y_1) = 0{,}2^3 + 0{,}0004^3 = 0{,}008$$
$$y'_2 = f(x_2, y_2) = 0{,}4^3 + 0{,}0064^3 = 0{,}064$$
$$y'_3 = f(x_3, y_3) = 0{,}6^3 + 0{,}324^3 = 0{,}216$$

Luego

$$y_4^* = 0{,}0324 + \frac{0{,}2}{24} \cdot (55 \cdot 0{,}216 - 59 \cdot 0{,}064 + 37 \cdot 0{,}008 - 9 \cdot 0) = 0{,}1024$$

Y como

$$y'_4 = f(x_4, y_4^*) = 0{,}8^3 + 0{,}1024^3 = 0{,}5131$$

la fórmula de corrección resulta

$$y_4 = 0{,}0324 + \frac{0{,}2}{24} \cdot (9 \cdot 0{,}5131 + 19 \cdot 0{,}2165 \cdot 0{,}064 + 0{,}008) = 0{,}1025$$

Por tanto, se tiene que la aproximación buscada es

$$y(0{,}8) = y_4 = 0{,}1025$$

8.17. Un modelo matemático para determinar la superficie A (en cm^2) que ocupa una colonia de bacterias, viene dada por

$$\frac{dA}{dt} = 2{,}128 \cdot A - 0{,}0432 \cdot A^2$$

Aplicar el método de *Adams-Moulton* para obtener de forma aproximada la superficie que ocuparán al cabo de cuatro días. Trabaje con cuatro decimales redondeados en los cálculos y dé la solución con dos decimales redondeados.

t (días)	0	1	2	3
A (cm^2)	0,24	2,78	13,53	36,30

Solución

Calculemos previamente los componentes de la expresión de *Adams-Moulton.*

$$A'_0 = 2{,}128 \cdot 0{,}24 - 0{,}0432 \cdot (0{,}24)^2 = 0{,}5082$$

$$A'_1 = 2{,}128 \cdot 2{,}78 - 0{,}0432 \cdot (2{,}78)^2 = 5{,}5820$$

$$A'_2 = 2{,}128 \cdot 13{,}53 - 0{,}0432 \cdot (13{,}53)^2 = 20{,}8836$$

$$A'_3 = 2{,}128 \cdot 36{,}30 - 0{,}0432 \cdot (36{,}30)^2 = 20{,}3222$$

La predicción será

$$A_4^* = 36{,}3 + \frac{1}{24} \cdot (55 \cdot 20{,}3232 - 59 \cdot 20{,}8836 + 37 \cdot 5{,}5820 - 9 \cdot 0{,}5082) = 39{,}9479$$

y como

$$A'_4 = 2{,}128 \cdot 39{,}9479 - 0{,}0432 \cdot (39{,}9479)^2 = 16{,}0691$$

entonces la corrección es

$$A_4 = 36{,}3 + \frac{1}{24} \cdot (9 \cdot 16{,}0691 + 19 \cdot 20{,}3222 - 5 \cdot 20{,}8836 + 5{,}5820) = 54{,}30$$

Cabe, pues, esperar una superficie aproximada de 54,30 cm^2 al cabo de cuatro días.

8.18. Dado el siguiente sistema de ecuaciones diferenciales

$$\begin{cases} x'(t) = xy + t \quad , \quad x(0) = 1 \\ y'(t) = ty + x \quad , \quad y(0) = -1 \end{cases}$$

Estimar la solución para $t = 0{,}1$ utilizando el método de *Taylor* de tres términos y un valor de h igual a 0,1.

Solución

El método de *Taylor* para un sistema es similar al de ecuaciones. Así,

$$\left.\begin{aligned} x_{n+1} &= x_n + x'_n \cdot h + x''_n \cdot \frac{h^2}{2} \\ y_{n+1} &= y_n + y'_n \cdot h + y''_n \cdot \frac{h^2}{2} \end{aligned}\right\}$$

Calculemos x'' e y''.

$$x''(t) = xy' + x'y + 1 = xty + x^2 + xy^2 + ty + 1$$
$$y''(t) = y + ty' + x' = y + t^2 y + tx + xy + t$$
$$x'_0 = -1 \quad , \quad y'_0 = 1$$
$$x''_0 = 3 \quad , \quad y''_0 = -2$$

Comenzando ahora el proceso iterativo con

$$x_0 = 1 \quad , \quad y_0 = -1 \quad , \quad t_0 = 0$$

$$x_1 = x_0 + x'_0 \cdot h + x''_0 \cdot \frac{h^2}{2} = 1 + (-1) \cdot 0{,}1 + 3 \cdot \frac{0{,}1^2}{2} = 0{,}915$$

$$y_1 = y_0 + y'_0 \cdot h + y''_0 \cdot \frac{h^2}{2} = -1 + 1 \cdot 0{,}1 + (-2) \cdot \frac{0{,}1^2}{2} = -0{,}91$$

Entonces, la solución aproximada para $t = 0{,}1$ es:

$$\left.\begin{aligned} x(0{,}1) &= 0{,}915 \\ y(0{,}1) &= -0{,}91 \end{aligned}\right\}$$

8.19. Resolver por el método de *Euler modificado* el sistema de ecuaciones

$$\left\{\begin{aligned} x'(t) &= xy + t \quad , \quad x(0) = 0 \\ y'(t) &= x - t \quad , \quad y(0) = 1 \end{aligned}\right.$$

a fin de encontrar una solución aproximada para $t = 0{,}4$, utilizando dos decimales redondeados en los cálculos y $h = 0{,}2$.

Solución

Comencemos el proceso iterativo

$$x_0=0 \quad , \quad y_0=1 \quad , \quad t_0=0$$

$$x_1^*=x_0+h\cdot(x_0\cdot y_0+t_0)=0+0{,}2\cdot(0)=0$$

$$y_1^*=y_0+h(x_0-t_0)=1+0{,}2\cdot(0)=1$$

$$x_1=x_0+\frac{h}{2}\cdot(x_0\cdot y_0+t_0+x_1^*+t_1)=0+\frac{0{,}2}{2}\cdot(0+0\cdot 0\cdot 1+0{,}2)=0{,}02$$

$$y_1=y_0+\frac{h}{2}\cdot(x_0-t_0+x_1^*-t_1)=1+\frac{0{,}2}{2}\cdot(0-0+0-0{,}2)=0{,}98$$

$$x_1=0{,}02 \quad y_1=0{,}98 \quad , \quad t_1=0{,}2$$

$$x_2^*=x_1+h\cdot(x_1\cdot y_1+t_1)=0{,}02+0{,}2\cdot(0{,}22\cdot 0{,}98+0{,}2)=0{,}06$$

$$y_2^*=y_1+h\cdot(x_1-t_1)=0{,}98+0{,}2\cdot(0{,}02-0{,}2)=0{,}94$$

$$x_2=x_1+\frac{h}{2}\cdot(x_1\cdot y_1+t_1+x_2^*\cdot y_2^*+t_2)=$$

$$=0{,}02+\frac{0{,}2}{2}\cdot(0{,}02\cdot 0{,}98+0{,}2+0{,}06\cdot 0{,}94+0{,}4)=0{,}09$$

$$y_2=y_1+\frac{h}{2}\cdot(x_1-t_1+x_2^*-t_2)=$$

$$=0{,}98+\frac{0{,}2}{2}\cdot(0{,}02-0{,}2+0{,}06-0{,}4)=0{,}93$$

Así,

$$x_2=0{,}09 \quad , \quad y_2=0{,}93 \quad , \quad t_2=0{,}4$$

Por tanto, la aproximación pedida es:

$$x(0{,}4)=0{,}09 \quad \text{e} \quad y(0{,}4)=0{,}93$$

8.20. Aplicar el método de *Euler* para obtener el valor aproximado de $y(1)$ con $h=0{,}5$, dada la ecuación diferencial de segundo orden

$$y''+y\cdot y'-y^2=x+1 \quad ; \quad y(0)=0 \quad , \quad y'(0)=1$$

Solución

Efectuando el cambio $y'=t$, la ecuación de segundo orden se convierte en un sistema de ecuaciones de la forma

$$y'=t$$
$$y''=t'=x+1+y^2-y\cdot y'=x+1+y^2-y\cdot t$$

es decir,

$$\begin{cases} y'(x)=t & , \quad y(0)=0 \\ t'(x)=x+1+y^2-y\cdot t & , \quad t(0)=1 \end{cases}$$

Las fórmulas de *Euler* para este sistema son:

$$\left.\begin{aligned} y_{n+1}&=y_n+h\cdot y'_n \\ t_{n+1}&=t_n+h\cdot t'_n \end{aligned}\right\}$$

Comenzando el proceso iterativo con las condiciones iniciales

$$x_0=0 \quad , \quad y_0=0 \quad , \quad t_0=1$$

resulta

$$y_1=y_0+h\cdot y'_0=y_0+h\cdot t_0=0+0{,}5\cdot 1=0{,}5$$
$$t_1=t_0+h\cdot t'_0=t_0+h\cdot (x_0+1+y_0^2-y_0\cdot t_0)=1+0{,}5\cdot 1=1{,}5$$

Como

$$x_1=0{,}5 \quad , \quad y_1=0{,}5 \quad , \quad t_1=1{,}5$$

entonces,

$$y_2=y_1+h\cdot t_1=0{,}5+0{,}5\cdot 1{,}5=1{,}25$$
$$t_2=t_1+h\cdot (x_1+1+y_1^2-y_1\cdot t_1)=1{,}5+0{,}5\cdot 1=2$$

Por tanto,

$$x_2=1 \quad , \quad y_2=1{,}25 \quad , \quad t_2=2$$

y la aproximación $y(1)=y_2=1{,}25$.

8.21. La población de una pequeña ciudad crece, en un instante cualquiera de tiempo, con una rapidez proporcional al número de habitantes en dicho instante. Si su población inicial es de 500 habitantes y la constante de proporcionalidad $K=0{,}014$, obtener de forma aproximada mediante el método de *Euler* la población de dicha ciudad dentro de 1, 2, ..., 10 años.

Solución

Llamando N a la población y t al tiempo, la ecuación diferencial a que da lugar el enunciado será:

$$\frac{dN}{dt}=K\cdot N \qquad \text{o bien} \qquad N'(t)=K\cdot N$$

Como $K=0{,}014$, e inicialmente hay 500 habitantes, se tiene que

$$N'(t)=0{,}014\cdot N \quad , \quad N(0)=500$$

La fórmula general de *Euler* adaptada al problema resulta

$$N_{i+1}=N_i+N_i'\cdot h$$

y como $h=1$, entonces

$$N_{i+1}=N_i+0{,}014\cdot N_i=1{,}014\cdot N_i$$

Comencemos el cálculo de la población.

Dentro de un año:

$$N_1=1{,}014\cdot N_0=1{,}014\cdot 500=507$$

Dentro de dos años:

$$N_2=1{,}014\cdot N_1=1{,}014\cdot 507=514{,}098\simeq 514$$

Y así sucesivamente. Los resultados vienen reflejados en la siguiente tabla:

Año	*Población*
0	500
1	507
2	514
3	521
4	528
5	535
6	542
7	550
8	558
9	566
10	574

Luego dentro de diez años tendrá 574 habitantes y la población habrá crecido aproximadamente un 15 %.

Compruébese que si se resuelve de forma exacta la ecuación diferencial, la población al cabo de diez años difiere en un habitante del resultado aproximado obtenido.

EJERCICIOS PROPUESTOS

P.8.1. Aplicar el método de *Taylor* de tres términos con $h=0{,}1$ a la ecuación diferencial

$$y'=x+y+x\cdot y \quad , \quad y(0)=1$$

a fin de estimar el valor aproximado de $y(0{,}5)$. Utilizar cuatro decimales redondeados en los cálculos.

P.8.2. Dada la ecuación diferencial

$$y'=\frac{5x}{y}-xy \quad , \quad y(0)=2$$

Se pide:

a) Mediante el método de *Taylor* de tres términos y $h=0{,}1$, estimar el valor de $y(0{,}5)$.

b) Si la solución exacta es

$$y=\sqrt{5-e^{-x^2}}$$

Compárese $y(0{,}5)$ con el valor obtenido en a).

P.8.3. Aplicar el método de *Euler* para encontrar una aproximación de $y(1)$ en la solución de la ecuación diferencial

$$y'=e^y \quad , \quad y(0)=-1$$

Utilícense tres decimales redondeados en los cálculos y un valor de $h=0{,}1$.

P.8.4. Utilizar el método de *Euler* para encontrar el valor aproximado de $y(0{,}5)$ en la solución de la ecuación diferencial

$$y' = x + y + xy \quad , \quad y(0) = 1$$

Utilizando cuatro decimales redondeados en los cálculos y un valor de $h = 0{,}1$. Compárese este resultado con el obtenido en el ejercicio 1.

P.8.5. Dada la ecuación diferencial

$$y' = \frac{1}{x^2} - \frac{y}{x} - y^2 \quad , \quad y(1) = -1$$

con solución exacta $y = -1/x$. Se pide:

a) Utilizar el método de *Euler* con $h = 0{,}25$ para aproximar $y(2)$.
b) Hallar el error absoluto de dicha aproximación.

P.8.6. Un proyectil de masa $m = 0{,}11$ kg se lanza verticalmente hacia arriba con una velocidad inicial $v(0) = 8$ m/seg y se va frenando debido a la fuerza de la gravedad $F_g = -\mathrm{m} \cdot \mathrm{g}$ y a la resistencia del aire $F_r = -k \cdot v^2$, donde $g = 9{,}8$ m/seg^2 y $k = 0{,}002$ kg/m. Si la ecuación diferencial para la velocidad v viene dada por

$$m \cdot v' = -m \cdot g - kv^2$$

a) Encontrar la velocidad transcurridos 0,1; 0,2; ...; 1 segundos, utilizando el método de *Taylor* de tres términos.
b) Encontrar la velocidad transcurrido 1 segundo, utilizando el método de *Euler*.

(Utilícense cuatro decimales redondeados en los cálculos.)

P.8.7. Mediante el método de *Euler modificado* hallar una estimación de $y(3)$ en la solución de la ecuación diferencial

$$y' = \frac{1}{x} \cdot (y^2 + y) \quad , \quad y(1) = -2$$

trabajando con tres decimales redondeados y $h = 0{,}5$.

P.8.8. Aplicar el método de *Euler modificado* con $h=0{,}05$ y $h=0{,}1$, para encontrar una aproximación de $y(2)$ en la solución de la ecuación diferencial

$$y'=1-y \quad , \quad y(0)=0$$

(Realice los cálculos con cuatro decimales redondeados.)

P.8.9. Dada la ecuación diferencial

$$y'=yx^2-1 \quad , \quad y(0)=1$$

Estímese $y(2)$ utilizando:

a) El método de *Taylor* con $h=0{,}2$.
b) El método de *Euler modificado* con $h=0{,}5$.

P.8.10. Aplicar el método de *Runge-Kutta* para obtener una aproximación con cuatro decimales redondeados de $y(0{,}5)$ y con $h=0{,}1$; dada la ecuación diferencial

$$y'=x^2+y^2 \quad , \quad y(0)=0$$

P.8.11. Utilizar el método de *Runge-Kutta* para resolver el ejercicio 4.

P.8.12. Mediante el método de *Milne* aproximar $y(0{,}3)$, siendo $y(x)$ la solución de

$$y'=4x-2y \quad , \quad y(0)=2$$

Realizando los cálculos con cuatro decimales redondeados y un valor de $h=0{,}1$.

P.8.13. Dada la ecuación

$$y' = y \cdot \text{sen}\, \pi x \quad , \quad y(0) = 1$$

Obtener las aproximaciones en $x = 0{,}2$, $0{,}4$, $0{,}6$ mediante el método de *Runge-Kutta*.

P.8.14. En la ecuación diferencial

$$y' = y - x^2 \quad , \quad y(0) = 1$$

se conocen los valores siguientes:

x_n	0	0,2	0,4	0,6
y_n	1	1,2186	1,4682	1,7379

Utilizar el método de *Adams-Moulton* para estimar $y(0{,}8)$.

P.8.15. Dada la ecuación diferencial

$$y' = 2x(y - 1) \quad , \quad y(0) = 0$$

a) Obtener mediante el método de *Taylor* aproximaciones de $y(0{,}1)$, $y(0{,}2)$, $y(0{,}3)$ e $y(0{,}4)$.
b) Utilizando los resultados de a), obtener mediante el método de *Adams-Moulton* el valor aproximado de $y(0{,}5)$.

(Realizar los cálculos con tres decimales redondeados.)

P.8.16. Dado el sistema

$$\begin{cases} x'(t) = -4x - 2y + \cos t + 4\,\text{sen}\, t & , \quad x(0) = 0 \\ y'(t) = 3x + y - 3\,\text{sen}\, t & , \quad y(0) = -1 \end{cases}$$

Aplicar el método de *Euler* para encontrar una aproximación en $t = 0{,}3$ con cuatro decimales redondeados y $h = 0{,}1$.

P.8.17. Resuélvase el ejercicio 16, aplicando el método de *Taylor* de tres términos.

P.8.18. Mediante el método de *Euler* encontrar el valor aproximado de $y(0{,}3)$ en la ecuación diferencial de segundo orden

$$y'' - y' \cdot y = 0 \quad , \quad y(0) = 1 \quad , \quad y'(0) = 1$$

Utilícese $h = 0{,}1$ y cuatro decimales redondeados en los cálculos.

P.8.19. Una persona portadora de un virus de la gripe llega a un pueblo aislado que tiene 1.000 habitantes. Si se supone que la rapidez con que el virus se propaga es proporcional no sólo al número x de habitantes contagiados, sino también al número de habitantes no contagiados. Determinar el número de habitantes contagiados después de seis días, si además se observó que después de cuatro días había 50 personas contagiadas.

Utilizar este último resultado para obtener de forma aproximada y por el método de *Euler modificado* el número de habitantes contagiados al séptimo, octavo, noveno y décimo días.

BIBLIOGRAFIA

R. Burden y otros, *Análisis Numérico,* Grupo Editorial Iberoamérica, 1985.

S. Chapra y otros, *Métodos Numéricos para Ingenieros,* Mc Graw-Hill, 1988.

D. Kincaid y W. Cheney, *Análisis Numérico,* Addison-Wesley Iberoamericana, 1994.

B. P. Demidóvich, *5.000 Problemas de Análisis Matemático,* Paraninfo, 1989.

F. García Merayo, *Control de Errores en la Algorítmica,* Paraninfo, 1991.

— *Programación en Fortran 77 y 90,* Paraninfo, 1996.

— *Lecciones Prácticas de Cálculo Numérico,* Universidad Pontifica Comillas, 1995.

A. García y otros, *Prácticas de Matemáticas con Derive,* Editorial CLAGSA, 1994, Madrid.

C. Gerald y otros, *Applied Numerical Analysis,* Addison-Wesley, 1989.

M. K. Jain, *Numerical Methods for Scientific and Engineering Computation,* Wiley, 1990.

J. Quinet, *Curso de Matemáticas Superiores,* tomo 4, Paraninfo, 1983.

M. Bourdeau, J. Gélinas, *Analyse Numérique Elémentaire,* Gaetan Morin Editor, 1982.

E. Castillo y otros, *Mathematica,* Paraninfo, 1993.